21世纪经济管理新形态教材·电子商务系列

北京高校"优质本科课程"配套教材

Web前端设计基础

主　编◎薛晓霞　王晓红

参　编◎李立威　王艳娥　李丹丹

U0311454

清华大学出版社

北京

内 容 简 介

本书是中国大学 MOOC 平台慕课"Web 前端设计基础"、北京市高校优质本科课程"Web 前端设计"的配套教材。

本书基于 Web 前端设计的工作过程,采用"项目→学习任务→任务"的编写方式,以培养学生的实践应用能力为主线,通过具体的网站建设项目,介绍 Web 基础、HTML、CSS、JavaScript 等网站前端开发必备的基本知识和操作技术,为从事 Web 前端设计工作打下坚实的基础。本书结构合理、语言简练、示例翔实,扫描相应的二维码可观看相应知识点的示例、视频操作或讲解。

本书主要面向 Web 前端设计的学习人员,适合作为普通高等院校相关专业 Web 前端设计、网页设计与制作等课程的教材,还可作为 Web 前端设计与开发从业人员的参考资料。

图书在版编目(CIP)数据

Web 前端设计基础 / 薛晓霞,王晓红主编 . —北京:清华大学出版社,2020.7
21 世纪经济管理新形态教材 . 电子商务系列
ISBN 978-7-302-55821-7

Ⅰ . ① W… Ⅱ . ①薛… ②王… Ⅲ . ①网页制作工具—程序设计—高等学校—教材
Ⅳ . ① TP393.092.2

中国版本图书馆 CIP 数据核字 (2020) 第 108978 号

责任编辑: 徐永杰　刘志彬
封面设计: 李伯骥
版式设计: 方加青
责任校对: 宋玉莲
责任印制: 杨　艳

出版发行: 清华大学出版社
　　　　　　网　　　址:http://www.tup.com.cn,http://www.wqbook.com
　　　　　　地　　　址:北京清华大学学研大厦 A 座　　　　　　　邮　　编:100084
　　　　　　社 总 机:010-62770175　　　　　　　　　　　　　邮　　购:010-62786544
　　　　　　投稿与读者服务:010-62776969,c-service@tup.tsinghua.edu.cn
　　　　　　质 量 反 馈:010-62772015,zhiliang@tup.tsinghua.edu.cn
印 装 者: 小森印刷霸州有限公司
经　　销: 全国新华书店
开　　本: 185mm×260mm　　　　　**印　　张:** 21.75　　　　**字　　数:** 448 千字
版　　次: 2020 年 9 月第 1 版　　　　**印　　次:** 2020 年 9 月第 1 次印刷
定　　价: 58.00 元

产品编号:087268-01

互联网的飞速发展，给我们的工作和生活方式都带来了巨大的变化，了解互联网运作机制并掌握一些基本的网页制作技术已成为时代对目前大多数学习者的一项基本要求。Web 前端设计是以 HTML5、CSS3、JavaScript 等为核心的网页制作技术，其中 HTML5 是网页编写工具，CSS3 用于对网页内容进行修饰，而 JavaScript 则用于丰富网页的表现力、增添网页的功能，三者结合才能使网页更美观、更专业，功能更强大。Web 前端设计的应用领域非常广泛，网站网页、APP 页面等所具有的美观的界面、良好的体验等富有人性化的设计多是使用 Web 前端设计技术实现的。

本书围绕一个网站建设项目，采用"项目→学习任务→任务"方式进行内容的组织和编写。基于"确定网站主题→收集处理素材→搭建框架结构→填充页面内容→定义网页样式→实现交互功能→测试发布网站"的 Web 前端设计工作过程，以培养实践应用能力为主线，通过具体网站的建设项目，在完成网站策划、网页制作、网站测试与发布的过程中，学习 HTM5、CSS3、JavaScript 等网站前端设计必备的基本知识、操作技术和相关规范。

本书基于 Web 前端设计工作过程，将网站建设项目逐步分解，提取典型任务，再将其序化设计为 4 个教学项目 10 个教学任务 41 个子任务（见表 1），每个教学项目又按照"基础知识→操作技能→应用提高"三个层次安排相关内容，教学活动设计以学生为中心，通过实践任务提升学生的综合应用能力，为其从事 Web 前端设计工作打下坚实基础。

表 1　教材的主要内容

学习项目（4 个）	学习任务（10 个）	子任务（41 个）
认识 Web 前端设计	了解 Web 基础知识	理解 Web 相关概念、了解页面元素、了解 Web 前端设计技术与工具、了解网站建设流程
	设计网站	设计网站形象、设计页面布局、设计网站导航及栏目、设计网页层次及目录结构
创建及编辑 Web 网页（HTML5）	创建网站首页文档	创建网站首页、理解 HTML 标记语法、理解 HTML 布局 div 标记、理解 HTML5 结构标记
	编辑网站首页内容	插入文本及列表、插入图像和媒体、设置超链接和应用框架、应用表格和表单

续表

学习项目（4 个）	学习任务（10 个）	子任务（41 个）
创建及应用 Web 样式（CSS3）	创建网站首页样式	理解 CSS 语法、应用 CSS 样式、理解 CSS 选择器、理解 CSS 层叠性和继承性
	设计网站首页样式	设置 CSS 字体和文本属性、设置 CSS 背景和列表属性、设置 CSS 边框和表格属性、应用 CSS3 效果
	定位网站页面元素	理解 CSS 盒子模型、应用流布局、应用浮动布局、应用定位布局、制作移动端页面
应用 Web 网页特效（JavaScript）	理解 JavaScript 语言基础	认识 JavaScript、认识 JavaScript 语言基础、认识 JavaScript 自定义函数、认识 JavaScript 控制语句、认识 JavaScript 对象、认识 JavaScript 内置对象
	应用 jQuery	理解 jQuery 框架、利用 jQuery 实现网页特效、jQuery 插件的应用
	了解 HTML5 高级应用	了解 HTML5 画布、了解 HTML5 拖放操作、了解 HTML5 地理定位

本书是中国大学 MOOC 平台慕课"Web 前端设计基础"、国家级精品资源共享课程"Web 技术应用基础"、北京市高校优质本科课程"Web 前端设计"的配套教材。本书结构合理、语言简练、示例翔实，是课程学习很好的引导和补充。在每个学习任务中，结合关键技术和难点，穿插了大量的示例并配有效果图，扫描二维码即可观看相应知识点示例的视频操作和讲解。每个学习任务均设有思考题和技能操作题，以帮助读者巩固所学知识和技能，培养读者的实际动手能力，加深读者对关键技术和难点的理解。

本书作者团队教学经验丰富，薛晓霞副教授主讲的课程"Web 技术应用基础"获评教育部国家级精品资源共享课程，王晓红教授主讲的课程"Web 前端设计"获评北京高校"优质本科课程"。本书的编写分工如下，北京联合大学的李丹丹副教授和李立威副教授编写了项目 1，王艳娥老师、薛晓霞副教授编写了项目 2，王晓红教授编写了项目 3，薛晓霞副教授编写了项目 4。

本书的编写得到了北京联合大学电子商务专业诸多老师的大力支持，在此一并表示衷心的感谢。由于编写时间仓促，作者水平有限，书中难免有不妥之处，恳请各位读者和专家批评指正。

本书为读者免费提供教学课件和相关教学文件，有需要的读者可以通过 gltxiaoxia@buu.edu.cn 与作者联系索取，或登录清华大学出版社网站 http://www.tup.tsinghua.edu.cn 下载。相关教材咨询与出版，可以通过 1330649777@qq.com 与编辑联系。

编者

2020 年 5 月

目 录

项目 **1**

认识 Web 前端设计

▌项目分析▐

　　Web 前端就是我们熟知的网页，在日常生活中已广泛应用，如购物网站、户外媒体机和手机 APP 等，都有 Web 前端技术的身影。在信息技术时代，网络信息的搜集、处理及发布是基本技能，而 Web 前端设计是信息发布的基础，Web 页面设计与制作需要掌握 HTML、CSS、JavaScript 三大技术。本书将以建设"动物天地"网站项目为任务目标进行相关知识和操作技术的学习。本项目中，我们将学习 Web 基础知识及设计网站的相关内容，明确网站选题并进行网站策划。

▌项目分解▐

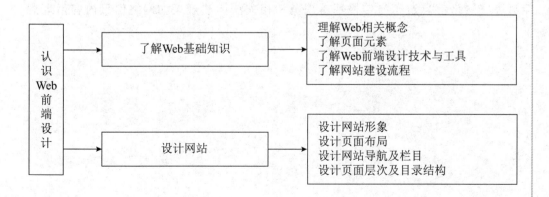

🗒 学习任务 1　了解 Web 基础知识

随着互联网的快速发展，人们已习惯通过网络查看新闻、搜索信息、购买商品、互动交流等，这些功能都是通过访问不同的网页来完成的。本学习任务中，我们将学习网页及 Web 的相关概念、多媒体页面元素的作用及格式、Web 前端设计技术与工具、网站建设的主要流程等知识，学习任务完成后，应确定好网站主题并进行资料的收集和整理。

▌学习目标▌

知识目标

1. 能够解释网页、网站、IP 地址、域名、域名系统和 url 等的含义。
2. 能够知晓网站建设的流程，网络图像、网络动画、网络音视频的作用，常用的 Web 前端设计技术与工具。
3. 能够正确选择网络图像、网络动画、网络音视频的格式。
4. 能够区分相对地址和绝对地址。

技能目标

1. 能够查看页面源文件，收集和处理各类网络素材。
2. 能够正确引用 url 地址。

素质目标

能够遵守网络信息发布与传播基本规范和相关法律法规（如网络信息内容治理规定等）。

▌学习任务结构图▙

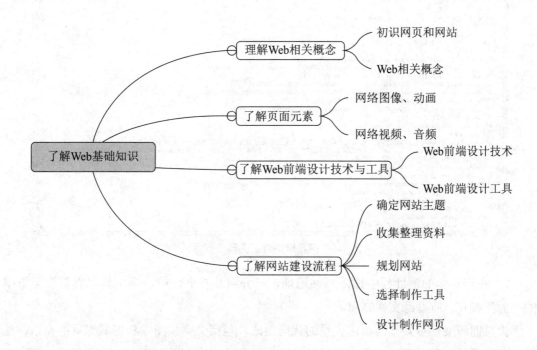

▶ 任务 1.1.1　理解 Web 相关概念

　　用户通过客户端浏览器访问互联网中的网站或其他网络资源，通常需要在客户端浏览器的地址栏中键入网站的网址，或通过超链接方式链接到相关网页或网络资源上，然后通过域名解析后访问指定 IP 地址的网站或网页。网页是构成网站的基本元素，而文字、图像、动画、音频、视频等又是构成网页的常用元素。学习 Web 前端设计，就需要了解 Web 的基础知识和网页的基本概念。因此，本任务中，我们将通过浏览典型网站及查看源文件初步认识网页和网站，学习 Web 的相关知识。

一、初识网页和网站

1. 查看源文件

　　页面源文件是未经浏览器解析过的原始文本，网页则是经过解析、执行过的内容，所以页面的源文件和实际内容并不一定相同。

　　（1）查看页面源文件的方法。以 Internet Explorer 11 浏览器为例，介绍查看网易网站首页（https://www.163.com）的源文件，主要有以下两种方法。

　　1）在浏览器的地址栏中输入网站地址，打开网站首页，然后在浏览器窗口中单击鼠标右键，从弹出的选项菜单中选择"查看源"即可打开源文件界面，如图 1-1 所示。

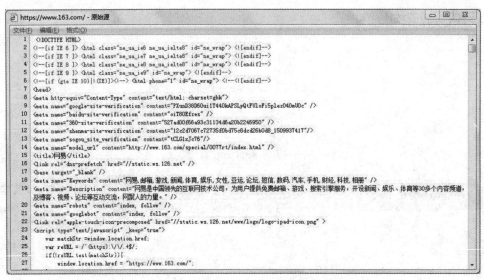

图 1-1　网易网站首页的源文件截图

2）在浏览器的地址栏中输入网站地址，打开网站首页，单击浏览器"查看"菜单中的"源"操作，打开源文件界面。

由页面源文件可知，网页由大量的代码组成，包括文字、图像和视频等页面元素，这些源代码通过浏览器翻译成多媒体的信息页面呈现给用户。通过查看页面源代码，可以获取网站的相关信息，如关键词、描述信息等；还可分析其他网站制作的特效，以便为自建网站提供借鉴和参考。

（2）页面源代码。页面源代码就是网页的语言构成，其结构主要由 <html> 标记开始，以 </html> 标记结束；其中有两大主要区域：head 区用于显示页面的相关信息，如标题、关键词、描述信息等；body 区中的内容就是用户在浏览器中看到的所有内容，是显示信息标注的区域。

2. 网页

（1）Web 与网页。Web（World Wide Web），也称万维网，是一种基于超文本和 HTTP 的、全球性的、动态交互的、跨平台的分布式图形信息系统。Web 是建立在互联网上的一种网络服务，为浏览者在互联网上查找和浏览信息提供了图形化的、易于访问的直观界面，其中的文档及超链接将互联网上的信息节点组织成一个互为关联的网状结构。

WWW 服务主要是通过一个个多媒体网页提供给用户各种信息。用户通过浏览器看到的包括文字、图像、动画、音频、视频等多媒体信息的页面，其本质就是个纯文本文件，是使用 HTML（Hyper Text Markup Language，超文本标记语言）编写的一种纯文本文件。网页一般是由网址 url 来识别和存取的。当用户在浏览器的地址栏中输入网址后，网页文件会传送到用户计算机，然后通过浏览器解释网页内容再展示给用户。常用的浏览器主要有 IE、FireFox（火狐）和 Opera（欧鹏）等。

（2）网页的分类。

1）静态网页。不包含服务器端代码的 HTML 文件，Web 服务器只是负责把静态网页发送给浏览器，由浏览器解释执行。无后台数据库的支持，网站制作和维护的工作量比较大。静态网页的后缀名主要是 htm、html，可包含文本、图像、动画、音频、视频、客户端脚本等元素。随着 HTML 代码的生成，静态网页页面的内容和显示效果基本上不会发生变化，除非修改页面代码。

2）动态网页。含有服务器端代码，需要先由 Web 服务器对服务器端代码进行解释执行，生成客户端代码后再发送给客户端浏览器。动态网页以后台数据库技术为基础，网站维护的工作量相对较少。动态网页可以和浏览者交互，实现用户注册、登录、信息查询等各种功能。动态网页的扩展名因采用的服务器端脚本的不同而不同，后缀可以是 .asp、.aspx、.php、.jsp 等。动态网页的页面代码虽然没有变化，但显示内容则可以随着时间、环境或数据库操作的结果而发生变化。

3. 网站

网站（Website 或 Site）是指在互联网上根据一定的规则，使用 HTML 等工具制作的用于展示特定内容的相关网页的集合。简单地说，网站可以看作是一系列文档的组合，这些文档具有相似的属性，通过各种链接关联起来，利用浏览器预览整个网站，可以从一个文档跳转到另一个文档。

网页是构成网站的基本元素，一个网站可以由一个网页组成，还可以由几十个网页构成，某些大型的网站则包含了上千万个网页。网站的第一个页面，为网站首页。网站具有网页众多、主题确定、风格统一、导航便捷、栏目分层等特点。网站中包括各类文件，主要有网页、图像、音频、视频、程序等，各类素材的文件格式多种多样。好的网站建设通常具备以下特点：

（1）网站整体的架构应清晰明了，能够为用户起到引导的作用，方便用户浏览整个网站，这是打造良好用户体验的核心。

（2）视觉效果是打动用户的另一个关键目标，图文并茂是网站的标配，需要从用户的审美习惯、需求角度出发进行网站建设。

二、Web 相关概念

万维网就像互联网上一个大型图书馆；Web 站点（WWW 站点、网站或 Web 节点）就像图书馆中的一本本书；Web 页或网页则是书中的某一页；首页则是某个 Web 站点的起始页，就像一本书的封面或目录；所有相关 Web 页的集合就构成一个 Web 站点；每一个 Web 页都拥有唯一的 url 地址；HTTP 就像是一种将书中的内容运载到读者眼前的传输机制。

1. HTTP

HTTP（Hyper Text Transfer Protocol，超文本传输协议）是一种用于在 Web 浏览器和

Web 服务器之间进行通信、传输超文本内容的应用层网络协议。HTTP 是万维网交换信息的基础，允许将 HTML 文档从 Web 服务器传送到 Web 浏览器。

Web 服务器主要有 Apache 服务器、IIS 服务器（Internet Information Services）等。

2. IP 地址

（1）IP 地址（Internet Protocol Address）是指互联网协议地址，是 IP 协议提供的一种统一的地址格式。它为互联网上的每个网络和每台主机分配一个逻辑地址，以此来屏蔽物理地址的差异。

互联网上有成千上万台计算机主机，为了区分这些主机，人们就给每台主机分配了一个专门的地址作为标识。就像每个公民都有一个身份证号码，互联网上每台主机的 IP 地址就是其在网上的身份证号码。例如，网易网站主机的 IP 地址是 202.181.31.183。

IP 地址是互联网上用于访问定位的标识，从 IP 地址可以知道其地理位置。一台主机可以有多个 IP 地址，而一个 IP 地址只能分配给一台主机。

（2）TCP/IP 协议。TCP/IP 协议（Transmission Control Protocol/Internet Protocol，传输控制协议 / 互联网协议）是建立在不同用户、不同语言、不同操作系统基础上共同使用的协议，是所有互联网上计算机在使用过程中必须遵守的通信语言。

（3）IP 地址是个 32 位的二进制数，通常被分割为 4 个八位二进制数，即 4 个字节。IP 地址通常采用点分十进制表示成（a.b.c.d）的形式，其中 a、b、c、d 都是 0 ～ 255 的十进制整数。需要说明的是在 IPv6 中采用的是冒号分十六进制。

（4）IP 地址的分类。根据不同的取值范围，IP 地址可以分为 5 类。其中，A、B、C 类地址均为外网地址；D 类地址称为广播地址，供特殊协议向选定的节点发送信息时使用；E 类地址保留给将来使用。

1）A 类：1.0.0.0 ～ 127.255.255.255。

2）B 类：128.0.0.0 ～ 191.255.255.255。

3）C 类：192.0.0.0 ～ 223.255.255.255。

4）D 类：224.0.0.0 ～ 239.255.255.255。

5）E 类：240.0.0.0 ～ 255.255.255.255。

（5）为了便于内网访问，A、B、C 类地址还留出了部分私有地址，作为内网地址供内网访问。具有内网 IP 的计算机可以通过 NAT（Network Address Translation，网络地址转换）技术与外网通信。

1）A 类私有 IP 地址：10.0.0.0 ～ 10.255.255.255。

2）B 类私有 IP 地址：172.16.0.0 ～ 172.31.255.255。

3）C 类私有 IP 地址：192.168.0.0 ～ 192.168.255.255。

3. 域名

域名是一种字符型的地址标识，是由一串用点分隔的名字组成的互联网上某台计算机或计算机组的名称。域名一般是由英文字母或阿拉伯数字组成，如新浪网的域名是 www. sina.com.cn。

（1）域名结构。域名采用层次结构，每层构成一个子域名，子域名之间使用圆点进行分隔，其结构为

主机名.网络名.机构名.地理域名

域名分为 4 个区，从左到右表示的区域范围越来越大。例如，新浪网的域名 www.sina.com.cn，其中 cn 为顶级域名，表示中国；com 是二级域名，表示商业组织。常用的机构（组织）域名和地理域名，见表 1-1。

表 1-1　常用的机构（组织）域名和地理域名

组织域名	含　　义	地理域名	含　　义
com	商业组织	cn	中国
edu	教育机构	hk	中国香港
gov	政府部门	mo	中国澳门
mil	军事部门	tw	中国台湾
net	主要网络支持中心	us	美国
org	上述以外的组织	uk	英国
int	国际组织	jp	日本

（2）域名选择。域名承载着个人或企业品牌，一个好的域名往往利于用户记忆和传播。选择域名时需要注意以下问题：

1）域名应简短便于记忆，不要太复杂。

2）域名要尽可能和网站的业务相关。

3）域名中尽量不要使用连字符等特殊符号。

4）建议尽量使用 com、cn 等常见域名。

为了解决 IP 地址难以记忆的不足出现了域名，域名容易记忆，方便网民更好地通过终端设备获取信息。对企业而言，域名不仅是一个入口，也是企业在互联网上的商标，是网络营销过程中不可或缺的重要元素，已成为企业互联网品牌资源与知识产权的重要组成部分。

4. 域名系统

域名虽然便于人们记忆，但是计算机之间只能互相识别 IP 地址，它们之间的转换工作就称为域名解析。域名解析需要由专门的域名解析服务器来完成。DNS（Domain Name System）就是进行域名解析的服务器，域名的最终指向是 IP 地址。域名与 IP 地址映射的关系是多对一的关系。

（1）多个域名可以映射到一个 IP 地址，如多个网站被分配在一个 IP 地址上，也就是

一台主机上（虚拟主机）。

（2）理论上一个域名不能映射到多个 IP 地址上。

5.url

url（Uniform Resource Locator，统一资源定位器）用于标识 Web 上的页面和资源。例如，新浪"鸟类是否可以被认为是真正的恐龙？是的"页面的 url 地址是 https://tech.sina.com.cn/d/c/2020-01-22/doc-iihnzahk5704769.shtml，预览效果如图 1-2 所示。

图 1-2　新浪"鸟类是否可以被认为是真正的恐龙？是的"页面

（1）url 格式。其格式为"协议：// 主机名：端口号 / 文件路径 / 文件名"。

1）协议：传输协议主要有 http（超文本传输协议）、ftp（文件传输协议）、telnet（远程终端会话协议）等。

2）主机名：提供服务的远程主机名（域名）。

3）端口号：提供服务的远程主机端口号，如 http 协议端口号为 80，ftp 协议的端口号为 21。

4）文件路径：指资源文件在服务器系统中的相对路径。

5）文件名：指资源文件的名称。

（2）url 应用。网页中使用 url 的情况主要有以下两种情况：

1）指定超链接的目标位置。例如：

```
<a href="https://news.sina.com.cn/s/2019-05-01/doc-ihvhiqax6191606.shtml" target="_blank">五一假期出行千万别做这事  有人已经惹众怒（图）</a>
```

此语句使用 a 标记中的 href 属性指定超链接的目标位置。

2）指定多媒体资源的位置。在网页中嵌入图像、音视频等文件，需要在网页中指定多媒体资源的位置。例如：

```
<img src="images/shuixian.jpg" title=" 水仙图片 ">
```

此语句使用 img 标记在网页中要插入一幅图像，使用 src 属性指定图像文件及其位置。

（3）在制作网页时，遇到以下问题需要确定网页中的 url 书写是否正确。

1）点击超链接时无法找到资源。

2）网页中的图像、音频、视频等文件无法正常显示。

6. 地址引用

url 有绝对地址和相对地址两种方式。

（1）绝对地址。绝对地址提供链接文档完整的 url 地址，其中包括使用的协议。绝对 url 中包含访问资源所需的全部信息。绝对地址引用的说明，见表 1-2。

表 1-2　绝对地址引用的说明

引 用 情 况	说　　明
引用本地磁盘中的文件	通常需要使用本地传输协议 "file:///"。例如： "file:///e:/image/tu1.gif"
引用互联网上的文件	需要使用 http、ftp 等协议表示 url 地址。例如： "https://tech.sina.com.cn/d/c/2020-01-22/doc-iihnzahk5704769.shtml"
引用站点根目录下的文件	通常采用斜杠 "/" 表示站点根目录。例如： "/images/tu1.gif"

说明：在 HTML 中使用斜杠 "/" 而不是反斜杠 "\" 来表示目录级别。

（2）相对地址。相对地址是不完整的，要从相对 url 中获取访问资源所需的全部信息，就必须相对另一个被称为基础的 url 进行解析。相对地址比较简单，不需要输入完整的 url。大多数站点中，相对地址是本地链接时最常用的链接设置方式。相对地址是以当前文件所在路径为起点进行相对文件的查找，相对地址引用的说明，见表 1-3。

表 1-3　相对地址引用的说明

引 用 情 况	说　　明
引用同级目录中的文件	使用 "./" 或不带任何符号，表示所引用的文件与当前 HTML 页面处于同一目录中，引用时直接输入文件名即可。例如： "login2.html"
引用父级目录中的文件	使用 "../" 表示上级目录，"../../" 表示上上级目录，以此类推引用时需要在文件名前输入 "../"。例如： "../ login3.html"
引用父级子目录中的文件	引用时先输入 "../"，再输入目标文件所在的文件夹及文件名。例如： "../pages/login4.html"
引用同级子目录中的文件	引用时需要输入子文件夹及文件名。例如： "pages/ login1.html"

典型案例 1-1：地址引用

如图 1-3 所示为一个站点的目录结构，站点文件夹为 Web，包含 a 和 b 子文件夹，两个子文件夹中各包含子文件夹及其文件。

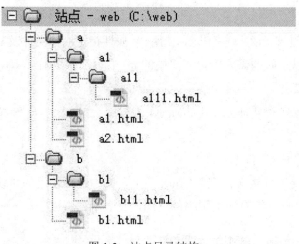

图 1-3　站点目录结构

下面我们介绍几种路径引用的例子。

（1）同级目录中的文件。例如，从 a1.html 文件链接到 a2.html 文件，相对引用路径如下：

`<a href="a2.html">路径引用 1</a>`

（2）同级子目录中的文件。例如，从 b1.html 文件链接到 b11.html 文件，相对引用路径如下：

`<a href="b1/b11.html">路径引用 2</a>`

（3）上级目录中的文件。例如，从 b11.html 文件链接到 b1.html 文件，相对引用路径如下：

`<a href="../b1.html">路径引用 3</a>`

（4）上上级目录中的文件。例如，从 a111.html 文件链接到 a1.html 文件，相对引用路径如下：

`<a href="../../a1.html">路径引用 4</a>`

（5）a111.html 文件链接到 b11.html 文件，相对引用路径如下：

`<a href="../../../b/b1/b11.html">路径引用 5</a>`

（6）针对上面第五个例子，引用路径可以修改为：

`<a href="/b/b1/b11.html">路径引用 6</a>`

分析：本例第一种情况是引用的文件在同级目录中，a1.html 和 a2.html 文件都在 a 文件夹中，所以直接写出引用文件名即可；第二种情况是引用同级子目录中的文件，b1.html 文件和 b1 子文件夹同级，b11.html 文件在 b1 子文件中，所以引用路径为"b1/b11.html"；第三种情况是引用上级目录中的文件，b11.html 文件在 b1 子文件中，b1 子文件夹与 b1.html 文件同级，由于上级目录采用"../"表示，所以路径引用为"../b1.html"；第四种情况是引用上上级目录中的文件，a111.html 文件在 a11 子文件夹中，a11 子文件夹又在 a1 子文件夹中，a1 子文件夹与 a1.html 文件同级，上上级表示有两级向上，需要使用"../../"来表示，所以引用路径为"../../a1.html"；第五种情况相对比较复杂，a111.html 文件在 a 文件夹的 a11 子文件夹中，b11.html 文件在 b 文件夹的 b1 子文件夹中，a111.html 文件要先往上三级后才和 b 文件夹同级，所以引用路径为"../../../b/b1/b11.html"；最后一种情况是针对第五个例子比较复杂的路径，可以使用根目录简化引用路径，b 文件夹在站点根目录 web 中，所以引用路径可以简化为"/b/b1/b11.html"。

相对地址比较简单，所以大多数站点在进行链接设置时通常都采用相对地址。

▶ 任务 1.1.2　了解页面元素

按照信息本身存在的形式，构成页面的元素主要有文字、图像、图表、动画、音频、视频等信息。其中，文字信息在网页中占比最大，文字信息与其他几种形式结合起来的多媒体信息所占的比重越来越大；图表可以将枯燥的数字具体化、形象化；动画可以对静态的图像进行延伸；而音频可以对文字信息进行有力补充，增强现场感；视频兼有图像、动画和音频信息的特点。各类素材的文件格式多种多样，这就需要我们了解有关多媒体素材的基本知识，能够正确地选择网页中图像、动画、音频、视频等文件的格式。本任务中，我们将学习网络图像、动画、音视频的相关知识。

一、网络图像

图像是一种视觉语言形式，可以提高网站的视觉效果，提高用户的体验，增加回访率，从而提升网站访客量。网络图像可以作为网站频道或栏目的主图、网站首页中头条新闻的配图、栏目的题图照片、文章正文的配图及独立的图片新闻报道使用。

1. 网络图像的类型

（1）照片。照片通常是紧密围绕着主题新闻报道的焦点，或是报道核心人物、事件发生的地点及引发人联想的标志性事物等。

（2）图示。图示可以将抽象的规划具体化，枯燥的数字形象化，分散的内容整体化，平面的文字立体化。2019 年 6 月底中国网民规模和互联网普及率，如图 1-4 所示。

（3）漫画。漫画是从现实生活中取材，通过夸张、比喻、象征、寓意等手法表现主题事件或人物。新华网科技频道中的一则信息标题就配有一幅漫画，如图 1-5 所示。

图 1-4　2019 年 6 月底中国网民规模和互联网普及率

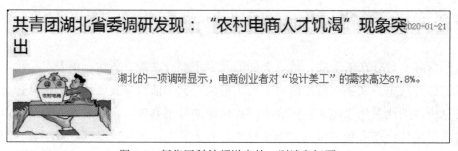

图 1-5　新华网科技频道中的一则消息标题

2. 网络图像的格式

图像文件的格式有很多种，目前大多数浏览器支持的网络图像文件格式主要有 jpg、gif 和 png 格式。它们都经过压缩，文件小，适合于网络传输，适用于各种平台。如果现有的素材不是这些格式的图像文件，则需要使用图像编辑软件将其转化为网络图像文件格式中的一种，然后才能插入到网页中。

（1）jpg 格式。jpg 格式是照片和连续色调图像的文件格式。它采用失真的压缩方式，可以将大型图像压缩得较小，同时能够保留图像的品质。jpg 格式的不足在于对图像压缩得越多，信息就丢失得越多，会导致图像变得模糊、不清晰。

（2）gif 格式。gif 格式是非连续色调或具有大面积平面色彩图像的格式。它采用非失真的压缩方式，即图像在压缩后不会有细节上的损失。在压缩文件的过程中，删去的不是图形的像素，而是图形的颜色。gif 格式支持透明功能、动画效果，主要用于保存和压缩基于文字的图像、线条和剪贴画等。gif 格式最多只能保存 256 种颜色（8 位颜色）。

（3）png 格式。png 格式采用非破坏性压缩，可以完整和精确地保存图像的亮度和彩度，还提供比 gif 和 jpg 格式更快的交错格式及更好的透明背景。png 格式结合了 gif 和 jpg 两种格式的优点，且具有无版权限制、无图像失真等特性，所以目前被广泛应用于网页中。

3. 网络图像的应用

设计网页时，应用图像需要注意以下问题。

（1）注意网络图像的格式。如果需要图像保存透明的背景，适合选择 gif 图像文件格式；颜色不多、线条清楚的图像，如小图标、卡通图案等，适合选择 gif 图像文件格式；全彩的连续色调、没有明显边界的图像、风景照等，适合选择 jpg 图像文件格式。

（2）注意网络图像的大小。图像过大会影响网页的显示速度，在保证所需清晰度的情况下，尽量压缩图像的大小。

（3）注意网络图像的面积。图像在网页中占据的面积大小能直接显示其重要的程度，大图像容易形成视觉焦点，小图像可以起到点缀和呼应页面主题的作用。

4. 获取网络图像的途径

（1）通过专业图片网站获取，如中国新闻图片网（http://www.cnsphoto.com）。

（2）通过网站的图片频道获取，许多网站都设立了自己的图片频道，采用分类的形式进行图片的管理和展示，如新浪的图片频道（http://photo.sina.com.cn）。

（3）通过搜索引擎获取，搜索引擎通常都把图片作为自己的搜索服务之一，如百度、新浪等，百度的图片高级搜索页面如图 1-6 所示。

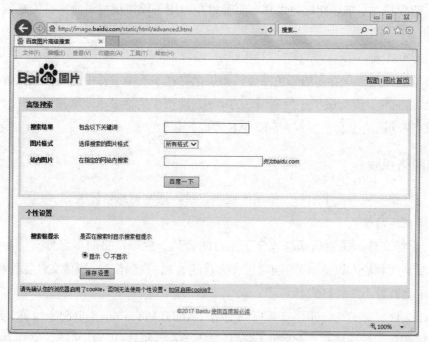

图 1-6　百度图片高级搜索页面

（4）自己拍摄和制作图像，也可以从论坛、博客、微博、微信等其他途径获取网络图像。

5. 网络图像的特点

（1）图像是一种易读的信息。人们文化水平的差异使得对相同文字信息的理解是因人而异的，而对同一图像则可以获得相同或相似的信息。

（2）图像一般是客观的呈现。文字信息是主观描述对象的符号，而图像往往是客观呈现对象的符号。因此，图像具有证实的作用。

（3）图像是一种简洁而有力的表现手段。从表现力方面看，图像往往超出文字。用同样的篇幅，图像所能传达的信息要比文字丰富，特别是一些好的图像对于瞬间的记录可以产生长久的震撼人心的效果。

二、网络动画

动画是通过连续播放一系列画面，在视觉上造成连续变化的一系列图片，通常用来完成简单的动态过程演示。目前，常用的动画格式主要有以下两种类型。

1. swf 动画格式

Flash 动画是一种矢量动画格式，具有品质高、容量小、交互性强、可带声音和兼容性好的特点。而且可以在下载的同时进行流畅的播放，打破了网络带宽的限制，非常适合在网络上进行传播。swf 文件是由 fla 文件在 Flash 中编辑完成后输出的成品文件，swf 文件可以由 Flash 插件来播放，也可以制成单独的可执行文件，无须插件即可播放。

Flash 动画与文字描述相比更逼真、更形象，可用于模拟战局示意图、灾难或事故的场景报道等。

2. gif 动画格式

在 gif 文件中可以保存多幅彩色图像，如果把存在于一个文件中的多幅图像数据逐幅读出并显示到屏幕上，就构成了一种最简单的动画。网页中的很多小动画都是 gif 文件格式的。

制作网络动画的工具主要有 Flash、AE 等。

三、网络视频

视频是将整个视频流中的每一幅图像逐幅记录，通常信息量较大。

1. 网络视频的格式

（1）影像文件。主要指那些包含了实时的音频、视频信息的多媒体文件，多媒体信息通常来源于视频输入设备，由于同时包含大量的音频、视频信息，影像文件往往相当庞大。影像文件主要有以下 3 种格式。

1）avi 文件（.avi）。avi 是音频视频交错（Audio Video Interleaved）的英文缩写，avi 格式允许视频和音频交错在一起同步播放，支持 256 色和 rle 压缩。但 avi 文件并未限定压缩标准，只是作为控制界面上的标准，不具有兼容性。avi 文件图像质量好，可以跨多平台使用，但体积过于庞大，而且压缩标准不统一。

2）QuickTime 文件（.mov/.qt）。mov 即 QuickTime 文件格式，支持 25 位彩色及领先的集成压缩技术，提供 150 多种视频效果，并配有提供了 200 多种 midi 兼容音响和设备的声音装置。QuickTime 以其领先的多媒体技术和跨平台特性、较小的存储空间要求、技术细节的独立性以及系统的高度开放性，得到业界的广泛认可。目前，QuickTime 文件已成为数字媒体软件技术领域事实上的工业标准。

3）mpeg 文件（.mpeg/.mpg/.dat）。mpeg 文件格式是运动图像压缩算法的国际标准，它采用有损压缩方法减少运动图像中的冗余信息，同时保证每秒 30 帧的图像动态刷新率，已被几乎所有的计算机平台共同支持。同时，图像和音响的质量也非常好，并且有统一的标准格式，兼容性相当好。mpeg 采用的压缩方法是将视频信号分段取样（每隔若干幅画面取下一幅关键帧），然后对相邻各帧未变化的画面忽略不计，仅仅记录变化的内容，因此，压缩比很大。

mpeg-4 格式是一套用于音频、视频信息的压缩编码标准，包含了 mpeg-1 及 mpeg-2 的绝大部分功能及其他格式的优点，主要用途在于网上流、光盘、语音发送（视频电话）及电视广播。

（2）流式视频文件。即先从服务器上下载一部分视频文件，形成视频流缓冲区后实时播放，同时继续下载，为接下来的播放做好准备。流式视频文件主要有以下几种格式。

1）Real Video 文件（.rm）。rm 是 Real Networks 公司开发的一种流式视频文件格式，主要用于在低速率的广域网上实时传输活动视频影像，可以根据网络数据传输速率的不同而采用不同的压缩比，从而实现影像数据的实时传送和实时播放。rm 格式包括 Real Audio、Real Video 和 Real Flash 三类文件。

2）asf 格式。asf（Advanced Streaming Format，高级流格式）是 Microsoft 公司推出的一个在互联网上实时传播多媒体的技术标准，它能依靠多种协议在多种网络环境下支持数据的传送。asf 的视频部分采用 mpeg-4 压缩算法，音频部分采用 wmv 压缩格式。

3）wmv 格式。Microsoft 公司推出的 wmv 格式是一种独立于编码方式的在互联网上实时传播多媒体的技术标准，其主要优点包括本地或网络回放、可扩充的媒体类型、部件下载、可伸缩的媒体类型、流的优先级化、多语言支持、环境独立性、丰富的流间关系及扩展性等。

4）webm 文件。webm 是一种用于网页的开放、免费的媒体文件格式。webm 影片格式是以 Matroska（即 MKV）容器格式为基础开发的新容器格式，包括 VP8 影片轨和 Ogg Vorbis 音轨。webm 标准的网络视频更加偏向于开源并且是基于 HTML5 标准的。

2. 网络视频的特点

（1）具有再现性。视频能够再现镜头前的几乎全部现象，包括对象的运动、色彩等，因而能激起观众强烈的现实感。

（2）具有声像并存的信息形式。在视频的拍摄过程中，声音的录制是同步进行的。视频可以表现现场感，而声音可以帮助说明那些没有实际形态的内容，如人的内心活动、思想观点等。

（3）具有显示空间的限制性。视频拍摄时镜头的取景框、显示器的屏幕等都是受限制的，因此，视频的拍摄、传达与接受都具有强制性。拍摄者的主观意图在很大程度上决定了浏览者的观看效果。

（4）具有含义的不确定性。不同的镜头用不同的方式加以组合，可能产生不同的效果，引起人们完全不同的联想。

四、网络音频

声音是多媒体的一个重要方面，它可以给多媒体带来令人惊奇的效果，还能最大限度地影响展示效果。在多媒体中声音有两类，即音乐和音效。音乐除了我们熟悉的普通音乐外，还有计算机特有的 midi 音乐；音效包括各种各样的声音，如拖动或点击鼠标时发出的声音等。

在模拟音频技术中，通常以磁介质来记录声音，存储介质的磁性变化将会直接影响到模拟音频的回放质量。而数字音频即使被复制无数次，信号也不会出现任何信号丢失或发生变化的情况。数字音频技术是通过将声波波形转换成二进制的数据来保存声音的。

1. 音频文件的格式

可以使用 Sound Forge 等音频编辑工具来对声音文件进行编辑。声音文件的格式主要有以下几种类型。

（1）wav 文件。声音文件最基本的格式是 wav（波形）格式。它把声音的各种变化信息（频率、振幅、相位等）逐一转成 0 和 1 的电信号记录下来，记录的信息量相当大，具体大小与记录的声音质量高低有关。

（2）mid 文件。mid 文件又叫 midi 文件，其记录方法与 wav 完全不同。人们在声卡中事先将各种频率、音色的信号固化下来，在需要发一个音时就到声卡中去调出这个音。一首 midi 乐曲的播放过程就是按照乐谱指令去调出所需要的各个音来。因此，midi 文件体积较小，即使是长达十多分钟的音乐也不过十至数十千字节。

（3）mp3 文件。mp3 可以说是目前最为流行的多媒体格式之一。它将 wav 文件以 mpeg-2 的多媒体标准进行压缩，压缩后体积只有原来的 1/15~1/10（约每秒 1 兆），而音质基本不变。

（4）ogg 文件。ogg（Ogg Vobis）是一款免费开源的类似于 mp3 格式的音乐压缩格式。ogg 文件格式在不影响旧的编码器或播放器的情况可以不断地改良文件和音质。

2. 网络音频的作用

（1）可以引导受众正确理解影像信息的含义。为了去除影像的多义性和不确定性，语言的辅助是十分必要的。

（2）对影像信息进行补充，传达影像文件无法表现的主观信息。一些人物的内心活动、思想观点等，都需要通过声音来传达。

（3）简洁地提供新闻信息。利用语言的概括性可以简洁而清楚地传达新闻信息。

3.网络音视频的编辑原则

（1）视频的声画字要同步。只有将声音、动画、图像和文字等多种信息有机结合才能使新闻看起来更流畅、更容易被受众接受。

（2）视频的衔接要自然。视频的场景转换、声音的过渡及转接处理合适时，才能使受众在观看视频时感到自然、不生硬。

（3）视频的画面选取要合理。考虑到网络信息浏览的广泛性，一些画面的选取值得引起注意，如过于血腥和刺激的场面容易引起观看者产生反感和恐惧，同时也要考虑到未成年人的心理。

（4）注意音频的质量。声音要达到一定的响度要求，没有明显的声源以外的持续性噪声，声音的保真度要高等。

（5）选择音视频文件时要讲究内容集中，尽量将一件事情的来龙去脉说清楚。

▶ 任务 1.1.3　了解 Web 前端设计技术与工具

随着互联网和信息技术的发展，Web 技术的应用领域越来越广泛，Web 已成为重要的信息传播载体。目前，Web 前端设计主要包括 HTML、CSS、JavaScript 三大技术，它们都是跨平台且与操作系统无关，目前所有的浏览器都支持。本任务中，我们将初步了解三大技术的特点及应用，以及 Web 前端设计常用工具的特点等。

一、Web 前端设计技术

Web 标准是一系列标准的集合，其中大部分标准是由万维网联盟（World Wide Web Consortium，W3C 理事会）起草和发布的。W3C 是国际著名的标准化组织，其重要的工作就是发展 Web 规范，如 HTML、XHTML、JavaScript、CSS 等，这些规范描述了 Web 的通信协议。

网页主要由结构（Structure）、表现（Presentation）和行为（Behavior）组成。网页内容就是页面实际要传达的真正信息，包括数据、文档、图像等。结构是将内容格式化，分成标题、作者、章、节、段落和列表等；表现用于对已经被结构化的内容进行显示控制，包括版式、颜色、大小等样式控制；行为就是对内容的交互和操作效果。在 Web 标准中，结构标准语言是指 HTML，表现标准语言是指 CSS，行为标准语言主要是指 JavaScript。

1. HTML

HTML（Hyper Text Markup Language，超文本标记语言）是 Web 页面的基础。通过多种标准化的标记符号（Tag）对网页内容（超媒体）进行标注，对页面超媒体内容的输出格式及各内容部分之间逻辑上的组织关系（如链接关系）等进行描述和指定。标记是 HTML 文档中一些有特定意义的符号，这些符号指明内容的含义或结构。HTML 不是一种编程语言，而是一种标记语言（Markup Language）。

（1）HTML 主要用于页面的设计与表现。HTML 语言最开始是用来描述文档的结构的，后来人们还想用它控制文档的外观，HTML 又增加了一些控制字体、对齐等的标记和属性，这样 HTML 既可以描述文档的结构，又能表示文档的外观，但都描述得不太好。由于 HTML 语言规范不够严谨，网页制作者在使用标记时有太多的自由，经常出现语法错误，如无结束标记、标记交叉使用等，由此就发展了 XHTML。

（2）XHTML（eXtensible Hyper Text Markup Language，可扩展超文本标记语言）是更为严谨、更为规范的 HTML 语言，用 CSS 控制文档的表现。因此，XHTML 和 CSS 就是内容和形式的关系，由 XHTML 来确定网页的内容，而通过 CSS 来决定页面的表现形式。

（3）HTML5 是 HTML 第五次重大修改，符合 HTML4.0 标准的网页在 HTML5 中仍然有效。HTML5 包含一些新的元素、属性和行为，同时提供了一系列可使 Web 站点和应用更加多样化、功能更强大的技术。

1）HTML 方面：语义化更清晰，新增 header、nav、section、article、aside、footer 结构标记；多媒体功能增强，新增 video、audio、source、canvas、svg 等标记；表单功能增强，新增 color、calendar、date、datetime、datetime-local、time、month、week、email、url、search、range、tel 等表单控件及 datalist、keygen、output 等表单元素。

2）JavaScript 应用接口：web storage 本地存储，获取拖放内容信息，geolocation 获取地理位置信息等。

3）CSS 方面：布局排版，如字体、多列显示等；视觉效果，如背景、圆角、阴影、渐变等；动画支持，如 transform 转换、transition 过渡、animation 动画等。

4）HTML5 取消了一些过时的标记，如 font、center、u、strike 等效果标记及 frameset、frame、noframes 等框架标记；去掉 script、style、link 标记中的 type 属性；将内容和表现分离；简化文档类型和字符编码等。

最新版本的火狐（Firefox）、欧鹏（Opera）等支持某些 HTML5 特性，IE9 开始支持某些 HTML5 特性。

2. CSS

CSS（Cascading Style Sheets，层叠样式表技术）用于定义网页内容显示的样式。CSS

不仅可以静态地修饰网页，还可以配合各种脚本语言动态地对网页各元素进行格式化。CSS 能够对网页中元素位置的排版进行像素级精确控制，支持几乎所有的字体、字号样式，拥有对网页对象和模型样式编辑的能力。

CSS 的作用主要体现在可以灵活定制网页元素风格、方便页面的修改、减少页面的体积、易于统一页面风格等方面。CSS 扩充了 HTML 的样式定义语法和语义，使得样式表达更为丰富和灵活。

CSS 语言不需要编译，可以直接由浏览器解释执行。CSS1 版本于 1996 年 12 月 17 日发布，CSS2 版本于 1999 年 1 月 11 日发布。CSS3 版本于 1999 年开始制订，2001 年 5 月23 日 W3C 完成了 CSS3 的工作草案。CSS3 使得代码更简洁、页面结构更合理，性能和效率得到兼顾。W3C 仍然在对 CSS3 规范进行开发，CSS3 开发朝着模块化发展，包括文本效果、背景和边框、盒子模型、2D/3D 转换、动画、多列布局及用户界面等。

Firefox、Opera 等浏览器支持 CSS3 的绝大多数属性，IE9 及以上版本支持 CSS3 的部分属性，IE8 及以下版本基本不支持 CSS3 属性。

3. JavaScript

JavaScript 是一种嵌入 HTML 文档中、跨平台、基于对象和事件驱动的脚本语言，广泛用于 Web 应用开发，用于为网页添加动态功能，为用户提供更加流畅美观的浏览效果。JavaScript 是一种解释性脚本语言，被广泛用于客户端。

（1）JavaScript 的组成。JavaScript 脚本语言同其他语言一样，有自身的基本数据类型、表达式、算术运算符以及基本程序框架。JavaScript 主要由以下几部分组成。

1）ECMAScript：描述了该语言的语法和基本对象。

2）文档对象模型（DOM）：描述处理网页内容的方法和接口。

3）浏览器对象模型（BOM）：描述与浏览器进行交互的方法和接口。

（2）JavaScript 脚本通过嵌入在 HTML 中实现自身的功能。嵌入 JavaScript 脚本的 HTML 文档加载到浏览器内的解释器上，浏览器把脚本程序交给脚本引擎执行，执行的结果返回浏览器，然后浏览器将这些结果嵌入到原来的 HTML 文档中一起显示。在 HTML 文档中嵌入 JavaScript 代码的方法主要有以下几种方式。

1）行内式：简单便捷，通常用于临时测试某个事件。例如：

```
<p onClick="alert(' 快来学习吧 ');">Web 前端设计基础课程 </p>
```

2）嵌入式：使用 <script>…</script> 标记。例如：

```
<script>
```

```
document.write("<span>Web 前端设计基础课程 </span>")
</script>
```

3）链接式：<script src="JavaScript 文件名 " ></script>。例如：

```
<script src="js/file.js"></script>
```

二、Web 前端设计工具

HTML 文档制作简单，功能强大，支持导入不同数据格式的文件。HTML 独立于操作系统，对多平台兼容，只需要浏览器就能在操作系统中浏览网页文件。HTML 文档是一种纯文本文档，可以使用记事本、写字板、EditPlus、Sublime Text、Notepad++ 等文本编辑器进行编辑，也可以使用 Dreamweaver、Visual Studio 等网页制作工具来快速创建。

1. 文本编辑器

EditPlus 是一款小巧但功能强大的可处理文本、HTML 和程序语言的 Windows 编辑器，可取代记事本的文字编辑器，拥有无限制的撤消与重做、英文拼字检查、自动换行、列数标记、搜寻取代、同时编辑多文件、全屏幕浏览等功能。

Sublime Text 是一款较为流行的代码编辑器，具有漂亮的用户界面和强大的功能，如代码缩略图、Python 插件、代码段等，还可自定义键绑定、菜单和工具栏等。Sublime Text 是一个跨平台的编辑器，同时支持 Windows、Linux、Mac OS X 等操作系统。

Notepad++ 是微软视窗环境下的一款免费的代码编辑器，具有完整的中文化接口及支持多国语言编写的功能。Notepad++ 功能比 Windows 中的 Notepad 记事本强大，不仅拥有语法高亮度显示、语法折叠等功能，还支持宏及扩充基本功能的外挂模组。

2. 网页制作工具

Visual Studio 是微软公司的开发工具包系列产品，是目前最流行的 Windows 平台应用程序的集成开发环境，编写的目标代码适用于微软支持的所有平台，包括 Microsoft Windows、Windows Mobile、Windows CE、.NET Framework、.NET Compact Framework、Microsoft Silverlight 及 Windows Phone。

Adobe Dreamweaver 是集网页制作和管理网站于一体的所见即所得网页代码编辑器。利用对 HTML、CSS、JavaScript 等内容的支持，可以快速制作网页和进行网站建设。Dreamweaver 功能强大，具有可视化编辑、错误提示等优点，深受前端和网站开发人员欢迎。本书选用 Dreamweaver，在代码视图中进行代码编辑，如图 1-7 所示。

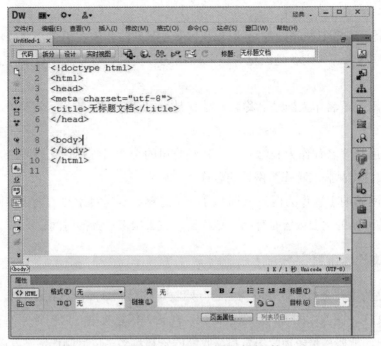

图 1-7 Dreamweaver 代码试图环境

▶ 任务 1.1.4 了解网站建设流程

网站建设是企业展示形象、产品和服务必不可少的渠道之一。建设网站是个系统工程，需要按照一定的流程进行操作，才能设计出令人满意的网站。本任务中，我们将学习网站建设主要流程的相关知识，网站建设主要包括确定网站主题、收集整理资料、规划网站、选择制作工具、设计制作网页等流程。

一、确定网站主题

网站主题就是网站建设所要包含的主要内容。网站必须要有明确的主题，主题就是网站的题材和所要表达的中心思想。主题无定则，只要是自己感兴趣的，任何内容都可以，但主题要鲜明，在主题范围内将内容做到大而全、精而深。

1. 网站题材

网站的题材可以是体育、聊天、教育、家庭、资讯、生活时尚等方面，都可以作为网站的题材。在选择网站题材时需要注意以下几个问题。

（1）网站主题最好是自己最擅长并且感兴趣的内容。

（2）网站主题要小而精，题材不要太广泛。

（3）网站主题要体现特色或个性。

2.网站名称

大多数企业都希望网站能够给用户留下较为深刻的印象，毕竟一个好的网站名称能够吸引更多的消费群体或者是浏览者进入网站进行体验。可以采用以下方式来设计网站名称。

（1）使用公司名作为网站名称。好处就是可以达到较好的公司宣传效果，效率上也是事半功倍。

（2）使用品牌名称作为网站名称。有些公司的企业名称往往比较复杂，不容易被用户记住，建议使用品牌名称作为网站的名称。

（3）将网站的主题作为网站名称。好处是能够起到一目了然的效果，网友看到网站名称就知道该网站的主要内容是什么，这样可以省去很多选择的时间。

二、收集整理资料

明确网站的主题之后，就要围绕主题开始收集资料。按照信息存在的形式构成网页的元素主要有文字、图像、图表、动画、音频、视频等信息类型。要想让网站有血有肉，能够吸引住用户，就要尽量多地收集资料，收集的资料越多，以后制作网站就越容易。

确定了要搜集的信息内容和类型之后，就需要选择合适的工具查找所需的信息。由于网络信息的数量庞大，人们无法对所有的信息进行搜集并逐一对它们进行评价，因此，需要选择合适的网络信息收集途径和信息筛选工具。

1.网络信息收集的工具

（1）搜索引擎。搜索引擎是对互联网信息资源进行搜索、整理和分类，并储存在网络数据库中供用户查询的系统。搜索引擎是用于网络信息资源选择的主要工具，按工作方式的不同主要分为全文搜索引擎、目录搜索引擎、垂直搜索引擎。

1）全文搜索引擎。全文搜索引擎是指在从互联网上提取各个网站的信息（以网页文字为主）而建立的数据库中，检索与用户查询条件匹配的相关记录，然后按一定的排列顺序将结果返回给用户，如 Baidu、WiseNut 等。

全文搜索引擎对网页中的每一个词（即关键词）进行索引，建立索引数据库，当用户查找某个关键词的时候，所有在页面内容中包含了该关键词的网页都将作为搜索结果被搜出来，在利用复杂的算法进行排序后，这些结果将按照与搜索关键词的相关度高低依次排列。

2）目录搜索引擎。目录搜索引擎是通过人工方式或半自动方式搜集信息，经由编辑人员查看信息之后，人工形成信息摘要，并将信息置于事先确定的分类框架中。优点是信息准确、导航质量高；缺点是需要人工介入、维护量大、信息量少、信息更新不及时。目录搜索引擎虽然有搜索功能，但从严格意义上看，它算不上是真正的搜索引擎，仅仅是按目录分类的网站链接列表而已。用户完全可以不用进行关键词查询，仅靠分类目录也可找到需要的信息，如搜狐、新浪、网易搜索等。

3）垂直搜索引擎。垂直搜索引擎是针对某一个行业的专业搜索引擎，是搜索引擎的细分和延伸。它通过对网页库中的某类专门信息进行一次整合，定向分字段抽取出需要的数据，进行处理后再以某种形式返回给用户。因信息相对集中，这种搜索方式的查找速度快、查准率较高。例如，术语在线定位为术语知识服务平台，以建立规范术语"数据中心""应用中心"和"服务中心"为目标，支撑科技发展、维护语言健康，首页如图 1-8 所示。

图 1-8　术语在线首页

（2）信息采集软件。由于网络信息内容庞杂、内容丰富、无序混乱，当需要采集大量的信息时，仅靠人工采集，速度慢且又容易漏掉重要的内容，因此，通过信息采集系统和软件进行可以提高信息收集的效率和准确性。网络信息采集系统以网络信息挖掘引擎为基础构建而成，它可以在最短的时间内，帮助用户把新的信息从不同的网站上采集下来，并在进行分类和统一格式后，把信息及时发布到自己的站点上，从而保证了信息的及时性，减少了工作量。常见的信息采集软件有火车采集器、网络神采等。

1）火车采集器（LocoySpider）。火车采集器是一个供网站文章系统、论坛系统等使用的多线程内容采集发布程序，它支持远程图像下载、图像批量水印、Flash 下载、下载文件地址探测、自制作发表的 CMS 模块参数、自定义发表的内容等功能。

2）网络神采。网络神采是一款网络信息采集系统，通过一定的规则可以从任何类型的网站上采集信息，如新闻网站、论坛、博客、电子商务网站、招聘网站等。该系统可以实现以下功能：定时采集新闻、文章等，并自动发布到网站上；从指定网站抓取所需数据，通过分析和处理后保存到数据库；自动抓取新闻、论坛等，然后进行分析处理，使用户可以在第一时间发现所关注的内容；可以批量下载 PDF、RAR、图像等各种文件，并同时采集相关信息。

（3）RSS 订阅。RSS（Really Simple Syndication，聚合内容）是在线共享内容的一种简易方式。通常在时效性比较强的内容上使用 RSS 订阅能更快速地获取信息，网站提供 RSS 输出，有利于让用户获取网站的更新内容。订阅后，将会及时获得所订阅新闻频道的最新内容。

使用 RSS 的好处在于：没有广告、图像来影响对标题或者文章概要的阅读；面对大量和快速更新的内容，用户不用再花费大量的时间从新闻网站下载，RSS 阅读器将自动更新定制的网站内容，保持新闻的及时性；用户可以加入多个定制的 RSS 提要，从多个来源搜集新闻并整合到同一个界面中。RSS 目前广泛用于网上新闻频道、Blog 和 Wiki。

2. 网络信息收集的途径

（1）专业网站。专业网站所提供的信息容量大、内容全面、数据准确。专业网站是最简单、最直接地获取信息的一种方式。从专业网站获取信息时，需要注意网站和稿件的版权声明，不要侵犯对方的版权。常见的专业网站有以下几种。

1）综合性的新闻网站。如新华网、中国新闻网、人民网、中央电视台网站、中国广播网、新浪网、搜狐网、中华网、光明网、千龙网、环球网以及各地方媒体设立的网站。

2）提供专业财经信息的网站。如国家商务部网站、财政部网站、中国人民银行网站、东方财富网、证券之星网、和讯网、中金在线以及各证券公司网站等。

3）提供教育信息的网站。如各大学网站、中国教育和科研计算机网、教育部网站、共青团中央网站、中国教育在线、中国教育考试网、中国教育新闻网、中国教师网、各门户网站教育频道等。

4）提供各类科技信息的网站。如国家科技部网站、各门户网站科技频道、中国公众科技网、科技日报网站、北京科普之窗、首都科技网、中国科普博览、环球科学网、天极网、硅谷动力、赛迪网等。

5）提供供求信息和行业信息的行业电子商务网站。综合性网站包括阿里巴巴、环球资源等，行业性网站包括中国化工网（化工行业）、我的钢铁网（钢铁行业）、中华纺织网（纺织行业）、中华机械网（机械行业）、中国农业网（农林行业）等。

（2）论坛、博客和微博等社区内容。随着 Web2.0 和 SNS 的发展，普通网民在网络信息的创造和传播过程中发挥的作用越来越重要，网民自主创造内容（User Generated Content，UGC）已成为互联网的热点，社区网络、视频分享、博客和播客等都是 UGC 的主要应用形式。网民通过论坛、博客、评论、微博等发布的各类社区信息，也是获取信息和素材的重要来源渠道。社区的内容一般时效性强，具有针对性，语言通俗易懂，写法不拘一格，其中不乏质量较高的稿件。

（3）网络数据库。网络数据库具有信息量大、更新快、数据标引深度高、检索功能完善等特点，是获取信息尤其是文献信息的一种有效途径。

用于查询期刊论文的数据库有中国知网、万方数据资源系统、维普资讯、龙源期刊网等，用户可以按照作者、标题、关键词、摘要搜索学术期刊文章。用于查询中文图书的数据库有超星数字图书馆、书生之家等。

网络数据库有收费数据库和免费数据库之分。收费数据库一般需要购买使用权；免费数据库主要是专利、标准、政府出版物等，一般是由政府、学会、非盈利性组织创建并维护的数据库。

在收集网络信息时，需要遵守网络信息发布与传播的基本规范和相关的法律法规，需要将收集到的信息素材分门别类地存放起来。

三、规划网站

一个网站设计得成功与否，很大程度上取决于设计者的规划水平。网站规划包含的内容很多，如网站的结构、栏目的设置、网站的风格、颜色的搭配、版面的布局、文字及图像的运用等，只有在制作网页之前把这些方面都考虑到，才能在制作时驾轻就熟、胸有成竹。也只有如此，制作出来的网页才能有个性、有特色，具有吸引力。此部分内容将在学习任务 2 中进行详细介绍。

四、选择制作工具

尽管选择什么样的工具并不会影响设计网页的好坏，但是一款功能强大、使用简单的软件，往往可以起到事半功倍的效果。网页制作的工具主要包括以下几种类型。

（1）文本编辑器：记事本、写字板、EditPlus、Sublime Text、Notepad++ 等。

（2）所见即所得的制作工具：Dreamweaver、Visual Studio Web 等。

（3）图像编辑工具：Photoshop、Photoimpact 等。

（4）动画制作工具：Flash、Cool 3D、GIF Animator 等。

（5）网页特效工具：有声有色等。

五、设计制作网页

网页素材和制作工具确定之后，下面就需要按照规划一步步地把自己的想法变成现实，这是个复杂而细致的过程。

1. 网页制作的原则

（1）先大后小原则。在制作网页时，先设计好大的结构，再逐步完善小的结构设计。

（2）先简单后复杂原则。在制作网页时，先设计出简单的内容，再设计复杂的内容，以便出现问题时好修改。

2. 编排设计网页的原则

（1）对比性原则。通过对比可以在页面中形成趣味中心，或使主题从背景中突显出来。对比可以是色彩饱和度的变化、颜色不同的变化，可以是文字字号、字体的变化，还可以是留白与大块文字的变化，打破网页的平面感、沉闷感，创造出具有动感旋律的网页。在使用对比时要慎重，对比过强容易破坏美感，影响统一。

（2）简洁性原则。简洁是版面最重要的原则，因为设计网页的主要目的是为了了解信息，网页上的信息是最精华的、最重要的，除此以外的信息均应处于次要地位。保持版面简洁的常用做法有以下 3 种。

1）使用一个醒目的标题。这个标题常常采用图形来表示，但图形同样要求简洁。

2）限制所用的字体和颜色的数目。一般每页使用的字体不超过 3 种，一个页面中使用的色彩应控制在 3 种以内。

3）页面上所有的元素都应当有明确的含义和用途，不要试图使用无关的图像装点页面。

（3）平衡性原则。在设计网页时，要充分考虑版面元素访问者的视觉接受度。页面色块的分布、颜色的厚重、文字的大小、图像与文字的比重等都是影响页面平衡的重要元素。

网站创意、设计、制作流程，如图 1-9 所示。

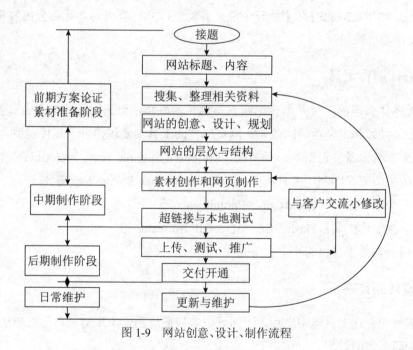

图 1-9   网站创意、设计、制作流程

▮综合应用▮

本书将围绕"动物天地"网站进行网站策划、网站首页的设计与制作。在完成设计网站、创建网站首页文档、编辑网站首页内容、创建网站首页样式、设计网站首页样式、定位网站页面元素、理解 JavaScript 语言基础、应用 jQuery、了解 HTML5 高级应用等任务的过程中，进行相关知识和操作技术的学习。制作的"动物天地"网站首页，如图 1-10 所示。

图 1-10 "动物天地"网站首页预览效果

学习任务小结

本任务主要学习 Web 基础知识。着重学习了网页、网站的概念及特点，IP 地址、域名、域名系统、url 及相对地址、绝对地址引用等 Web 相关概念，网络图像、网络动画、网络音视频的作用及文件格式，常用文本编辑器、网页制作工具的特点，确定网站主题、收集整理资料、规划网站、选择制作工具及设计制作网页等网站建设主要流程的要点等。运用所学知识确定自建网站的主题并着手进行资料的收集和整理。

▌技能与训练▌

1. 选择题

（1）HTTP 协议是一种（　　　）。

A. 文件传输协议　　　　　　　　　　B. 远程登录协议

C. 邮件协议　　　　　　　　　　　　D. 超文本传输协议

（2）网址 http://www.beijing.gov.cn 是中国（　　　）的网站。

A. 教育部门　　　　B. 军事部门　　　　C. 政府部门　　　　D. 经济部门

（3）新浪的搜索引擎属于（　　　）的网站。

A. 目录搜索引擎　　B. 全文搜索引擎　　C. 垂直搜索引擎　　D. 元搜索引擎

（4）以下不适合在 HTML 文档中使用的图像格式是（　　　）。

A.*.gif　　　　　　B.*.png　　　　　　C.*. psd　　　　　　D.*.jpg

（5）以下关于相对路径说法错误的是（　　　）。

A. 相对路径表述的是源端点同目标端点之间的相互位置

B. 如果在链接中源端点和目标端点不在同一个目录下，就无法使用相对路径

C. 如果在链接中源端点和目标端点位于一个目录下，则只需要在链接路径中指明目标端点的文档名称即可

D. 如果在链接中源端点和目标端点不在同一个目录下，也需要将目录的相对关系表示出来

2. 简答题

（1）静态网页和动态网页各有什么特点？

（2）图像文件的格式有哪些？各有什么特点？

（3）获取网络图像的渠道有哪些？搜索的结果有何差别？

（4）设计网页时选择图像的原则有哪些？

（5）网页中常用的音视频文件格式有哪些？各有什么特点？

（6）网络音视频的编辑原则有哪些？

（7）Web 前端设计技术及工具有哪些？各有什么特点？

（8）网站建设的主要流程有哪些？各流程中需要注意哪些问题？

3. 操作题

确定自建网站主题并进行素材的收集整理，具体要求如下：

（1）确定网站题材和网站名称。

（2）围绕网站主题开始收集资料。在收集网络信息时，需要遵守网络信息发布与传播的基本规范和相关的法律法规，需要将收集到的信息分类存放。

学习任务 2 设计网站

网站策划是网站建设成功的关键内容之一，对网站建设起到计划和指导的作用，对网站的内容和维护起到定位作用。网站策划主要包括了解客户需求、网站功能设计、网站结构规划、页面设计、内容编辑等内容。本学习任务中，我们将学习网站形象、页面布局、网站导航、网站栏目、页面层次结构及目录结构等设计的相关知识和操作，学习任务完成后，应完成"动物天地"网站的策划工作。

▌学习目标▶

知识目标

1. 能够知晓网站的标志、色彩、字体及宣传标语的设计规范，网站导航设计、网站栏目设计的作用及设计原则，网站目录结构设计的原则。

2. 能够选择网页布局的形式、网站页面层次结构的形式。

技能目标

1. 能够收集和处理各类网络素材。

2. 能够根据网站选题和内容对网站进行形象设计、布局设计、导航及栏目设计、网页层次结构及目录结构设计。

素质目标

能够遵守网络信息发布与传播基本规范和相关法律法规（如网络信息内容治理规定等）。

▌学习任务结构图▙

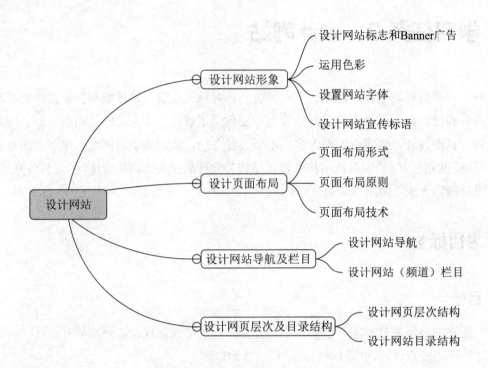

▶ 任务 1.2.1 设计网站形象

网站的整体风格通常依据网站的定位进行设计。网站的主要栏目要求使用一致的布局，包括一致的页面元素、导航形式，如相同的按钮及顺序，其他页面可以与首页有所变化，首页和各级页面都要带有网站 Logo 标志，并链接到网站首页。网站形象设计是保证网站整体质量的前提。因此，本任务中，我们将学习网站标志和 Banner 广告设计、色彩运用、网站字体设置及宣传标语设计的相关规范。

一、设计网站标志和 Banner 广告

1. 网站标志

Logo（徽标、标志、商标）是指企业的标识或品牌形象，具有识别和推广企业的作用，企业将文化内容包括产品与服务、整体实力等都融合到 Logo 标志中，通过宣传使之在大众的心里留下深刻印象。Logo 标志是网站经营者为把自己的网站区别开来而给网站所起的名称或所加的特殊性标志，主要是网站用来与其他网站进行链接的图形标志。

（1）网站 Logo 设计。通常采用鲜艳的色彩和大胆的创意来吸引用户的注意力，网站 Logo 标志的构成元素主要有文字、字母、符号、图案等，典型网站的 Logo 标志，如图 1-11 所示，往往将网站的域名也融入到网站 Logo 的设计中。

图 1-11 典型网站的 Logo 标志

网站 Logo 设计时需要注意以下问题：

1）图形的造型美。标志设计要在较小的范围中反映具体的艺术特征，给人以美好、和谐、悦目的形象。图形是构成标志的重要组成部分，也是设计中不可忽视的元素，是标志最终成败的关键。

2）意和形的综合美。标志是通过完整的形象表现出来的，而形象则是构成图形美的重要条件。标志的艺术形象主要包括：①意象美，由想象、意境、比喻、色彩等组合成意味深长的意象美。②形式美，由变化、运动、对照、均衡等组合成组织结构的形式美。

（2）网站 Logo 标志的规格。Logo 标志的规格主要有以下几种形式：

1）88px×31px 是互联网上最普遍的友情链接标志的规格。此 Logo 标志主要是放在其他网站中显示，方便其他网站的用户单击此 Logo 标志访问自己的网站。

2）120px×60px 是一般大小的标志规格，主要用于网站首页中的 Logo 广告。

3）120px×90px 是大型的标志规格。

2. Banner 广告

Banner 广告又称为网幅广告、旗帜广告、横幅广告，是位于网页顶部、中部、底部任意处，横向贯穿整个或者大半个页面的广告条。Banner 广告适用于发布或推广新产品，在用户浏览网站的同时吸引用户关注，用户点击广告即可进入相关链接页面。新浪的 Banner 广告如图 1-12 所示，网易的 Banner 广告如图 1-13 所示。

图 1-12 新浪的 Banner 广告

图 1-13 网易的 Banner 广告

（1）网络广告的类型。

1）通栏广告。以横贯页面的形式出现，该广告的尺寸较大，视觉冲击力较强，能给浏览者留下深刻的印象，特别适合活动信息发布、产品推广、庆典活动等情况。

2）全屏广告。在用户打开页面时，以全屏方式出现 3～5s，可以是静态或动态效果的页面，然后逐渐缩成 Banner 尺寸的网络广告形式。

3）悬浮广告。主要有 3 种形式，悬浮侧栏的大小通常是 120px×270px，悬浮按钮的大小通常是 100px×100px，悬浮视窗的大小是 300px×250px。

（2）Banner 广告的特点。Banner 广告是网络广告最早采用的形式，也是目前最常见的形式。Banner 广告与传统媒体相比具有很多优越性，主要体现在以下几个方面。

1）覆盖面广，方式灵活，互动性强。

2）不受时间限制，时间持久。

3）可以分类检索，针对性强。

4）制作简捷，费用低。

5）可以准确地统计受众数量。

（3）Banner 广告设计。创意绝妙的 Banner 广告，对于建立并提升客户品牌形象有着不可低估的作用。

1）Banner 广告的构成要素主要有文字、主题、版式、背景等。主题要明确，重点文字要突出；设计要符合阅读习惯，阅读视线要符合用户从左到右、从上到下的浏览习惯；信息数量要平衡等。

2）Banner 容量尽量限制在 15kB 之内，格式尽量选用 gif 及动态格式；帧切换时尽量半静半动，闪切变化主要体现在文字上；广告的 border 通常设为 0，并要求设置 alt 替代说明信息。

二、运用色彩

在进行网页设计时，色彩搭配也是非常重要的。色彩主要用于网站的标志、标题、主菜单和背景颜色等。不同的色彩给人以不同的情绪感觉，运用不同的标准色，可以将网站的形象和内涵变得完整并形象地传递给访问者，增强访问者的识别记忆，从而增强网站的感染力。

1. 网页色彩设计规范

根据和谐、均衡和重点突出的原则，将不同的色彩进行组合搭配以构成让人舒适的页面。在进行网页的色彩设计时，需要注意以下问题。

（1）根据色彩对人们心理的影响合理地加以运用。色彩的心理效应发生在不同的层次中，有些属于直接刺激，有些需要通过间接联想，更高的层次则涉及人的观念、信仰，因此，需要根据色彩对人们心理的影响，合理地加以运用。

（2）色彩代表不同的情感，有着不同的象征含义。一般来说，红色是火的颜色，象征热情、奔放；红色也是血的颜色，可以象征生命。黄色是明度最高的颜色，显得华丽、高贵、明快。绿色是大自然的颜色，象征安宁、和平与安全。紫色是高贵的象征，庄重感较强。白色能给人以纯洁与清白的感觉，象征和平与圣洁。

（3）每个网站都有自己的标准色彩，标准色彩主要是指网站形象和延伸内涵的色调。

基本原则是标准色彩不超过三种，超过三种则会令人产生眼花缭乱的感觉。标准色彩主要用于网站的标志、标题、菜单和大色块，可以统一网站的整体风格，其他色彩的使用可作为点缀和衬托，不能喧宾夺主。

（4）网页设计中的通常做法是主要内容文字采用深灰色或黑色，而边框、背景、图像等应用彩色，这样页面既不显单调，浏览时也不会有眼花缭乱的感觉。

2. 网页色彩搭配技巧

（1）运用相同色系色彩。

（2）运用对比色和互补色。

（3）使用过渡色。

（4）使用黑色和某种色彩进行搭配。

（5）背景和文字的对比要尽量大。

（6）即使页面有背景图像，也应该设置背景颜色。

不同的颜色搭配所表现出来的效果也不同。绿色和金黄、淡白搭配，可以产生优雅、舒适的气氛；蓝色和白色混合，能体现柔顺、淡雅、浪漫的气氛；红色和黄色、金色搭配，能渲染喜庆的气氛；金色和栗色搭配，会给人带来暖意。

网页设计任务不同，色彩方案也随之不同。考虑到网页的适应性，应尽量使用网页安全色。颜色的使用在网页制作中起着非常关键的作用，有很多网站就是以其成功的色彩搭配令人过目不忘，如汇源果汁网站首页（见图 1-14），主色调选用橘色，以增加品牌的辨识度，同时不同版块之间使用色块区分，使得整个页面更有节奏。

图 1-14 汇源果汁网站首页

三、设置网站字体

网页中的信息主要以文本为主，因此，文本选用合适的字体类型、字体大小、行距等在一定程度上决定了网站的美观程度和舒适感。图 1-15 为网易首页的部分截图，网页中使用了不同的字体类型、字体大小及字体样式，如颜色、加粗等。

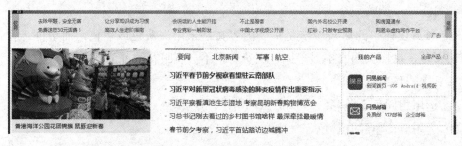

图 1-15　网易首页的部分截图

1. 字体

在专业的网页设计中，除了 Banner 广告、宣传标语等情况可能会使用特殊字体，网页通常都采用标准字体，如中文的宋体、微软雅黑、黑体等，使用的字体以不超过 2 种为准，建议使用系统自带的字体，可以使前端设计人员和开发人员在排版时高程度地还原设计稿中的文字效果。如果需要使用特殊字体，在设置 CSS 属性 font-family 时，可以设置多种字体的优先顺序，以确保网页显示的最佳效果。

2. 字号

最适合于网页正常显示的字体大小为 9pt、12pt，也有很多网页使用 12px 和 14px 的宋体。许多综合性网站，由于网站首页需要安排较多的内容，文字通常采用 9pt 的字号。

用户浏览时间最长的网页通常是文章正文页面，随着显示器的增大及其分辨率的提高，越来越多的网站开始使用 16px 或 18px 宋体作为文章正文的字号。

3. 行距（行高）

通过行距设置可以控制文字的密度。如果行距太小，容易使用户浏览文章内容时串行；如果行距过大，会感觉文章内容阅读时不够连贯。行距没有固定的值，通常是根据字体大小定义的。

网页中文本行距的单位常用 em 表示，大多数用户比较喜欢使用 1.2 ～ 2em 的行距。以 1.5em 的行距为例，浏览器的默认字体高度为 16px，行距就是 24px。行距可以使用 CSS 行高属性 line-height 进行设置。例如：

```
p{line-height:20pt;}
p{line-height:1.5em;}
```

4. 字体颜色

网站主体文字颜色建议使用公司品牌的 VI（Visual Identity）颜色，可提高公司网站与公司 VI 之间的关联，增加可辨识性和记忆性。

一般不建议网页采用纯黑色的字体颜色，其比较容易产生较为强烈的视觉冲击力。对于文章正文，字体颜色可选用易读性的深灰色，建议使用 #333 到 #666 之间的颜色；而对于那些辅助性的注释类文字，则可以选用 #999 这类较浅的灰色字体。

在网页设计中可以为文本、文本链接的不同状态选择各种颜色，如新浪首页中，各标题悬停状态的超链接颜色为橘黄色且带有下划线；网易首页中各标题悬停状态的超链接颜色为红色。使用不同颜色的文本可以使要强调的部分更有吸引力，需要注意的是文本只能使用少量的颜色。

四、设计网站宣传标语

网站宣传标语是指使用一句话快速地让用户知道网站的定位，有助于用户快速了解企业及其提供的服务。

1. 宣传标语的功能

网站宣传标语最基本的功能是告诉用户可以在网站上获得什么服务，用户据此判断是否来对了网站。网站宣传标语最基本的设计原则是明确告诉用户网站是干什么的。

2. 宣传标语的设计

（1）做好企业网站定位。网站定位就是企业想通过网站向用户传递什么，应简单清晰，能够使用一句话概括出要传递给用户的信息，如"网易新闻，各有态度""阿芙就是精油"。

其中，阿芙是国内精油美妆类领先品牌，其官网的 Logo 标志和首页标题都是"阿芙就是精油"，如图 1-16 所示，直接在阿芙和精油之间建立连接，将品牌与品类直接衔接，塑造品类代表形象，使消费者产生"阿芙就是高品质精油"的印象。

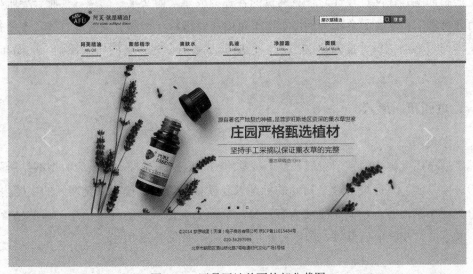

图 1-16　网易网站首页的部分截图

（2）网站宣传口号简单易懂。例如，百度的"百度一下，你就知道"、QQ 空间的"分享生活，留住感动"等，清晰明了，容易理解。不要设置太复杂或是晦涩的宣传标语。

百度首页的标题是"百度一下，你就知道"，如图 1-17 所示。百度是全球最大的中文搜索引擎，致力于让网民更便捷地获取信息。百度试图使用"百度"品牌词替代用户心中"搜索"这个行为动词，"百度一下"就是搜索一下，每一次搜索，都会有新发现。

图 1-17　百度首页

（3）网站其他内容要配合宣传标语。根据企业网站定位设计好宣传标语后，还要做到网站其他内容和网站的宣传标语有效配合、内容一致，逐步加深网站在用户心目中的地位。

▶ 任务 1.2.2　设计页面布局

页面布局就是在网页设计时，将网页的各种构成要素如文字、图像、视频、导航栏等，进行有效合理的搭配。一个精美的网页，不仅内容要精彩，布局也要合理有效。本任务中，我们将学习页面布局设计的原则和方法，包括页面布局形式、页面布局原则、页面布局技术等。

一、页面布局形式

1. 国字型

国字型布局又称为同字型布局，是一种常用的布局结构类型，经常为大型网站所采用，如新浪、网易等。页面最上端是网站的标题以及横幅广告条；接下来是网站的主要内容，左右分列两小条内容，中间是主要内容部分；页面下端是网站的基本信息，通常包含版权声明、联系方式及其他信息等。国字型布局示意图，如图 1-18 所示。

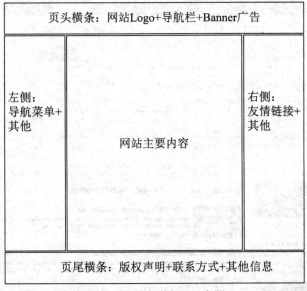

图 1-18 国字型布局示意图

2. 拐角型

拐角型布局结构与国字型布局相似，只是形式上略有区别。页面上端是标题及广告横幅；接下来的主要内容部分通常被分为大小不等的 2 列，既可以是左侧为一窄列链接等，右侧为较宽的正文，也可以是右侧为一窄列链接等，左侧为较宽的正文；页面下端是网站的辅助信息，通常包含版权声明、联系方式及其他信息等。拐角型布局示意图，如图 1-19 所示。例如，好 123 网站的首页采用的就是拐角型布局形式，如图 1-20 所示。

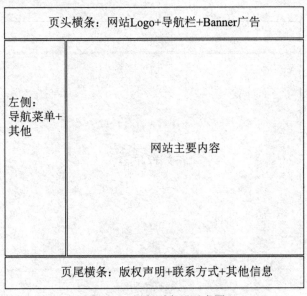

图 1-19 拐角型布局示意图

图 1-20　好 123 网站首页截图

3. 标题正文型

标题正文型布局的页面上端是标题或类似的内容，接下来是正文内容，如图 1-21 所示。

图 1-21　标题正文型布局示意图

政务网站的一些政策、帮助文章页面、注册页面等常采用这种布局形式,商务部出台《商务信用联合惩戒对象名单管理办法》的页面采用的就是标题正文型,如图 1-22 所示。

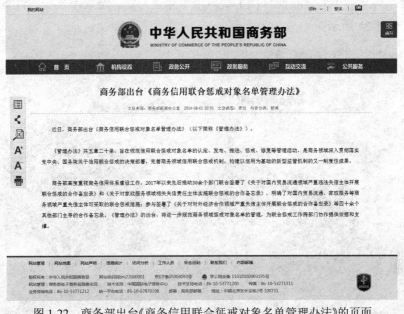

图 1-22　商务部出台《商务信用联合惩戒对象名单管理办法》的页面

4. 框架型

框架型布局形式主要包括左右框架型布局、上下框架型布局及综合框架布局等形式。早期的论坛较多采用这种形式,综合框架布局示意图如图 1-23 所示,与拐角型布局结构类似。

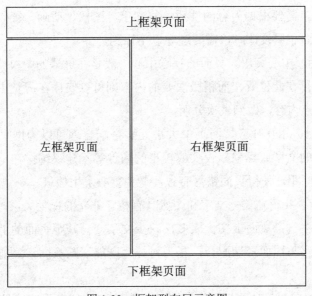

图 1-23　框架型布局示意图

5. POP 型

POP 型布局页面中的大部分内容为精美的平面设计和一些小动画，再放置几个简单的链接。这种布局形式令人赏心悦目，主要应用于企业网站、个人主页等。江苏钰明集团网站首页，如图 1-24 所示。

图 1-24　江苏钰明集团网站首页截图

二、页面布局原则

网页布局的设计在一定程度上体现了艺术性，还应加强页面的视觉效果、信息内容的可视度和可读性等，需要根据内容的性质，将文字、图像、动画、视频等进行合理的编排和布局。在进行页面布局设计时，需要遵守以下原则。

（1）主次分明，中心突出。页面的视觉中心一般是在屏幕的中央或中间偏上的位置，重要的内容需要安排在此位置，而稍微次要的内容则可以安排在视觉中心以外的位置，以便在页面中突出重点内容，做到主次分明。

（2）大小搭配、相互呼应。网页中大小元素搭配合理可以为网页增加特色。较长的文章或标题、较短的文章或标题、较大或较小的图像等不建议编排在一起，布局时要相互错开，留有一定的间距，使得页面错落有致，避免重心发生偏移。

（3）图文并茂，相得益彰。文字和图像具有相互补充的视觉关系，页面上文字太多，会显得沉闷，缺乏生气；页面上图像太多，缺少文字，会减少页面的信息容量。因此，比较理想的效果是文字与图像密切配合，互为衬托，既能活跃页面，又能使页面具有丰富的内容。

（4）动静结合，平衡对称。要搭配好动态和静态的信息内容，做到图像和文字的协调统一。通过寻找不同类型的元素进行页面的平衡，如图像通常比文字的视觉份量要重些，可以使用小图像和文字形成一个平衡；还可以使用不同的色彩进行页面的平衡，如页面布局是左大右小，则色彩上可以是左轻右重。

三、页面布局技术

目前常用的页面布局技术主要有 DIV+CSS 布局、HTML5 结构标记，以前还使用表格进行页面的整体布局。

1. DIV+CSS

DIV 元素是用于存放内容（文字、图像等页面元素）的容器，CSS 用于指定 DIV 元素中的内容如何显示，主要包括内容的位置及外观等。DIV+CSS 布局的示意图如图 1-25 所示，能够实现页面内容和表现的分离，页面主体区代码变得更为简洁，可以提高页面浏览速度，便于进行网站和页面的维护和改版。

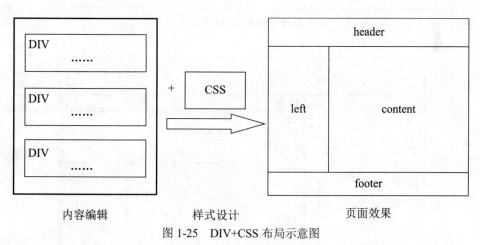

图 1-25　DIV+CSS 布局示意图

2. HTML5 结构标记

HTML5 为了解决 HTML 文档结构定义不清晰的问题，专门增加了页眉、页脚、导航、文章内容等结构元素，包括 header、nav、section、aside、article、footer 等标记，使得 HTML 文档的结构定义更加清晰。HTML5 布局示意图如图 1-26 所示。

3. 表格布局

早期页面布局时，还使用 table 标记进行整体页面的布局，通常是在单元格 td 标记中再嵌套表格以达到布局的效果，如图 1-27 所示。随着技术的发展，现在表格已不再用于页面整体的布局，但是在一些元素的定位及显示时应用表格还是很方便的。

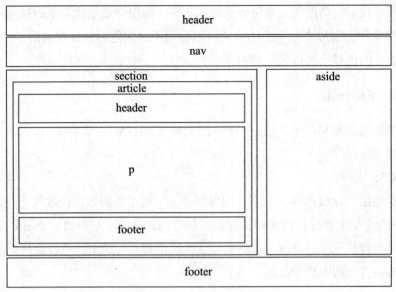

图 1-26　HTML5 布局示意图

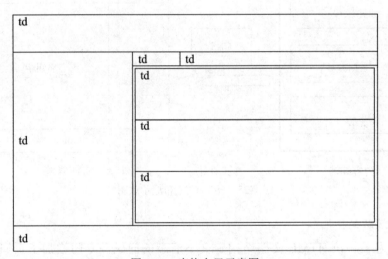

图 1-27　表格布局示意图

▶任务 1.2.3　设计网站导航及栏目

网站导航和栏目是网站的重要组成部分，设计良好的网站应具有清晰的导航和栏目，让用户和搜索引擎能够方便地找到所需信息。本任务中，我们将学习网站导航和网站栏目设计的原则和方法，主要内容包括网站导航的作用、分类及设计，网站栏目的作用、设计原则及网站栏目的编排等。

一、设计网站导航

搭建网站导航也是网站中重要的组成部分，相当于网站的方向标，无论是对用户还是对搜索引擎都具有比较重要的作用。

1. 网站导航的作用

网站导航是为了用户浏览网站时，能够快速找到所需要的内容，同时导航也是评价网站专业度和可用度的重要指标。网站导航的主要作用体现在以下几个方面。

（1）引导用户查找信息，通过主导航、次导航及分类让用户快速找到真正需要的内容。

（2）使得整个网站的目录结构和链接之间的关系清晰，层次结构分明，便于访问者理解。

（3）导航容易形成地图的作用，特别是面包屑导航，能够让用户了解网站结构、定义网站整体的架构。

（4）对搜索引擎优化也具有一定的作用。

2. 网站导航的分类

（1）主导航。主导航一般位于网页页眉顶部或 Banner 广告之下，通常包括网站各主要栏目的导入链接。主导航是用户清晰了解网站核心栏目内容的指路牌，搜索引擎也会根据网站的主导航进入网站的各个子页面，所以网站的主导航不论是对用户的浏览体验，还是对搜索引擎的抓取都是十分有利的。新浪的主导航，如图 1-28 所示。

图 1-28 新浪首页的主导航

（2）次导航。次导航是相对于网站主导航而言的，一般位于页面的页脚位置。次导航可以方便用户找到自己满意的服务和产品的链接；对于搜索引擎来说，可以增加网站长尾关键词的密度，从而增加网站关键词的排名。新浪首页的次导航，如图 1-29 所示。

主导航是网站最重要的内容，每个网站在主导航内都会设置核心关键词，而次导航一般会嵌入主要关键词，这些主要关键词是构成网站整体流量引入的中坚力量。网站搭建之前需要设计好主导航和次导航，否则就会导致整个网站杂乱无章，无法突出重点内容。

图 1-29 新浪首页的次导航

（3）面包屑导航。面包屑导航就是上一栏目与下一栏目之间的桥梁，可以告诉访问者目前所在网站中的位置及如何返回首页，图 1-30 为网易新闻中心正文中的面包屑导航。

图 1-30　网易新闻中心正文中的面包屑导航

面包屑导航的主要形式为

首页 >> 一级分类 >> 二级分类 >> 三级分类 >> …… >> 最终页面内容

面包屑导航的作用主要体现在以下几个方面。

1）可以使用户清晰地了解目前所在的位置，以及当前页面在整个网站中的位置。

2）体现了网站的架构层级，可以提高用户的体验，减少用户返回到上一个页面的操作，有利于网站的内部链接建设。

3）降低了跳出率，提供了返回各层级的快速入口，有利于对网站的抓取。

（4）网站地图。网站地图也是导航的一个分类，主要用于为搜索引擎指引道路。网站地图中包含了几乎所有的网站页面，在网站的布局中，其他页面均从网站的导航地图中导出链接。在网站建设中，大部分网站都有导航地图，网易的网站地图页面，如图 1-31 所示。

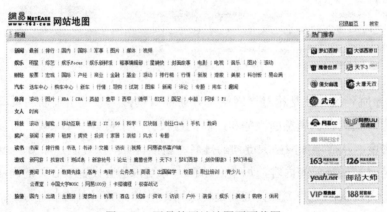

图 1-31　网易的网站地图页面截图

3. 网站导航设计

在进行网站导航的设计时，需要注意以下几个问题。

（1）网页导航设计要清晰，容易查找，可以通过更改超链接的文字颜色，以丰富页面的色彩表现。如果网页中有信息要传达给访问者，可以将网页中的文字和超链接设计成简洁素雅的色调，便于浏览者阅读。纯文字一般设置为较暗、较深的颜色，超链接文字则以较鲜明的色彩突出表示，以示强调；点击过的超链接多采用比原超链接色调略暗的颜色表示；也可将链接的文字用粗体、加大字号、加下划线等方式与正常的文字加以区别。文本链接需要和页面的其他文字有所区分，给浏览者清晰的导向。

（2）将篇幅过长的文档分隔成数篇较小的页面，可以增加界面的亲和性。在导航的设计上，每个网页都应该有类似上一页、下一页、返回等导航按钮或超链接，并且尽可能地标明此页、上一页、下一页文档的标题或内容梗概，及时提醒浏览者所处的文档位置。

（3）在较长的网页内提供目录表和大标题。网页的长度一般以不超过 3 个屏幕高度为佳。如果基于某些特殊要求网页设计得较长，则应在网页创建锚点链接，方便浏览者能够快速跳转到所需要浏览的地方。

（4）导航目录采用文本链接的方式，锚点将有利于增加网站的核心关键词和长尾关键词权重。以文档中的关键文字作为超链接的锚点，避免采用过长的文字（如整行、整句）或过短的文字（如单个字）作为锚点。应适当有效地使用超链接，不要将超链接链到未完成的页面，在一篇短文中不宜提供太多的超链接。

（5）目录采用静态化或伪静态化。页面静态化是指通过一定的技术手段，将浏览者通过超链接可能浏览到的页面内容预先转换为单独的 HTML 静态页面，当用户浏览时，服务器直接将该页面文件发送到浏览器端解析。页面伪静态化是指通过 url 重写等技术，使超链接所指向的静态 HTML 地址转向动态页面。

（6）url 和目录名要有关联性。每个导航下的内容布局要有相关性和原创性；各目录的导入链接和导出链接要做好协调，提升目录权重，有利于搜索引擎的收录和抓取。

（7）在网页设计中，为了防止由于疏漏而造成超链接的失败，应在栏目和版面设计中画出链接的关系。在网页上传后，逐一测试每页的每个超链接是否有效。

二、设计网站（频道）栏目

网站栏目是网站建设的主要板块内容，目的是方便用户快速找到想要了解的内容，增加用户的体验。网站栏目的实质是一个网站的大纲索引，所以应明确显示网站主题。网站栏目设计应分清栏目主次，按照主次合理安排栏目位置，恰当组织栏目内容，以便浏览者能够快速获取重要信息。好的栏目设置需要从受众的需求及网站的定位出发，充分运用发散性思维，尽可能地在有限的版面上设置比较合理的栏目，然后根据各栏目的重要性和网民阅读的习惯，合理分配栏目的位置。

1. 网站栏目的作用

网站（频道）栏目划分的主要目的就在于引导用户更方便地访问网站内容，是评价网站专业度和可用度的重要指标。设计良好的网站应该具有清晰的导航和栏目，让用户和搜索引擎能够方便地找到所需要的信息。

2. 网站栏目的设计原则

（1）分类合理原则。网站频道与栏目的划分要充分考虑网站内容的属性、网站的目标及目标受众等情况，将网站信息按照一定的标准进行归类，每个频道和栏目都要有明确的定位。

1）频道与频道、栏目与栏目是并列关系。频道和栏目的名称应避免混乱、交叉情况出现。频道和栏目名称应简短明确，最好用 2～4 个字进行概括；名称要通俗易懂，符合习惯，便于记忆。

2）注意处理好主题频道与非主题频道的关系。每个网站都有丰富的内容，除了主题频道外，为了最大限度地满足目标受众的多方面需求，还需要设置一些非主题频道。主题频道要突出网站主题，结构新颖别致；次要频道和栏目要办出特色、办出新意，要能有效地配合主要频道和栏目，彰显网站主题。

3）栏目和频道是相对而言的，栏目设置可借鉴频道设置方法。在互动组织、灵活性方面，栏目设置更有优势，如"最近更新""网站指南"等栏目，设立双向交流的栏目，论坛、博客、微博等。

（2）分层合理原则。合理的网站分层建立在频道和栏目划分完成的基础上。绝大多数网站采用树状结构，上下层级关系一目了然，频道与频道、栏目与栏目的区分鲜明自然，易于辨识。分层合理还应注意频道的排列顺序，主次要分明。一般频道与频道、栏目与栏目依重要性和读者相关度进行排序，主次亲疏关系要明显。

（3）结构合理原则。如果网站的结构混乱且无规则，那么搜索引擎就无法对网站内容进行准确判断。有些网站中的栏目层次过于烦琐，甚至达到四级、五级页面；还有的网站栏目设置不够全面，有些栏目下缺少足够的内容支撑，一个栏目下只有一两个页面；或是栏目与栏目之间内容失衡，有些栏目内容层次较多，而有些栏目内容层次过少，这样的内容结构的失衡必然会导致网站性质的改变。除特色频道与栏目外，频道与频道、栏目与栏目之间应保持大体均衡。所设置的每个栏目都应保证有一定数量的信息，如果一个栏目信息数量增长过快，可以考虑增加新的并列栏目，以保持频道内栏目间的基本平衡。

（4）扩展性原则。受众的需求变化会影响并改变网站的定位，进而逐渐改变频道与栏目的设置。频道和栏目的划分既要考虑相对稳定性，又要随着网站定位、受众喜好发生变化而应做适当调整。在空间上适度调整，可以增删少量频道和栏目，临时增设专题以弥补栏目设置的不足。在修改栏目设置时，不要轻易变动原有栏目，要考虑新增栏目的概括性、成熟度，不要轻易增设栏目。增删栏目时一定要考虑到受众的认可及接受程度。频道应比栏目更稳定，改变要更慎重。

3. 网站栏目编排

在进行网站栏目编排时，需要注意以下几个问题。

（1）要紧扣主题。将主题按照一定的方法分类，并将它们作为网站的主栏目，主题栏目个数在总栏目中要占有绝对优势，凸显网站专业性强、主题突出的特点，容易给人留下深刻的印象。

（2）要设立"最新更新"或"网站指南"等栏目。"最新更新"栏目主要是为了照顾常来的访客，让网站更有人性化；"网站指南"可以帮助初访者快速找到想要的内容。

（3）设立可以双向交流的栏目，如论坛、微博、微信等，让浏览者留下他们的信息。

（4）设立"下载"或"常见问题回答"栏目，便于访问者下载所需要的资料，"常见问题回答"栏目既方便网友，也可以节约网站管理者更多的时间。

▶ 任务 1.2.4 设计网页层次及目录结构

合理的站点结构能够加快对网站的设计、管理，提高工作效率，节省时间。本任务中，我们将学习网站页面层次结构及目录结构的设计原则和方法，主要内容包括网页层次结构的设计、网站目录结构的设计。

一、设计网页层次结构

结构设计合理的网站，人们能容易地找到所需信息，反之，人们就会被网站大量的信息所淹没。因此，网站内容必须以合理的结构被有效地组织起来。网站的结构是指网站信息组织的基本架构和层次，显示了网站中各网页之间的逻辑关系。网页的层次结构主要有以下几种。

1. 树状网页结构

树状网页结构（见图 1-32）的组织方式是：网站之下设若干频道，频道之下设若干栏目，栏目之下设若干子栏目，子栏目之下才是一篇篇的文章。文章的归类就是将文章最终列入某个或某几个子栏目中。频道、栏目、子栏目只表示不同的层级，目的在于对网络信息进行分类。

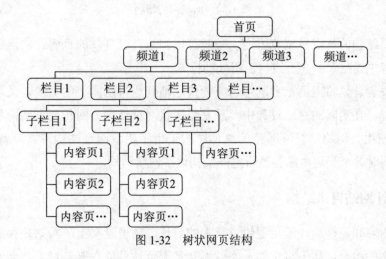

图 1-32 树状网页结构

树状网页结构是组织复杂信息的最好方式之一，也是目前网站所采用的主要形式之一，其条理清晰，访问者可以根据路径清楚地了解自己所在板块的位置，不会迷路。缺点是浏览效率较低。

2. 线性网页结构

线性网页结构（见图 1-33）的网页一层一层链接，步步深入，逻辑清晰，但是网页之间不能自由跳转链接。线性网页结构一般用于信息量较少的小型网站、索引站点，或用于组织网站中的一部分内容。

图 1-33　线性网页结构

对于信息内容较多的网站，采用这种结构方式就显得层次太深、结构过于单薄。在设计网站的总体结构时，一般不采用线性网页结构。

3. 网状网页结构

网状网页结构（见图 1-34）是指网页之间可以互相链接，随意跳转。在网站结构中有一个主页，所有的网页都可以和主页进行链接，同时各个网页之间也是链接的。网页之间没有明显的结构，而是靠网页的内容进行逻辑联系。

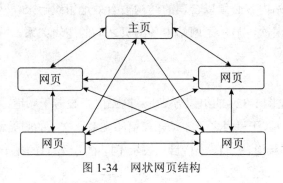

图 1-34　网状网页结构

网状网页结构的优点是浏览方便，随时可以到达自己喜欢的页面；缺点是链接太多，容易使浏览者"迷路"，弄不清自己所处的位置。

网站开发者总是希望浏览者既可以方便快速地到达自己需要的页面，又可以清晰地知道自己的位置。在实际的网站设计中，总是将树状网页结构、网状网页结构和线性网页结构综合起来使用。例如，新浪网站的总体结构采用了树状网页结构形式，首页当中有 60 多个频道，同时各个频道内部各栏目之间又构成了网状结构。

二、设计网站目录结构

网站的内容和链接设计都是逻辑意义上的设计。物理意义上，网站是存储在磁盘上的文档和文件夹的组合，如果将文件及文件夹杂乱无章地存放在服务器上，会给网站的维护与扩充带来麻烦，而合理的站点结构能够提高网站管理的工作效率。网站目录结构的规划是将网站上所有的文件或文件夹组织为合理的文件目录结构，通常的原则是以最小的层次提供最清晰、简便的访问结构。

1. 网站目录结构设计原则

（1）按栏目内容分别建立文件夹。一般来说，使用文件夹合理构建文档的结构方法是：先为网站创建一个根目录，然后在其中创建多个子文件夹，再将文档分门别类地存储到相应的子文件夹中，必要时可以创建多级子类文件夹。

（2）网站资源需要按照类别存放在不同的子文件夹中，文件夹的层次不宜太深，以免系统维护时查找麻烦。

（3）避免使用中文命名文件或文件夹。尽管中文命名对于使用汉语的用户来说更清晰易懂，但由于很多互联网服务器使用的是英文操作系统，不能对中文文件和文件夹名称提供很好的支持，以至于可能导致浏览错误或访问失败。

（4）在每个主目录下都建立独立的 images 文件夹。一般来说，网站的根目录下都会有 images 文件夹，如果将网站中所有的图像都存放在这个文件夹里是很不方便的，所以为每个主栏目都建立一个独立的 images 文件夹是很有必要的。

2. 文件的存放

网站中文件的存放需要注意以下几个问题。

（1）网站的根目录下一般只存放网站首页及其他必需的系统文件。

（2）网站根目录下的 images 文件夹用于存放每个页面都要使用的公用图像，子目录下的 images 文件夹用于存放本栏目页面使用的私有图像。

（3）所有的 js 脚本文件存放在网站根目录下的 scripts、includes 或 js 文件夹中；所有的样式文件存放在网站根目录下的 style 或 css 文件夹中。

（4）每个语言版本的网站存放于独立的文件夹中，如简体中文网站存放在 gb 文件夹中、英文网站存放在 en 文件夹中。

（5）公用的多媒体文件存放在网站根目录下的 media 文件夹中，属于各栏目下的媒体文件分别存放在该目录下的 media 文件夹中；广告、交换链接、Banner 等图像需要保存在 adv 文件夹中。

3. 文件及文件夹的命名

（1）路径及文件的命名一律采用小写英文字母、数字、下划线的组合，文件夹尽量以英文翻译命名，避免使用拼音作为文件夹名称，同时路径及文件的命名应与栏目名称具有相关性。

（2）各路径下的开始文件通常以 index 命名，静态网页往往命名为 index.html；动态网页的前缀是 index，根据服务器端所使用的脚本语言而不同，后缀主要有 .asp、.aspx、.php、.jsp 等。

（3）页面文件过长需要拆分时，建议多个文件按照顺序依次命名为 filename01.*、filename02.*……

（4）内容不同但属于同类且需要定期更新的文件命名时，一般采用的命名方式是：名称缩写＋年份＋月份＋日期＋序号。

▌综合应用▌

创建网站是一项复杂的工作，本书将围绕"动物天地"网站的创建介绍 Web 站点的创建过程、网站建设注意事项、网页设计规范、网页制作等内容。

"动物天地"网站首页布局示意图，如图 1-35 所示。首页主要包括页面头部、导航栏区域、Banner 广告区域、主要内容区域、应用效果和页面页脚区域等 6 大区域，其中页面头部又包括页面顶部和 Logo 区域，主要内容区域包括文章内容和相关内容区域。

图 1-35 "动物天地"网站首页示意图

"动物天地"网站是个仅有 2 层结构的简单网站，网站的层次结构如图 1-36 所示。

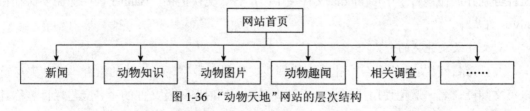

图 1-36 "动物天地"网站的层次结构

站点的文件结构是根据站点的栏目设置确定的，通常将网站首页 index.html 放置在站点的根文件夹下。"动物天地"网站的目录结构如图 1-37 所示，其中 pages 文件夹用于放置页面文件，images 文件夹用于放置 jpg、gif 等图像文件，media 文件夹用于放置音频、视频等多媒体文件，css 文件夹用于放置样式表文件，js 文件夹用于放置脚本文件。

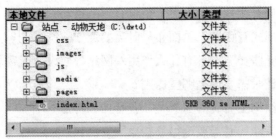

图 1-37 "动物天地"网站的文件结构

▌学习任务小结▌

本任务主要学习了网站设计的相关知识。着重学习了网站标志、Banner 广告、运用色彩、网站字体、网站宣传标语等网站形象的设计，页面布局形式、布局原则及其布局技术，网站导航的分类及设计原则，网站栏目的设计原则及网站栏目的编排，树状结构、线性结构、网状结构等页面层次结构，网站目录结构的设计原则，网站中文件的存放、文件及文件夹的命名等内容。学完本任务后，读者应能够运用所学的网站策划基本知识进行网站的策划及网页的设计。

▌技能与训练▌

1. 选择题

（1）链接太多，容易导致浏览者"迷路"的网页层次结构形式是（　　）。

A. 线性网页结构　　　　B. 树状网页结构　　　　C. 网状网页结构　　　　D. 星状网页结构

（2）浏览器默认网页的字体是（　　）。

A. 楷体　　　　　　　　B. 隶书　　　　　　　　C. 仿宋　　　　　　　　D. 宋体

（3）主要用于为搜索引擎指引道路的导航是（　　）。

A. 主导航　　　　　　　B. 次导航　　　　　　　C. 面包屑导航　　　　　D. 网站地图

（4）以下选项不属于网页设计范围的是（　　）。

A. 页面布局形式设计　　　　　　　　　　B. 网页层次结构设计

C. 服务器设计　　　　　　　　　　　　　D. 导航设计

（5）网站 Logo 标志的元素主要有（　　）。

A. 文字　　　　　　　　B. 字母　　　　　　　　C. 符号　　　　　　　　D. 图案

2. 简答题

（1）网站的首页如何命名？

（2）网站 Logo 的构成元素有哪些？如何进行宣传标语的设计？

（3）网站色彩设计有哪些规范？色彩搭配有哪些技巧？

（4）页面布局的形式有哪些？页面布局时需要遵守哪些原则？

（5）网站导航有哪些类型？各有什么作用？网站导航设计时需要注意哪些问题？

（6）网站栏目设计时需要遵循哪些原则？

（7）网页的层次结构主要有哪些类型？各有什么特点？

（8）设计网站目录结构时需要遵循哪些原则？

3. 操作题

确定自建网站主题并进行网站策划，收集整理素材，撰写自建网站策划报告。网站策划报告的撰写要求如下：

（1）报告应包括网站主题、主要内容、进度安排、首页布局示意图、主要栏目或频道结构、网站目录结构等内容。

（2）进行 Logo 标志及 Banner 广告的设计。

项目 **2**

创建及编辑 Web 网页——HTML5

▌项目分析▌

我们已在项目 1 中学习了 Web 基础知识及设计策划网站的内容。本项目中我们将按照"动物天地"网站首页的布局示意图,创建网站首页文档 index.html,使用 HTML5 结构标记或 div 标记进行网站首页大块区域的布局,然后再使用各种页面元素标记编辑网站首页的内容。

HTML 是构成 Web 页面的基础,定义了网页内容的含义和结构。HTML 使用标记标注文字、图像、动画、音频、视频、脚本等页面元素,以便于在 Web 浏览器中显示。

▌项目分解▌

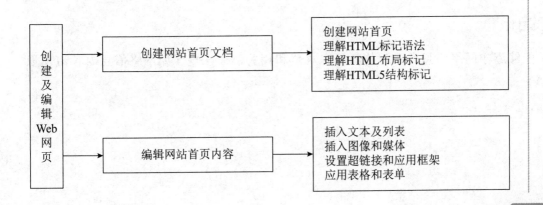

🎁 学习任务 1　创建网站首页文档

网站首页是一个网站的入口网页，在提升网站流量、网站权重，以及展示网站内容等方面都具有重要的作用。HTML 超文本标记语言是编写网页的主要语言，有自己的语法规则，定义了网页内容的含义和结构；使用 div 标记可以将文档分割为独立的、不同的部分，简化页面布局，并配合 CSS 样式完成精彩的页面布局设计；HTML5 是 HTML 最新的修订版本，增加了很多新特性，使得文档结构更加清晰明了。本学习任务中，我们将学习使用 HTML 编写网页及布局页面的相关知识和操作，学习任务完成后，应创建好"动物天地"网站的首页，同时也应完成页面大块内容区域的布局。

▌学习目标▌

知识目标

1. 能够解释标记、元素、属性、转义字符串等的含义。

2. 能够知晓网站首页相关规范、HTML 文档编写规范。

3. 能够知晓 HTML 文档的结构及 HTML 标记的语法。

4. 能够运用 HTML 布局 div 标记及 HTML5 结构标记 header、nav、section、article、aside 和 footer。

技能目标

1. 能够编写 HTML 源文件。

2. 能够设计网页布局。

素质目标

能够遵守网络信息发布与传播基本规范和相关法律法规（如网络信息内容治理规定等）。

▌学习任务结构图▙

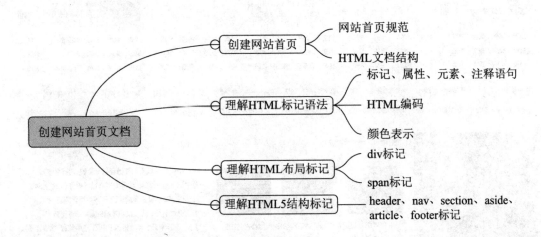

▶ 任务 2.1.1   创建网站首页

本任务中，我们将学习网站首页规范、HTML 文档结构的相关知识。其中，网站首页的规范主要包括网站首页命名、网站首页存储、网站首页设计等内容，HTML 文档结构主要包括文档结构 html 标记、head 标记、body 标记、声明语句、文档书写规范等内容。

一、网站首页规范

网站首页是一个网页集合的初始网页，也是网站的起点页或是主目录，图 2-1 为新浪网站首页截图。网站首页是网站内容的汇总和索引，用于引导用户浏览网站其他内容。

1. 网站首页的命名

网站首页的内容一般是目录性质的内容。大多数网站首页以 index、default 或 portal 再加上扩展名命名。由于"动物天地"网站以静态网页为主，所以扩展名选用 html，文件名选用 index 或者 default，为此网站首页命名为 index.html 或 default.html。

2. 网站首页的存储

通常网站首页中包含文本、图像、动画、音频、视频、超链接等元素，在包含图像的情况下，大小一般不超过 150kB。网站首页通常存放在站点的根目录下。

3. 网站首页的设计

网站首页的设计需要与网站的整体风格相协调，网站首页凸显的是网站的态度和理念，它是用户打开网站后第一眼所看到的内容，决定了用户对网站的第一印象。所以网站首页的设计要注意创意性和权威性。

图 2-1　新浪网站首页截图

二、HTML 文档结构

使用网页制作工具（Dreamweaver）创建网站首页 index.html，页面文档类型为 HTML5。基本结构为

```
<!doctype html>
<html>
<head>
    头部区域
</head>
<body>
    主体区域
</body>
</html>
```

HTML 文档是使用 HTML 超文本标记语言编写的，HTML 是构成 Web 页面的基础，它通过标记来描述页面文档结构、页面元素和表现形式。使用 HTML 编写的文档扩展名为 .html 或者 .htm，是一种可供浏览器解释显示的文件格式。

HTML 文档主要由头部区域和主体区域两部分组成。其中，头部区域是对文档进行一些必要信息的定义，如页面的标题、作者、摘要、关键词、版权、自动刷新等信息；主体区域是 HTML 文档的主要部分,包括网页中所有的实际内容,如文本、图像、动画、音视频、超链接、框架、表格、表单等元素。

HTML 文档的结构由 html、head 和 body 标记构成,它们是所有 Web 页面构建的基础。

1. html 标记

html 标记是整个 HTML 文档的包含标记,用于告知浏览器自身是 HTML 文档。html 标记定义了文档的开始点和结束点,HTML 文档都是以 <html> 标记开始,以 </html> 标记结束。

html 标记的 manifest 属性定义一个 url,用于描述文档的缓存信息。

2. head 标记

<head>…</head> 标记之间的内容用于描述页面的头部信息,head 区中常用的标记,见表 2-1。head 标记所包含的信息一般不会显示在网页中。

表 2-1　head 区中常用的标记

标　记	描　述
title	定义文档的标题
base	定义页面链接标记的默认链接地址
link	定义文档和外部资源之间的关系
meta	定义文档中的元数据
script	定义客户端的脚本文件
style	定义文档的样式文件

（1）meta 标记。单标记,用于描述 HTML 文档的属性,也称为元信息(meta-information),主要包括网页的作者、描述、关键词、版权、是否自动刷新等,这些信息不会显示在浏览器的页面中。利用 meta 标记可进行 SEO（Search Engine Optimization）搜索引擎优化。

meta 标记通常位于文档的头部区域,属性主要有 name、http-equiv、content 等。

1）name 属性。主要用于描述网页的相关信息,如网页的关键词、描述信息等。与之对应的属性值是通过 content 属性表示的,content 属性的内容是对 name 属性填入类型的具体描述,便于搜索引擎抓取。name 属性可以为网页设置很多参数,常用的参数设置见表 2-2。

表 2-2　name 属性常用参数设置

参　数	作　用	示　例
keywords	定义页面关键字	`<meta name="keywords" content=" 笔墨纸砚 ">`
description	定义页面描述信息	`<meta name="description" content=" 本网站经营笔墨纸砚等产品,欢迎您浏览选购! ">`
viewport	定义移动端的窗口	`<meta name="viewport" content="width=device-width, initial-scale=1">`

续表

参　　数	作　　用	示　　例
copyright	定义页面版权信息	`<meta name="copyright" content="All right reverse to nananana">`
author	定义页面作者信息	`<meta name="author" content="nananana">`
robots	定义搜索引擎爬虫的索引方式	`<meta name="robots" content="none">`

name 属性参数设置的语法结构为

```
<meta name=" 参数 " content=" 具体的描述 ">
```

2）http-equiv 属性。相当于 http 的文件头作用，可以向浏览器传回一些有用的信息，以帮助正确和精确地显示网页内容。与之对应的属性值是通过 content 属性表示的，content 属性的内容其实就是各个参数的变量值。http-equiv 属性常用参数设置，见表 2-3。

表 2-3　http-equiv 属性常用参数设置

参　　数	作　　用	示　　例
content-type	定义网页字符集	`<meta http-equiv="content-type" content="text/html; charset=utf-8">` `<meta charset="utf-8">`（HTML5 文档的写法）
refresh	定义页面刷新属性	`<meta http-equiv="refresh" content="3 url=pages/refresh.html">`
X-UA-Compatible	定义渲染当前页面的浏览器版本	`<meta http-equiv="X-UA-Compatible "content="IE=edge">`
Set-Cookie	定义 cookie	`<meta http-equiv="Set-Cookie" content="name, date">`

http-equiv 属性参数设置为

```
<meta http-equiv=" 参数 " content=" 参数变量值 ">
```

在网页的 head 区中通常会加入网页显示的字符集、网站简介、搜索关键字、网页标题、网页的 CSS 规范、渲染当前页面的浏览器版本等标识。以新浪网为例，网站首页源文件中 head 区的部分截图如图 2-2 所示，其中 meta 标记设置的信息非常丰富，包括字符集 http-equiv="Content-type"、浏览器版本 http-equiv="X-UA-Compatible"、网页关键词 name="keywords"、网站描述信息 name="description" 等设置。

（2）title 标记。双标记，用于定义页面的标题，其作用主要体现在以下方面：

1）在浏览器窗口的标题栏上显示，如图 2-3 所示。

2）在 IE、Firefox 等浏览器中作为书签的默认名称。

3）搜索引擎使用其内容帮助建立页面索引。

图 2-2　新浪网站首页源文件中 head 区部分截图

图 2-3　海尔网站首页标题

　　网站首页的标题需要能够描述网站的主要内容，标题好坏的检验标准是：访问者能否在不需要浏览网页实际内容的情况下，仅通过阅读网站首页的标题就能理解网站的主要内容；是否使用了人们搜索此类信息时常用的关键词。例如：海尔网站首页的标题，突出海尔公司的定位。

<title> 海尔官网 | 你的生活智慧，我的智慧生活 </title>

　　网站的 title、keywords、description 3 个要素会影响网站 SEO 优化的效果，其中 title 的作用更为重要，搜索引擎在抓取网页时最先读取网页标题，搜索引擎非常依赖 title，分配给 title 部分较高的权重值。

3. body 标记

body 标记是双标记，用于定义文档的主体区域。在 <body>…</body> 标记之间的内容为页面的主体内容，网页正文中的所有内容包括文字、图像、动画、声音、视频等，都包含在 body 标记之间。body 标记的主要属性及其描述，见表 2-4。

表 2-4　body 标记的主要属性及其描述

属　　性	描　　述
alink	定义文档中激活状态链接的颜色
background	定义文档的背景图像
bgcolor	定义文档的背景颜色
link	定义文档中未访问链接的默认颜色
text	定义文档中所有文本的颜色
vlink	定义文档中已被访问链接的颜色

可以使用 CSS 样式属性替代 body 标记的主要属性设置。

4. DOCTYPE 声明语句

DOCTYPE（Document Type）不是 HTML 标记，是一种标准通用标记语言的文档类型声明，用于告知浏览器网页是使用哪种 HTML 或 XHTML 版本进行编写的。

DOCTYPE 声明语句位于 HTML 文档最前面的位置，处于 <html> 起始标记之前。如图 2-2 所示的新浪网站首页的源文件中，第一行语句的内容为：

```
<!doctype html>
```

此语句就是 HTML5 文档的声明语句，用于定义文档类型是 HTML5，指明使用 HTML5 进行文档编写，这种 HTML5 文档的声明方式非常简洁。

5. HTML 文档书写规范

在编写 HTML 文档时，需要遵守格式、字符编码等方面的一些约定俗成的规范。

（1）HTML 文档是纯文本文档，列宽可以不受限制，多个标记可以写成一行，甚至整个文档都可以写成一行，一个标记也可以写成多行。

（2）浏览器一般会忽略文档中的回车符（pre 标记指定除外）；对文档中的空格通常也不按源文件中的效果显示，可使用特殊符号" "表示非换行空格。

（3）书写 HTML 代码时不区分大小写，建议最好采用小写的形式。

（4）标记可以联合使用，也可以嵌套使用，但不能交叉。例如：li 标记需要嵌套在 ul 或 ol 标记内，dd、dt 标记需要放置在 dl 标记中，tr、td 标记需要放置在 table 标记内。

（5）标记可以有一个或者多个属性，属性值最好使用双引号括起来。

（6）书写 HTML 代码时，建议使用锯齿格式编写，即代码右缩进 4 个字符，也可自定义缩进量。如图 2-4 所示是海尔企业网站首页源文件中 body 区的部分截图，源文件采用缩进的书写形式，目的是为了增强代码的可读性。

```
<body spm-b="29341">
  <div class="o_body">
    <div class="o_main">
      <!-- 头部start -->
      <div class="header2019">
    <div class="warp o_g">
        <div class="o_g o_u o_df_9-12 o_xs_2-2 o_md_2-2">
            <div class="o_u o_xs_1-3 o_md_1-3"><span class="m_menu o_df-hide o_xs-show o_md-show js_m_menu">
                    <i class=" iconfont iconmenu"></i>
                </span></div>
            <div class="o_u o_xs_1-3 o_md_1-3 center" spm-c="header_logo_20190920">
                <a href="//www.haier.com/cn/" spm-d="1"><img src="//image.haier.com/cn/images/haier2019_logo.png"
url="//image.haier.com/cn/images/haier2019_logo.png" class="logo" alt="logo" /></a>
            </div>
            <div class="o_u o_xs_1-3 o_md_1-3">
                <div class="m_tools o_df-hide o_xs-show o_md-show">

                    <div class="search js_msearch_open">
                        <i class="iconfont iconshoujisousuo"></i>
                    </div>

                    <span class="message">
                        <i class="iconfont iconxiaoxi js_goMsgM"></i>
                    </span>
                </div>
            </div>
            <!-- 导航栏目 start -->
            <div class="nav js_m_nav sd_nav" sd_channelid="38575">
```

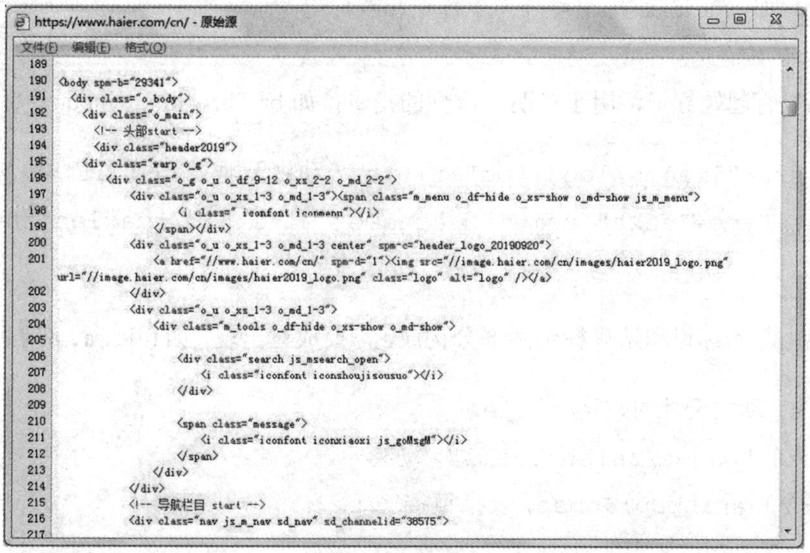

图 2-4 海尔企业网站首页源文件中 body 区部分截图

任务 2.1.2 理解 HTML 标记语法

HTML 超文本标记语言是编写网页的主要语言，掌握 HTML 标记语法是设计 Web 页面的基础。HTML 语言有自己的语法规则，本任务中，我们将学习标记、元素、属性、注释语句、颜色表示等相关知识。

以任务 2.1.1 中介绍的用于定义网页主体区域的 body 标记为例，若定义网页的背景颜色为蓝色，则可使用如图 2-5 所示的语句代码。其中，整体内容就是 body 元素，是由 body 标记及其包含的内容构成的；body 为标记名称，bgcolor 为属性，用于设置背景颜色；blue 是 bgcolor 背景颜色属性的取值。

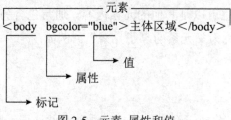

图 2-5 元素、属性和值

一、标记

标记是 HTML 文档中有特定意义的符号，用于指明内容的含义或结构。标记需要放置

在一对 < > 尖括号中，起始标记由 < 标记名称 > 组成，如 <head>；结束标记是由 </ 标记名称 > 组成，如 </head>。标记可分为单标记和双标记。

1. 单标记

单标记只有起始标记，用于说明一次性的指令，如 br、hr、img、input 等标记。例如：

```
<img src="images/logo.jpg" title=" 动物天地 logo" alt="">
<input type="text" name="username" size="30" maxlength="20">
```

2. 双标记

双标记由起始标记和结束标记两部分构成，需要成对出现，如 title、a、p 等标记。例如：

```
<title> 动物天地网站 </title>
<a href="pages/zhishi.html"> 动物知识 </a>
<p> 联系邮箱    友情链接 </p>
```

说明：左尖括号和标记名称之间不要有空格，否则浏览器不能识别该标记，导致错误标记直接显示在网页上，影响页面美观。

根据内容的不同，标记又可分为文本标记、图像及多媒体标记、链接标记、表格标记、表单标记、div 标记、框架标记、HTML5 结构标记等。

二、元素

元素是构成 HTML 文档的基本组件，一般是由起始标记表示元素的开始，结束标记表示元素的结束，标记和标记之间的内容组合称之为元素。标记相同而标记中对应的内容不同的元素，应视为不同的元素。同一网页中标记和标记内容相同的元素，如果出现 2 次则应视为不同的元素。

1. 有内容元素和空元素

元素依据是否有无内容，可分为有内容的元素和空元素。元素的内容既可以是需要显示在网页中的文字内容，也可以是其他的元素内容。通常包含另一个元素的元素称为"父元素"，而被包含的元素称为父元素的"子元素"。例如：

```
<body>
<p> 图文混排效果 </p>
<img src="images/shuixian.jpg" alt=" 此处显示图片 ">
<p><span> 姚姥住在长离桥。。。。。。</span></p>
</body>
```

上述代码 body 区中包含 2 个 p 元素、1 个 img 元素和 1 个 span 元素。其中，第二个 p 元素的内容是 span 元素，第二个 p 元素是 span 元素的父元素，span 元素是第二个 p 元素的子元素。

2. 行内元素和块级元素

元素依据显示排列方式的不同可分为行内元素和块级元素。

（1）行内元素。又称为 inline 元素，是指元素和元素之间从左到右并排排列，只有当浏览器窗口容纳不下元素内容时才会切换到下一行，如 br、a、img、input、iframe 等元素。

行内元素不可以设置宽、高，宽度和高度会随着文本内容的变化而变化，但是可以设置行高，同时在设置外边距 margin 时上下无效、左右有效，设置内边距 padding 时上下无效、左右有效。

（2）块级元素。又称为 block 元素，是指每个元素占据浏览器一整行的位置，块级元素和块级元素之间自动切换，从上到下进行排列，如 div、p、ul、ol、form、table 等元素。

块级元素则可以设置宽、高，且宽度、高度、外边距及内边距可以任意控制。块级元素可以包含行内元素和其他块级元素；而行内元素则不能包含块级元素，只能包含文本内容或其他的行内元素。

（3）行内元素和块级元素的转换。行内元素与块级元素可以相互转换，通过修改 CSS 样式的 display 属性可以切换块级元素和行内元素的显示方式。行内元素通常设置为 display:inline，块级元素则设置为 display:block。

典型案例 2-1：行内元素和块级元素显示效果

典型案例 2-1
视 频 讲 解

```
<!doctype html>
<html>
<head>
<meta charset="utf-8">
<title> 行内元素及块级元素 </title>
</head>
<body>
<div> 块级元素 1</div>
<div> 块级元素 2</div>
<a href="#"> 行内元素 1</a>
<a href="#"> 行内元素 2</a>
</body>
</html>
```

分析：本案例 body 区中含有 2 个 div 元素和 2 个 a 元素，预览效果如图 2-6a）所示。div 元素是块级元素，内容"块级元素 1"和"块级元素 2"是上下排列的；而 a 元素是行内元素，内容"行内元素 1"和"行内元素 2"则是左右并排排列的。

如果在案例的 head 区中添加以下样式内容：

```
<style>
div{display:inline;}
a{display:block;}
</style>
```

通过 display 属性设置 div 元素和 a 元素的显示方式，预览效果如图 2-6b）所示，内容"块级元素 1"和"块级元素 2"将变为左右并排排列，而内容"行内元素 1"和"行内元素 2"则变为上下排列。

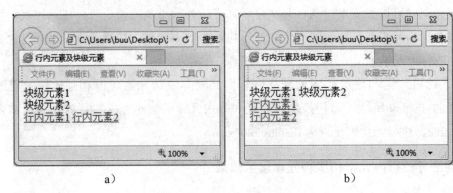

| a） | b） |

图 2-6　行内元素和块级元素

三、属性

一个元素可拥有多个属性，使用属性可以描述该元素的具体细节。

1. 属性设置

（1）属性名/属性值对。属性通常放置在起始标记中，属性名和属性值之间采用名称和值对的形式进行描述，即"属性名＝属性值"，属性名和属性值之间使用等号"＝"，建议为属性值加上双引号。一个标记可以有多个属性项，各属性项的次序没有限定，各属性之间需要使用空格进行分隔。例如：

```
<hr width="100%" size="4" color="#FF9966">
```

该语句的作用是在网页中插入水平线，其中 width 属性用于设置宽度，size 属性用于设置高度，color 属性用于设置颜色。

（2）布尔属性。有的元素属性只包含名称，如 required、checked 等属性。如果在元素中只出现布尔属性的名称而未设置值，则表示该布尔属性的取值为"true"。例如：

<input type="radio" name="gender" value=" 男 " checked> 男

该语句的作用是在网页中插入单选按钮，type 属性用于设置控件类型为单选按钮，name 属性用于设置名称为"gender"，value 属性设置值为"男"（提交表单时 value 属性值将被提交到服务器），checked 属性用于设置默认状态为选中状态。

2. 属性类型

（1）核心属性。可以在多数元素中使用的核心属性主要有 id、title、class 和 style。其中，id 属性用于为 HTML 元素定义唯一标识名称，title 属性用于为 HTML 元素定义标题，class 属性用于为元素应用一个或者多个 CSS 样式类，style 属性用于设置元素的行内样式。核心属性及作用，见表 2-5。

表 2-5　核心属性及其作用

属　性	作　用	示　例
id	用于唯一标识页面中的一个元素，或设置一个 CSS 样式或一段 JavaScript 代码只被应用于文档中的某个元素	<div id="content"> 主要内容 </div>
class	定义某个元素属于某一特定"类型"，取值可以是一个以空格分隔的 class 名称列表	<p class="red"> 段落 </p> <p class="red green"> 段落 </p>
title	为元素定义标题	<img src="logo.jpg" title=" 网站标志 ">
style	在元素内部定义 CSS 规则	<p style="text-align:center"> 段落 </p>

在为 id 属性设置属性值时需要注意以下问题：

1）必须以字母 A～Z 或 a～z 开头，不能以数字、横线、下划线、分号或句号等开头。其后可接任意数量的字母、数字、横线和下划线等。

2）属性值具有唯一性，在一个 HTML 文档中不能存在取值相同的 id 属性。

（2）全局属性。在 HTML 5 中增加了全局属性的概念，全局属性是指可以对任何元素使用的属性。全局属性及其作用，见表 2-6。

表 2-6　全局属性及其作用

属　　性	作　　用
accesskey	定义激活元素的快捷键
contenteditable	定义元素内容是否可以编辑
contentmenu	定义元素的上下文菜单（在用户单击元素时显示）
data-*	定义页面或应用程序的私有定制数据

属　性	作　用
draggable	定义元素是否可以拖动
designmode	定义整个页面是否可以编辑，当页面可编辑时，页面中任何支持 contenteditable 属性的元素都变成可编辑状态
dropzone	定义在拖动数据时是否进行复制、移动或链接
hidden	定义元素不可见，占据的空间位置仍然存在
spellcheck	用于对客户输入的文本内容进行拼写检查和语法检查
tabindex	定义元素的 tab 次序
translate	定义是否翻译元素内容

（3）国际化属性。可以帮助用户使用不同的语言及字符集编写网页，主要属性有 dir 和 lang。国际化属性及其作用，见表 2-7。

表 2-7　国际化属性及其作用

属　性	作　用	示例
dir	定义浏览器中文本显示的方向。1tr 从左向右显示（默认），rt1 从右向左显示	`<html dir="1tr">`
lang	定义 HTML 文档使用的主要语言，如 en（英语）、zh-CN（中文）	`<html lang="zh-CN">`

四、注释语句

通过注释标记为脚本代码或样式定义等增加注释信息，可为 Web 页面设计和开发人员更好地阅读和理解代码提供帮助。

在 HTML 中使用注释语句可以提高代码的可读性，注释内容在浏览器中不显示，注释语句可以放置在文档的任何位置。注释语句的结构为

```
<!--注释内容 -->
```

其中，<!-- 表示注释语句的开始，--> 表示注释语句的结束，中间内容即是注释内容。例如：

```
<body>
<!--div是块级元素 -->
<div> 元素 1</div>
<div> 元素 2</div>
</body>
```

五、HTML 编码

对于一些特殊符号，如空格、大于号（>）、小于号（<）等，由于这些符号已经用于表示 HTML 标记，因此，它们就不能直接当作网页文本中的内容来使用。若要使用特殊符号，则需要使用 HTML 编码。HTML 编码即把一个字符使用另外的字符或字符串进行代替，也称为转义字符串。浏览器在碰到编码之后的字符或字符串会将其显示为编码之前的字符。

转义字符串通常由 3 部分构成，即前缀"&"符号、实体名称或 # 加实体编码、后缀";"分号。例如：小于号（<）可以写"<"或"<"，常见特殊符号的转义字符串，见表 2-8。

表 2-8　常见特殊字符的处理

字　　符	实 体 名 称	实 体 编 码	字　　符	实 体 名 称	实 体 编 码
空格		 	&	&amp;	&#38;
>	&gt;	&#062;	<	&lt;	&#060;
"	&quot;	&#34;	'	&apos;	&#39;
£	&pound;	&#163;	¥	&yen;	&#165;
©	&copy;	&#162;	®	&reg;	&#174;
×	&times;	&#215;	÷	&divide;	&#247;

实体名称与实体编码相比，更便于记忆，但不能保证所有的浏览器都能顺利地识别特殊字符；而实体编码虽没有这种担忧，但不方便记忆。实体名称是区分大小写的。

六、颜色表示

在网页当中经常会使用到颜色，如设置字体的颜色、元素的背景颜色等。HTML 中颜色的设置方法主要有以下方式。

1. 使用颜色的英文名称

大多数浏览器都支持颜色名集合。例如：black 代表黑色，purple 代表紫色，red 代表红色等。

2. rgb 代码

自然界有红色（Red）、绿色（Green）、蓝色（Blue）三原色，混合三原色可以照射出所有的不同颜色。使用 rgb 代码表示颜色的方式有以下形式：

1）每种颜色可以使用 16 进制数进行描述，取值范围是 0 ~ 9、a ~ f，如红色为 #f00 或 #ff0000，由 6 位或 3 位 16 进制的代码表示，这种颜色的表示方法即为 16 进制 rgb 代码方式。

在 HTML 中利用 16 进制 rgb 代码表示颜色时，需要在颜色代码前加上"#"号。

2）每种颜色还可以采用 rgb（r,g,b）表示，括号中的 r、g、b 分别用 0 ~ 255 的十进制数或百分比表示红色、绿色和蓝色。例如，rgb（255,0,0）及 rgb（100%,0%,0%）都表示红色。

▶ 任务 2.1.3 理解 HTML 布局标记

网页的布局对改变网站的外观非常重要。在进行网页布局时，既可使用 div 标记进行布局，也可使用 HTML5 结构标记进行布局，早期还使用 table 标记通过表格的嵌套进行页面布局（目前已不建议使用表格标记进行页面的整体布局）。无论使用哪种布局方式，都需要应用 CSS 样式对页面元素进行定位，或是为页面创建色彩丰富的外观效果。本任务中，我们将重点学习 div 标记、span 标记的相关知识。其中，div 标记的内容主要包括 div 标记及属性、div 嵌套与层叠，span 标记的主要内容包括 span 标记的特点、与 div 标记的区别等。

一、div 标记

div 标记（Division/Section）是分区或分节的意思，这就意味着其内容将自动开始新的一行。div 标记是双标记，用于定义文档中的分区或节，div 标记可以嵌套、重叠。

1. div 标记属性

div 标记的主要属性有 id、class、style 等。其中，style 属性用于设置 div 元素内部的样式，div 元素在未定义前浏览器是预览不到效果的。style 属性的取值可以由多个"属性名 / 属性值"对构成，主要属性有 border、margin、padding、position、width、height、z-index 等。div 标记的主要属性及其描述，见表 2-9。

表 2-9 div 标记的主要属性及其描述

属　　性	描　　述
id	定义元素的唯一 id 名称
class	定义元素的类名
style	定义元素的行内样式
border	定义元素边框的粗细
margin、padding	分别定义元素的外边距和内边距
top、right、bottom、left	分别定义元素相对于窗口顶端、右边、底端和左边的位置
position	定义元素的定位方式，取值可以是 absolute（绝对）、relative（相对）、fixed（固定）、static（无定位）等
width、height	分别定义元素的宽度和高度
z-index	定义元素的层叠顺序

div 是块级元素，通常设置 div 元素的 id 或 class 属性应用样式，把文档分割为独立的、不同的部分，从而能够对文档进行布局，这种页面布局比表格更加灵活方便。

2. div 嵌套与层叠

div 元素中不仅可以包含文字、图像、动画、音频、视频等内容，还可以包含其他的 div 元素，div 元素之间既可以不相交，也可以互相重叠，这就为网页布局带来了很大的灵活性。

（1）div 嵌套。多个 div 元素既可以单独使用，将页面分割为不同的区块，块与块之间没有包含关系；也可以嵌套使用，将功能相近的区块组织到一个更大的区块中，便于进行整体控制。

典型案例 2-2：div 元素的嵌套

```html
<!doctype html>
<html>
<head>
<meta charset="utf-8">
<title>div 嵌套</title>
<style>
.div{                   /* 定义宽高、背景颜色 */
    width:150px;
    height:75px;
    background-color:#B3B3B3;
}
.fdl{float:left;}       /* 定义左侧浮动 */
.fdr{float:right;}      /* 定义右侧浮动 */
.zong{
    width:400px;
    border:1px solid #000;
    margin:auto;
    padding:10px;
}
.div3 {
    width:300px;
    height:100px;
    background-color:#B3B3B3;
    margin:100px auto 0;
}
</style>
</head>
<body>
<div class="zong">
```

```
    <div class="div fdl">框 1</div>
    <div class="div fdr">框 2</div>
    <div class="div3">框 3</div>
</div>
</body>
</html>
```

分析： 本例 body 区中有 4 个嵌套的 div 元素，其中 div 元素框 1、框 2、框 3 嵌套在 div 元素框 zong 中，如图 2-7 所示。div 元素框 1 和框 2 设置浮动定位，分别在框 zong 同一行的左侧和右侧显示，div 元素框 3 未设置定位属性，所以单独一行显示。

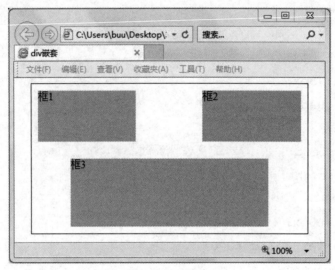

图 2-7　div 嵌套

（2）div 层叠。多个 div 元素除了可以嵌套外，还可以进行层叠。div 元素的层叠需要先将 position 属性设置为 absolute（绝对定位）、relative（相对定位）或 fixed（固定定位），然后再通过设置其 z-index 属性控制层叠关系即可。

二、span 标记

span 标记是双标记，无结构上的意义，只是为了应用样式，用于组合文档中的行内元素。一个行内元素可以使用 span 标记将其分为不同的区域。

1. span 标记的特点

span 元素没有固定的格式表现，如果未应用样式，则 span 元素包含的内容将不会有任何视觉上的变化，只有当其应用样式时才会产生视觉上的变化。

典型案例 2-3：span 标记

典型案例 2-3

视 频 讲 解

```
<!doctype html>
<html>
<head>
<meta charset="utf-8">
<title>span 标记 </title>
<style>
div{
    width:300px;
    border:#666 solid 1px;
    height:120px;
    margin:auto;
    padding:10px;
    line-height:1.5;
}
.txt1{
    font-size:18px;
    font-weight:600;
    text-decoration:underline;
}
</style>
</head>
<body>
<div>span 元素没有固定的格式表现，<span> 如果未应用样式，则 span 元素包含
的内容将不会有任何视觉上的变化 </span>; <span  class="txt1"> 只有当其应用样
式时才会产生视觉上的变化 </span>。
</div>
</body>
</html>
```

分析：本例中 div 元素的内容是一段文字，其中使用 2 个 span 元素将内容分为不同的
区块。第一个 span 元素未应用样式，第二个 span 元素应用 txt1 样式。预览效果如图 2-8 所示，

第一个 span 元素中的文字内容视觉上没有任何变化,而第二个 span 元素中的文字内容字号变大、加粗、带有下划线。

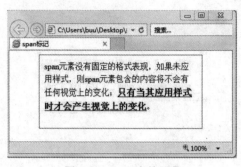

图 2-8　div 元素的层叠

2. span 标记与 div 标记的区别

div 标记和 span 标记都是用来帮助网页进行排版的,两者的区别主要体现在以下方面。

（1）div 是块级元素,span 是行内元素。

（2）div 标记没有特定的含义,是个区块容器,可以容纳段落、标题、表格、图像、音频、视频等各种 HTML 元素。span 标记也没有结构上的意义,纯粹是为了应用样式,可在一行中将内容分割为不同的区块,不同的区域再去应用不同的样式,从而组合行内元素。

（3）包含关系。div 标记可以包含 span 标记,但是 div 标记不能够包含在 span 标记中。

典型案例 2-4: 使用 div 标记进行网站首页布局的设计

由"动物天地"网站首页的布局示意图可知,首页主要包括 6 个内容大块区域。在进行页面布局时,可以使用 div 标记进行内容大块区域的布局,页面布局的源文件如下:

```
<!doctype html>
<html>
<head>
<meta charset="utf-8">
<title>动物天地网站</title>
</head>
<body>
<div>
    <div>页面顶部</div>
    <div>Logo 区域</div>
</div>
```

典型案例 2-4

```
<div> 导航栏区域 </div>
<div>Banner 广告区域 </div>
<div>
    <div> 文章内容 </div>
    <div> 相关内容 </div>
</div>
<div> 应用效果 </div>
<div> 页面页脚区域 </div>
</body>
</html>
```

分析：本例中先使用 div 标记创建了 6 个内容区块，分别是页面头部、导航栏区域、Banner 广告区域、主要内容区、应用效果区和页面页脚区域。然后在页面 head 区域中再创建 2 个 div 元素，将其分为页面顶部和 Logo 区域；在主要内容区中再创建 2 个 div 元素，将其分为文章内容和相关内容 2 个区域。由于只是使用 div 元素进行布局，并未应用样式，所以预览效果与项目 1 中的网站首页示意图有较大的差异，预览效果如图 2-9 所示。有关 CSS 样式的内容，将在后续课程中进行学习。

图 2-9 网站首页 div 布局效果

▶ 任务 2.1.4 理解 HTML5 结构标记

在 HTML5 之前，通常采用 DIV 和 CSS 进行页面布局（DIV 元素用于分割页面，CSS 用于定义样式），但页面的结构定义还不够清晰。而 HTML5 则采用页眉、导航、文章内容、侧栏、页脚等结构元素进行页面布局，其语义化结构更清晰。因此，在本任务中，我们将学习 header、nav、section、article、aside、footer 等结构标记的相关知识。

一、比较 DIV+CSS 布局和 HTML5 结构标记

DIV+CSS 布局方式主要应用 DIV 标记构造盒子进行布局，可以将整体的布局拆分为各个独立的部分进行布局。HTML5 在 DIV 标记的基础上，新增了专门用于页面布局的标记，可以省去更多的对盒子属性进行设置的时间，如图 2-10、图 2-11 所示。

图 2-10　DIV+CSS 布局　　　　　图 2-11　部分 HTML5 结构标记 +CSS

DIV+CSS 布局和 HTML5 结构标记都可以实现网页的布局，以"动物天地"网站首页布局为例，实现如图 2-10、图 2-11 所示的源文件代码。

（1）DIV+CSS 布局的 body 区源文件。

```
<body>
<div id="header">
    <div id="top"> 页面顶部 </div>
    <div id="logo">Logo 区域 </div>
</div>
<div id="nav"> 导航栏区域 </div>
<div id="banner">Banner 广告区域 </div>
<div id="content">
    <div id="section"> 文章内容 </div>
    <div id="aside"> 相关内容 </div>
</div>
<div id="imgscroll"> 应用效果 </div>
<div id="footer"> 页面页脚区域 </div>
</body>
```

（2）HTML5 结构标记和 CSS 布局的 body 区源文件。

```
<body>
<header>
    <div id="top"> 页面顶部 </div>
    <div id="logo">Logo 区域 </div>
</header>
<nav> 导航栏区域 </nav>
<div id="banner">Banner 广告区域 </div>
<div id="content">
    <section> 文章内容 </section>
    <aside> 相关内容 </aside>
</div>
<div id="imgscroll"> 应用效果 </div>
<footer> 页面页脚区域 </footer>
</body>
```

其中，HTML5 结构标记的特点主要体现在可以让开发者更加语义化地进行页面编码。例如，在 HTML5 之前，各开发者对于头部信息会按照自己的命名习惯进行命名，而 HTML5 则将头部统一命名为 header，避免了开发者之间代码的复杂性。

为了解决 HTML 文档结构定义不清晰的问题，HTML5 专门增加了页眉、页脚、导航和文章内容等结构标记，主要包括 header、nav、section、article、aside 和 footer 等标记，见表 2-10。

表 2-10　HTML5 结构标记

元　素　名	描　　　述
header	定义头部区块内容
footer	定义尾部区块内容
article	定义独立的文章内容
aside	定义相关内容或引文
section	定义内容区块
nav	定义导航类辅助内容

二、HTML5 结构标记

1. header 标记

header 标记是双标记，用于定义文档或区块的页眉，通常是一些引导信息。header 标记不局限于写在页面头部，也可写在页面内容中。在一个文档中可以定义多个 header 元素。

（1）header 标记的应用。通常 header 标记中至少包含（但不局限于）一个 hi 标题标记，还可包含 hgroup 标记、table 标记、form 表单标记、Logo 标志等。

hgroup（Heading Group）标记是标题组合标记，用于对网页或区段的标题进行组合，即对 h1~h6 标题元素进行组合。hgroup 标记只是对标题进行组合，而对标题的样式没有影响。

典型案例 2-5：hgroup 标记应用

```
<!doctype html>
<html>
<head>
<meta charset="utf-8">
<title>hgroup 标记应用 </title>
</head>
<body>
<header>
    <hgroup>
        <h2>header 标记定义文档或区块的页眉 </h2>
        <h3>hgroup 标记为标题组合标记 </h3>
    </hgroup>
</header>
</body>
</html>
```

典型案例 2-5
视 频 讲 解

分析：本例的 header 元素中包含标题元素 h2 和 h3，使用 hgroup 元素进行 h2 标题和 h3 标题的组合，如图 2-12 所示。如果 header 元素中只有一个主标题，通常是不需要使用 hgroup 元素的。

图 2-12　hgroup 标记应用

（2）head 和 header 元素的区别。head 元素是 HTML 文档所有头部元素的容器，而 header 元素则是 body 元素中的一个结构元素，也可以在 article 元素中使用 header 元素，但其不能在 footer、address 或另外的 header 元素中使用。

2. nav 标记

nav 标记是双标记，用于定义导航链接部分的内容，其中导航内容链接到其他页面或当前页面中的特定部分。

（1）nav 元素应用。一般情况下，需要将主要的链接组放置在 nav 元素中。一个页面中可以有多个 nav 元素作为页面整体或不同部分的导航。nav 元素一般用于创建导航条、侧边导航条、页内导航和翻页操作等场景。

典型案例 2-6：nav 标记应用

典型案例 2-6

视 频 讲 解

```
<!doctype html>
<html>
<head>
<meta charset="utf-8">
<title>nav 标记应用 </title>
</head>
<body>
<nav>
    <ul>
        <li><a href="#">首页 </a></li>
        <li><a href="pages/zhishi.html"> 动物知识 </a></li>
        <li><a href="#"> 动物图片 </a></li>
        <li><a href="pages/quwen.html"> 动物趣闻 </a></li>
        <li><a href="pages/wenjuan.html"> 相关调查 </a></li>
    </ul>
</nav>
</body>
</html>
```

分析： 本例中使用 nav 元素创建导航条，其中包含 5 个用于导航的超链接，如图 2-13 所示。该导航可用于全局导航，也可以放置在某个区块中作为区域导航。

图 2-13　nav 标记应用

（2）使用 nav 元素时需要注意的问题。

1）并不是所有的链接都必须使用 nav 元素，nav 元素只是用来将一些主要的链接放入导航条。例如：footer 元素就常被用来在页面底部放置那些不太经常使用、没必要放入 nav 元素的链接列表。

2）一个网页中可以含有多个 nav 元素，如网站内的导航列表，本页面内的导航列表等。

3. section 标记

section 标记是双标记，用于定义文档中的节，如章节、页眉、页脚或文档中的其他部分。section 元素通常由标题和内容组成，如果一段内容没有标题，不建议使用 section 元素。section 元素典型的结构为

```
<section>
    <h1> 标题一 </h1>
    <p> 文章段落内容 </p>
</section>
```

典型案例 2-7：section 标记应用

```
<!doctype html>
<html>
<head>
<meta charset="utf-8">
<title>section 元素应用 </title>
</head>
<body>
<section>
    <h2> 人类与动物 </h2>
```

典型案例 2-7

视 频 讲 解

```
    <p> 人类是大自然中的一部分，人不能超自然而生存。因此，人类必须重新认识
与其他动物的关系。...... 由此可见，保护野生动物就是保护人类自己。</P>
        <P> 任何一种动物的消失，对人类都是有害无益的。《中华人民共和国野生动物
保护法》把野生动物保护纳入正式的国民大法，野生动物资源属于国家所有，国家保护野
生动物及其生存环境，禁止任何单位和个人非法猎捕或者破坏。...... </p>
        <h2> 动物趣闻 </h2>
        <p> 猫咪们表达爱的方式很有趣，有许多简单直接的大家比较了解，比如在人的
腿上蹭来蹭去，但有 ......</p>
    </section>
    </body>
    </html>
```

分析：section 标记主要用于对网站或应用程序中页面的内容进行分块，或者是对文章
进行分段。section 元素通常由标题和内容组成。section 标记应用，如图 2-14 所示。

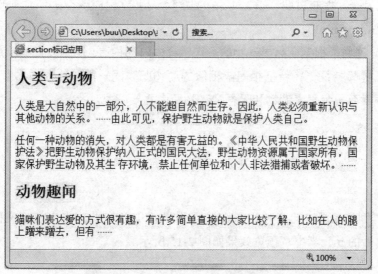

图 2-14　section 标记应用

说明：section 元素并非普通的容器元素，当内容需要直接被定义样式或通过脚本定义
行为时，建议还是使用 div 元素。

4. article 标记

article 标记是双标记，用于定义一个独立的、完整的相关内容块，如来自外部的新闻、
用户评论、论坛帖子和博客文章等。可以理解为 article 表示的就是文章内容。

一般来说，article 元素通常拥有自己的标题（header 元素），有时也会有脚注（footer
元素）。article 元素可以嵌套使用，内层的内容原则上需要与外层的内容联系紧密，嵌套

的内外层描述的又都是独立的事物。例如：一篇博客文章及其评论内容就可以使用嵌套 article 元素的方式显示。

典型案例 2-8：article 标记应用

```html
<!doctype html>
<html>
<head>
<meta charset="utf-8">
<title>article 元素应用 </title>
</head>
<body>
<article>
    <header>
        <h2> 动物知识 </h2>
        <p> 发布日期： <time>2019/11/11</time></p>
    </header>
    <p> 动物学根据自然界动物的形态、身体内部构造、胚胎发育的特点、生理习性、
生活的地理环境等特征，将特征相同或相似的动物归为同一类。在动物界中，根据动物身
体中有没有脊索而分为脊索动物和无脊索动物两大主要门类。</p>
</article>
</body>
</html>
```

分析： 本例的 article 元素使用 header 元素设置文章标题，将文章正文的内容放置在 header 元素之后的 p 元素中，预览效果如图 2-15 所示。

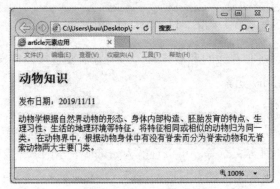

图 2-15　article 标记应用

5. aside 标记

aside 标记是双标记，用于定义 article 标记以外的内容，其内容通常与 article 标记的内容相关。aside 元素类似于布局中的辅助侧边栏，内容可以是目录、索引、术语等；还可以用来显示相关的广告宣传、相关链接、当前页面内容简介等。aside 元素的应用主要有以下场景。

（1）aside 元素作为内容的附属信息部分呈现，aside 元素将放置在 article 元素中，内容是与当前文章有关的参考资料、名词解释等。

（2）aside 元素作为页面或网站全局的附属信息部分呈现，通常在 article 元素之外使用。典型的形式就是侧边栏，其内容可以是友情链接、分享链接及博客中的其他文章列表、广告单元等。

典型案例 2-9：aside 标记应用

典型案例 2-9

视 频 讲 解

```html
<!doctype html>
<html>
<head>
<meta charset="utf-8">
<title>aside 元素应用 </title>
</head>
<body>
<article>
    <header>
        <h2> 动物知识 </h2>
        <p> 发布日期：<time>2019/11/11</time></p>
    </header>
    <p> 动物学根据自然界动物的形态、身体内部构造、胚胎发育的特点、生理习性、
生活的地理环境等特征，将特征相同或相似的动物归为同一类。在动物界中，根据动物身
体中有没有脊索而分为脊索动物和无脊索动物两大主要门类。 </p>
</article>
<aside>
    <h2> 动物之最 </h2>
    <nav>
        <ul>
            <li><a href="#"> 世界上最小的马 </a></li>
            <li><a href="#"> 最不怕冷的动物 </a></li>
```

```
            <li><a href="#"> 飞行最高的鸟类 </a></li>
            <li><a href="#"> 嗅觉最灵敏的动物 </a></li>
            <li><a href="#"> 最美丽的鱼 </a></li>
        </ul>
    </nav>
</aside>
</body>
</html>
```

分析：本例中，aside 元素的内容是分享链接，放置在 article 元素之外使用，作为页面或网站全局的附属信息部分呈现，如图 2-16 所示。

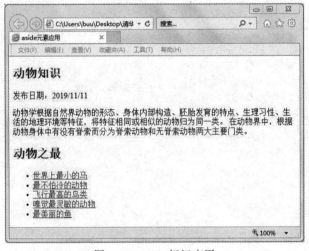

图 2-16　aside 标记应用

6. footer 标记

footer 标记是双标记，用于定义节（Section）或文档（Document）的页脚。footer 元素可以作为文章的脚注信息，如文章的作者或日期；也可以作为文档的页脚，footer 元素通常会包含版权声明、相关阅读链接等内容。

footer 元素与 header 元素的用法基本相同，只不过 header 元素位于区块的头部，而 footer 元素则位于区块的底部。footer 元素可以多次使用，如可以为 article 元素、section 元素添加 footer 元素。

说明：HTML5 结构标记带来的是网页布局的改变，以及提升对搜索引擎的友好。HTML5 结构标记对浏览器的版本有要求，通常 IE 9 及以上的版本、Firefox、Opera 等浏览器都会支持 HTML5 的结构标记。

▌综合应用▌

依据"动物天地"网站策划中网站首页的布局示意图，使用 div 标记和 HTML5 结构标记进行网站首页大块内容区域的布局。在学习任务的典型案例 2-4 中修改相应的 div 标记，替换为 HTML5 结构标记即可。主要操作过程如下：

（1）将页面头部的 div 标记替换为 header 标记。

（2）将导航栏区域的 div 标记替换为 nav 标记。

（3）将文章内容的 div 标记替换为 section 标记，相关内容的 div 标记替换为 aside 标记。

（4）将页面页脚区域的 div 标记替换为 footer 标记。

使用 HTML5 结构标记进行网站首页布局的源文件如下，预览效果与全部使用 div 标记布局的效果（见图 2-9）相同。

综合应用 2-1

视 频 讲 解

```
<!doctype html>
<html>
<head>
<meta charset="utf-8">
<title> 动物天地网站 </title>
</head>
<body>
<header>
    <div> 页面顶部 </div>
    <div>Logo 区域 </div>
</header>
<nav> 导航栏区域 </nav>
<div>Banner 广告区域 </div>
<div>
    <section> 文章内容 </section>
    <aside> 相关内容 </aside>
</div>
<div> 应用效果 </div>
<footer> 页面页脚区域 </footer>
</body>
</html>
```

▌学习任务小结 ▌

本学习任务主要学习了 HTML 超文本标记语言的相关知识。着重学习了网站首页规范、HTML 文档结构、标记、属性、元素、注释语句、HTML 编码及颜色表示等 HTML 标记语法，以及 div 和 span 排版布局标记，header、nav、section、aside、article、footer 等 HTML5 结构标记。运用所学的内容可以对网页进行大块内容区域的布局排版。

▌技能与训练 ▌

1. 选择题

（1）一般网站中的首页被命名为（　　）。

A. main.html   B. zhuye.html

C. index.html   D. home.html

（2）在 HTML5 文档中，用于设置文档标题部分的元素是（　　）。

A. header   B. section

C. article   D. footer

（3）在色彩的 rgb 系统中，十六进制数 #FFFFFF 表示的颜色是（　　）。

A. 黑色   B. 红色

C. 黄色   D. 白色

（4）以下属于组成 HTML 文件基本结构标记的是（　　）。

A. \<html\>…\</html\>   B. \<head\>…\</head\>

C. \<form\>…\</form\>   D. \<body\>…\</body\>

（5）以下属于 HTML5 文档类型定义的是（　　）。

A. \<!doctype html\>   B. \<!doctype html public\>

C. \<!doctype xhtml\>   D. \<!doctype html5\>

2. 简答题

（1）创建网站首页时需要注意哪些问题？

（2）网页 head 区中常用的标记有哪些？各有什么作用？

（3）编写 HTML 文档时需要遵守哪些规范？

（4）div 标记和 span 标记各有什么作用？两者的主要区别是什么？

（5）元素按照显示排列方式的不同可以分为哪几类？各有什么特点？

（6）HTML5 新增了哪些结构标记？各有什么作用？

3. 操作题

按照自建网站首页的布局示意图进行网站首页布局。具体要求如下：

（1）尽量采用 HTML 结构标记进行布局，在常用的显示分辨率下（如 1360×768）不出现横向滚动条。

（2）要有 Logo 图标、Banner 广告、导航栏、主要内容和版权声明等区域。

（3）网站首页存放在站点根下。

学习任务 2　编辑网站首页内容

网页中的常见元素主要包括文本、图像、动画、音视频、超链接、框架、表格、表单等。文字能准确地表达信息的内容和含义；图像具有画龙点睛的效果，有时写了很多形容文字，还不如一张图表达得清楚明白；音视频元素可以对文字信息进行有力的补充；超链接能从一个网页跳转到另一个网页或其他链接对象；框架可以实现网页间的无缝嵌入；表格可用于布局文本、图像及其他的列表化数据；表单用于接受用户在浏览器端输入的信息，并将信息发送到用户设置的目标端。不同的页面元素具有不同的作用，本学习任务中，我们将学习网页中常见元素的插入及编辑的相关知识和操作，本学习任务完成后，"动物天地"网站首页的主要内容也应编辑完成。

学习目标

知识目标

1. 能够解释超链接、图像热区等的含义。
2. 能够描述文本、列表、图像、超链接、媒体、表格、表单、框架等标记的作用。
3. 能够运用文本、列表、图像、超链接、媒体、表格、表单、框架等常用标记。

技能目标

1. 能够编写 HTML 源文件。
2. 能够设计网页布局及编辑网页内容。

素质目标

能够遵守网络信息发布与传播基本规范和相关法律法规（如网络信息内容治理规定等）。

▎学习任务结构图◣

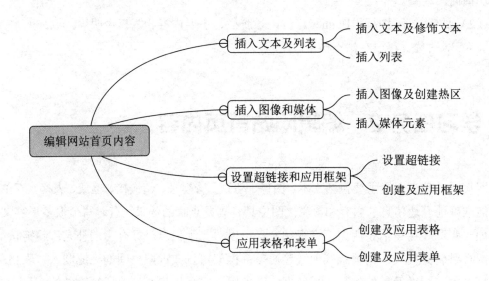

▶ 任务 2.2.1　插入文本及列表

本任务中，我们将学习在网页中设置文本及修饰文本标记、列表标记的方法。其中，文本及修饰文本标记的内容主要包括文本排版标记、文本修饰标记、标题标记、滚动字幕标记，列表标记的内容主要包括无序列表标记、有序列表标记和自定义列表标记。

一、插入文本及修饰文本

文字是网页中不可缺少的元素，文字是网页的主体，一个网站意念的表达、内容的体现等均需要依靠文字加以传递。纯文字的网页看起来会很单调，在设计网页时需要坚持以文字为主、图像为辅的原则。在网页中插入文本的方法主要有直接录入文本、复制粘贴文本内容等，网页中插入文本后就要对其进行排版和修饰。

1. 文本排版标记

文本排版标记主要包括段落标记、换行及不换行标记、水平线标记、预排格式标记、块级引用标记等。

（1）段落标记 p。p 标记是双标记，用于划分段落及控制文本的位置。p 元素是块级元素，其内部不能包含其他块级元素。

p 元素的主要属性是 align 属性，用于定义水平对齐方式，属性取值主要有 left（左对齐）、center（居中对齐）、right（右对齐）和 justify（两端对齐）。

（2）换行标记 br。br 标记是单标记，用于定义该标记后面的内容从新的一行显示。它不产生一个空行，但连续多个 br 标记可以产生多个空行的效果。

（3）不换行标记 nobr。nobr 标记用于定义该标记后面的内容不换行显示，可以强制文本在一行显示内容。

典型案例 2-10：换行标记 br 和不换行标记 nobr 的应用

```
<!doctype html>
<html>
<head>
<meta charset="utf-8">
<title> 换行标记和不换行标记 </title>
<style>
div{                        /* 定义 div 标记的样式 */
    width:300px;
    border:#999 1px solid;
}
</style>
</head>
<body>
<div>
    <p> 换行标记是单标记，用于定义该标记后面的内容从新的一行显示。它不产生一
个空行，但连续多个标记，可以产生多个空行的效果。</p>
    <p> 换行标记是单标记，用于定义该标记后面的内容从新的一行显示。<br> 它
不产生一个空行，但连续多个换行标记，可以产生多个空行的效果。</p>
    <p> 换行标记是单标记，用于定义该标记后面的内容从新的一行显示。<nobr>
它不产生一个空行，但连续多个换行标记，可以产生多个空行的效果。</p>
</div>
</body>
</html>
```

分析：本例在 div 元素中放置 3 个 p 元素。第一个 p 元素中没有插入换行标记和不换行标记，内容在 div 元素中的一行显示不下时会自动换行显示；第二个 p 元素中插入 br 换行标记，则 br 标记后面的内容将从新的一行显示；第三个 p 元素插入不换行标记 nobr，则 nobr 标记后面的内容会从新的一行显示，且其后面的内容不换行显示，强制文本在一行中显示内容，预览效果如图 2-17 所示。

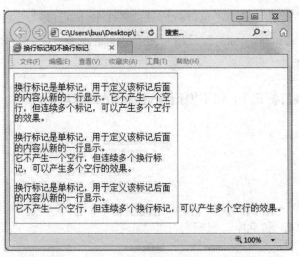

图 2-17　换行标记和不换行标记显示效果

拓展案例 2-5
预排格式标记
pre 的应用

案　例　分　析

（4）预排格式标记 pre。pre 标记是双标记，用于设置以用户预先定义的格式显示文字内容。一般情况下，浏览器将根据实际需要自动设置显示格式，自动排版，忽略文件中的回车键、空格等。使用预排格式标记可以保留文字在纯文本编辑器中的格式，不受前面的文字格式和段落格式的影响。

（5）水平线标记 hr。hr 标记是单标记，用于设置一条水平线以分隔文档的不同部分。hr 标记常用的属性及其描述，见表 2-11。

表 2-11　hr 标记常用的属性及其描述

属　　性	描　　述
width	定义水平线的宽度，取值是整数（单位是 px）或百分比
size	定义水平线的粗细，取值是整数（单位是 px）
align	定义水平线的对齐方式，取值是 left、center、right
color	定义水平线的颜色，取值是 16 进制数、rgb 代码或颜色英文名称
noshade	定义水平线的阴影

拓展案例 2-6
水平线标记 hr
的应用

案　例　分　析

拓展案例 2-7
块级引用标记
blockquote 的应用

案　例　分　析

（6）块级引用标记 blockquote。blockquote 标记是双标记，内容是引用内容，通常会在左、右两侧进行缩进（增加外边距）。

2. 文本修饰标记

HTML 提供了多种文本修饰标记，主要用于定义文字的风格。常用的文本修饰标记及其描述（见表 2-12），它们都是双标记。

表 2-12　常用的文本修饰标记及其描述

标　记	描　述
…	定义文本粗体显示
<i>…</i>	定义文本斜体显示
<small>…</small>	定义文本字号变小
[…]	定义为上标
_…	定义为下标
…	定义文本加重显示
…	定义文本着重显示

3. 标题标记

标题标记 hi 用于定义段落标题的大小级数，最大的标题级数是 h1，最小的标题级数是 h6。hi 标记是双标记，主要属性是 align 属性，用于控制文字的对齐方式，属性值可以是 left（左对齐）、center（居中对齐）、right（右对齐）和 justify（两端对齐）。

4. 滚动字幕标记

滚动字幕标记 marquee 是双标记，使用 marquee 标记可以增加网页的动感。marquee 标记常用的属性及其描述，见表 2-13。

表 2-13　marquee 标记常用的属性及其描述

属　性	描　述
align	定义滚动字幕的对齐方式，取值 left、middle、right、top、bottom 等
behavior	定义滚动字幕的滚动方式，取值是 scroll、slide、alternate 等
bgcolor	定义滚动字幕的背景颜色，取值是 16 进制数、rgb 代码或颜色英文名称
direction	定义滚动字幕的滚动方向，取值是 left、right、up、down
width、height	定义滚动字幕的宽度和高度，取值是整数（单位是 px) 或百分比
hspace、vspace	定义滚动字幕的左右边框和上下边框的距离，取值是正整数（单位是 px）
scrollamount	定义滚动字幕的滚动距离，取值是正整数（单位是 px），默认为 6
scrolldelay	定义滚动两次之间的延迟时间，取值是正整数（单位是 ms），默认为 0
loop	定义滚动的次数，取值是正整数，默认为无限循环

典型案例 2-11：滚动字幕标记 marquee 的应用

```
<!doctype html>
<html>
<head>
```

典型案例2-11

视 频 讲 解

```
<meta charset="utf-8">
<title> 滚动字幕标记 marquee</title>
<style>
div{line-height:40px;}
</style>
</head>
<body>
<div align="center">
    <marquee direction="right" scrollamount="4" align="middle"
behavior="scroll" height="40" width="400" bgcolor="#FFCCFF"
onMouseOver="this.stop();" onMouseOut="this.start();">欢迎同学们学
习 Web 前端设计基础课程！
    </marquee>
</div>
</body>
</html>
```

分析： 本例中使用 marquee 标记插入滚动内容，主要设置 align 水平对齐、behavior 滚动方式、bgcolor 背景颜色、width 宽度、height 高度、direction 滚动方向、scrollamount 滚动量等属性。其中，direction 属性取值为 right，表示内容将从浏览器窗口的左侧向右侧进行滚动。设置行为事件 onMouseOver="this.stop();"，表示当鼠标移动到滚动字幕上时，内容将停止滚动；设置行为事件 onMouseOut="this.start();"，表示当鼠标移开滚动字幕时，内容将继续滚动。预览效果如图 2-18 所示。

图 2-18　滚动字幕标记及其显示效果

二、插入列表

网页中的列表可以起到提纲挈领的作用。如网页中的导航条、商品列表、新闻列表等，如图 2-19 所示，通常使用无序列表编排项目，列表中的条目不分先后顺序。还有的网页内容，如图 2-20 所示的热门新闻排行榜等，是采用有序列表编排项目的，项目采用数字或英文字母开头，通常各项目之间具有先后顺序。此外，在网页中还可以自定义列表。

图 2-19　新浪首页的部分内容

图 2-20　新浪新闻排行页面的部分内容

1. 有序列表标记

有序列表通常使用编号编排项目，按照数字或字母等顺序排列列表项目，有序列表是通过 ol（Ordered List）标记、li（List Item）标记来实现的。

（1）ol 标记。双标记，用于声明有序列表，在起始标记 <ol> 和结束标记 </ol> 之间的内容就是有序列表的内容。

（2）li 标记。双标记，用于定义每项列表条目。

（3）ol 和 li 标记的属性。主要属性有 type 和 start 属性。

1）type 属性。用于定义每个项目前显示的序号类型，属性值可以是阿拉伯数字、大写英文字母、小写英文字母、大写罗马数字和小写罗马数字。

2）start 属性。用于定义编号的开始值，默认值是 1。

典型案例 2-12：有序列表标记的应用

```
<!doctype html>
<html>
<head>
<meta charset="utf-8">
<title> 有序列表实例 </title>
</head>
<body>
<p> 以下是有序列表实例 </p>
<p> 数据库知识 </p>
<ol type="I" start="3">
    <li> 关系数据库 </li>
    <li> 全文数据库 </li>
    <li> 多媒体数据库 </li>
</ol>
</body>
</html>
```

分析：本例中使用 ol 标记声明有序列表，列表由 3 个列表项目构成。设置 ol 元素的 type 属性为大写罗马数字，start 属性从序号 3 开始显示，预览效果如图 2-21 所示。

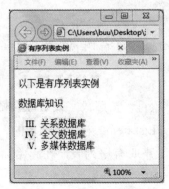

图 2-21　有序列表显示效果

2. 无序列表标记

无序列表通常使用项目符号编排项目，列表中的条目不分先后顺序，无序列表是通过 ul（Unordered List）标记、li（List Item）标记来实现的。

（1）ul 标记。双标记，用于声明无序列表，在起始标记 <ul> 和结束标记 </ul> 之间的内容就是无序列表的内容。

（2）li 标记。双标记，用于定义每项列表条目。

（3）ul 和 li 标记的属性。主要属性是 type 属性，用于定义各项目前显示加重符号的类型。系统提供以下 3 种 type 属性取值：

1）type="disc"：默认值，定义项目符号为实心圆点。

2）type="circle"：定义项目符号为空心圆点。

3）type="square"：定义项目符号为实心方块。

可以使用 CSS 样式中的 list-style-image 属性修改项目符号的显示方式。

典型案例 2-13：无序列表标记的应用

```
<!doctype html>
<html>
<head>
<meta charset="utf-8">
<title> 无序列表实例 </title>
</head>
<body>
<p> 以下是无序列表实例 </p>
<p> 数据库知识 </p>
<ul type="circle">
    <li> 关系数据库 </li>
    <li> 全文数据库 </li>
    <li> 多媒体数据库 </li>
</ul>
<hr width="100%" size="1" color="#3366CC">
<p> 数据库知识 </p>
<ul style="list-style-image:url(images/star.gif);">
    <li> 关系数据库 </li>
    <li> 全文数据库 </li>
    <li> 多媒体数据库 </li>
```

```
    </ul>
    </body>
    </html>
```

分析：本例中使用 ul 标记声明无序列表，通过 type 属性设置项目符号显示的形式。预览效果如图 2-22 所示，水平线之上的无序列表的项目符号为空心圆点；水平线之下的无序列表通过 list-style-image 属性修改了列表项目符号的显示形式，显示为小星星的图标。

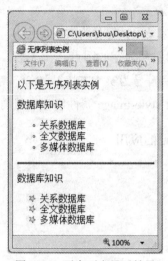

图 2-22　无序列表显示效果

3. 自定义列表标记

自定义列表标记主要是通过 dl（Definition List）标记、dt（Definition Term）标记和 dd（Definition Description）标记来实现的。

（1）自定义列表标记的作用。dl、dt 和 dd 标记都是双标记，是组合型的标记，具体作用如下：

1）dl 标记。用于声明自定义列表，在起始标记 <dl> 和结束标记 </dl> 之间的内容就是自定义列表的内容。

2）dt 标记。用于定义列表的标题。

3）dd 标记。用于定义列表的内容。

（2）自定义列表的基本结构为

```
<dl>
    <dt> 列表标题 1</dt>
    <dd> 列表内容 1</dd>
    <dd> 列表内容 2</dd>
```

```
<dt> 列表标题 2</dt>
<dd> 列表内容 1</dd>
<dd> 列表内容 2</dd>
...
</dl>
```

在创建自定义列表时需要注意以下问题：

1）dt 标记和 dd 标记需要放置在 dl 标记内，处于 dl 标记下相同级，也就是说，不能够单独使用 dt 标记或 dd 标记，使用时需要添加 dl 标记。

2）dt 标记和 dd 标记不能互相嵌套。dt 标记不能放入 dd 标记内，dd 标记不能放入 dt 标记内。

3）dd 标记可以有若干个，dd 标记内可以放置 p、br、img、a、ul 等标记。

拓展案例 2-10
自定义列表标记的应用

案 例 分 析

任务 2.2.2 插入图像和媒体

本任务中，我们将学习在网页中设置图像及热区标记、媒体标记的方法。其中，用于插入图像及创建热区的标记主要有 img、map 和 area 等，用于插入媒体元素的标记主要有 embed、audio、video、source 等。

一、插入图像及创建热区

图像是网页的重要组成部分，网页中因为有了图像才会显得生动。图像也体现了网站的主题、风格和理念，所以人们常用图文并茂来形容编排合理的页面，如图 2-23 所示的是网易网站首页要闻板块，在每条消息标题的左侧有相应的配图。

图 2-23 网易网站首页要闻板块

1. 图像标记

img 图像标记是单标记，用于在网页中插入图像。img 标记并不是真正把图像插入到 HTML 文档中，而是将 src（Source）属性赋值，其中包括图像文件的路径和文件名。浏览器可以显示的图像文件格式主要有 jpg、png、gif 等格式。

img 标记常用的属性及其描述（见表 2-14），其中 src 和 alt 为必选属性，其他为可选属性。

表 2-14　img 标记常用的属性及其描述

属　　性	描　　述
src	定义图像文件的 url 地址，可以采用绝对路径或相对路径表示图像文件的位置
alt	定义图像无法显示的替代文字
title	定义鼠标停留在图像上时的显示说明文字
align	定义图像的对齐方式，取值分为水平对齐方式有 left、center、right 等，垂直对齐方式有 top、middle、bottom 等
width、height	定义图像的宽度和高度，取值是整数（单位是 px）或百分比
vspace、hspace	定义图像在网页中上下空白区域和左右空白区域，取值是整数（单位是 px）
border	定义图像边框的粗细，取值是整数（单位是 px）
usemap	定义图像为客户端图像映射（图像映射是指带有可点击区域的图像）

alt 属性用于为图像设置替代文本，其作用主要体现在：①浏览网页时，鼠标悬停在图像上即可在鼠标旁边出现替换文本。②图像加载失效时，将在图像的位置处显示红色"×"并显示替代文本。通常搜索引擎会读取 alt 属性值的内容作为图像表示的意思，所以搜索引擎优化中需注意该属性的设置。

典型案例 2-14：网页中插入图像

```
<!doctype html>
<html>
<head>
<meta charset="utf-8">
<title> 插入图像实例 </title>
</head>
<body>
    <p><img src="images/shuixian.jpg" width="100" height="120"
```
hspace="20" vspace="20" align="left" alt=" 水仙图片 ">《内观日疏》姚姥住在长离桥，十一月夜半大寒，她梦见观星坠地，化为水仙花一丛，甚香美，摘食之，醒来生下一个女儿。《花史》说：谢公睡梦中见一仙女手持一束水仙，此日妻生一女，长大聪慧善诗。后来人们因此称水仙为"姚女花"或"谢女花"。舜帝的两个妻子娥皇、女英跟舜南巡到湘水，舜死于苍梧山，两个妻子痛不欲生，眼泪洒在竹子上，成为泪迹斑斑的

斑竹，楚地人就称这种竹子为湘妃竹。娥皇、女英投身湘江以身殉情。她们的魂魄化为江边的水仙花。</p>

```
</body>
</html>
```

分析： 本例中使用 img 标记插入图像，设置图像的 url 地址、宽度、高度、水平留白间距、垂直留白间距、水平对齐、替代文本等属性。其中，align="left" 属性表示图像在左侧，文字在图像右侧环绕，预览效果如图 2-24 所示。通常 align="left" 或 align="right" 会出现图文混排的效果，若 align="right"，则表示图像在右侧，文字在左侧环绕。

图 2-24　网页中插入图像

说明： 目前 HTML 标记的多数格式属性已使用 CSS 相应的属性替代，如在 HTML5 文档中，可以使用 float 属性进行图文混排，但 HTML5 文档还可兼容 align 属性的设置。

2. 创建图像热区

整幅图像可作为超链接的触发对象，图像中的某个链接区域也可以作为超链接的触发对象。图像热区就是指位于一幅图像上的多个链接区域，通过单击不同的链接区域可以跳转到不同的链接目标端点。图像热区可以是任意形状，一幅图像中可以创建多个热区。HTML 提供 map 和 area 标记创建图像热区。

要建立图像热区，就需要为 img 标记添加 usemap 属性，用于定义该图像是热区映射图像，usemap 属性值需要以 "#" 开头。例如：

```
<img src="images/butterfly.jpg" usemap="#map">
```

然后再使用 map 标记和 area 标记创建图像热区、定义形状及设置超链接。

（1）map 标记。双标记，用于定义图像热区。可以使用 id 属性或 name 属性为图像热区命名。

id 属性用于为 map 标记定义唯一的名称。

name 属性是可选属性，为图像热区定义名称。

为 map 标记设置 id 属性和 name 属性时，属性值需要与 img 标记中 usemap 属性的值相关联。例如：

```
<map id="map" name="map">
```

（2）area 标记。单标记，主要用于定义热区的形状及超链接，该标记需要嵌套在 map 标记中使用。area 标记常用的属性及其描述，见表 2-15。

表 2-15　area 标记常用的属性及其描述

属　　性	描　　述
alt	定义区域的替换文本
shape	定义区域的形状，取值是 rect（矩形）、circle（圆形）和 poly（多边形）
coords	定义区域的 x 坐标和 y 坐标
href	定义区域的超链接目标（设置值为 "#" 表示空链接）
target	定义在何处打开 href 属性指定的目标 url，取值是 _blank、_parent、_self、_top、new 等

其中，shape 属性值的含义如下。

1）shape="rect"：定义图像热区为矩形，coords 属性值往往是 4 个数值 "x1,y1,x2,y2"，其中 "x1,y1" 表示矩形热区左上角顶点的坐标，"x2,y2" 表示矩形热区右下角顶点的坐标。

2）shape="circle"：定义图像热区为圆形，coords 属性值往往是 3 个数值 "x,y,r"，其中 "x,y" 表示圆心的位置，"r" 表示以像素为单位的圆形半径。

3）shape="poly"：定义图像热区为多边形，coords 属性值取决于定义多边形热区顶点数的多少，其中每一对 "x,y" 坐标表示多边形一个顶点的坐标。

二、插入媒体元素

在构成网页的元素中，媒体元素也扮演着重要的角色。HTML5 提供 audio、video、source 等标记，可以在网页中嵌入音频、视频等媒体元素，好处是不需要安装任何插件，只需要有浏览器即可显示音频、视频等元素。此外，在网页中还可以使用 embed 标记插入音视频、Flash 动画等文件。

1. embed 标记

embed 标记是双标记，用于定义嵌入的内容，如插件。embed 标记是个空标记，表示无元素内容。embed 标记常用的属性及其描述，见表 2-16。

表 2-16　embed 标记常用的属性及其描述

属　　性	描　　述
src	定义多媒体文件的 url 地址
autostart	定义多媒体内容是否自动播放。true 表示自动开始播放；默认值为 false，表示不自动播放
loop	定义多媒体内容是否循环播放及循环次数。true 表示无限次循环播放，false 表示不循环播放，正整数值表示循环次数
hidden	定义控制面板的显示或隐藏。true 表示隐藏控制面板；false 表示显示控制面板
volume	定义多媒体的音量，取值范围为 0 ～ 100 的整数
width、height	定义控制面板的宽度和高度
controls	定义控制面板的外观，取值可以是 console（正常面板）、smallconsole（较小面板）、playbutton（只显示播放按钮）、pausebutton（只显示暂停按钮）、stopbutton（只显示停止按钮）、volumelever（只显示音量调节按钮）
type	定义嵌入内容的类型

　　embed 标记可以用来插入 Flash 动画、音频、视频等媒体文件，支持 rm、mp3、mid、wav 等音频文件格式和 rm、rmvb、wmv、asf、avi、mpeg 等视频文件格式。

　　说明： IE 浏览器能够很好地支持 embed 标记，其他浏览器可能不支持或不全部支持 embed 标记。

拓展案例 2-12
embed 标记的
应用

案　例　分　析

　　2.audio 标记

　　audio 标记是双标记，是 HTML5 标记，用于在网页中插入声音文件。audio 标记的使用方法如下，常用的属性及其描述，见表 2-17。

```
<audio controls autoplay="autoplay" src="media/sa.mp3"
loop="loop">您的浏览器不支持 audio 标记
</audio>
```

表 2-17　audio 标记常用的属性及其描述

属　　性	值	描　　述
autoplay	autoplay	定义音频文件在就绪后马上播放
controls	controls	定义向用户显示控件。浏览器控件包括播放、暂停、定位、音量、全屏切换、字幕、音轨
loop	loop	定义音频文件是否循环播放
preload	preload	定义音频文件在页面加载时进行加载并预备播放
src	url	定义音频文件的 url 地址

　　audio 标记支持的声音文件格式主要有 wav、mp3 和 ogg。不同的浏览器对 3 种声音文件格式具有不同的兼容性，见表 2-18。

表 2-18　不同的浏览器对声音文件格式的支持情况

声音格式	IE9	Firefox	Opera	Safari
ogg		√	√	
mp3	√	√	√	√
wav		√	√	√

拓展案例2-13
audio 标记的
应用

案例分析

3. video 标记

video 标记是双标记，是 HTML5 标记，用于在网页中插入视频文件。
video 标记的使用方法如下：

```
<video src="media/list.mp4" controls autoplay=
"autoplay"></video>
```

video 标记常用的属性与 audio 标记的很相似。video 标记支持的视频文件格式主要有 ogg、mp4 和 webm。

不同的浏览器对 3 种视频文件格式的支持情况，见表 2-19。

表 2-19　不同的浏览器对视频文件格式的支持情况

视频格式	IE9	Firefox	Opera	Safari
ogg		√	√	
mp4	√	√（21版本开始支持）	√（25版本开始支持）	√
webm		√	√	

典型案例 2-15：video 标记的应用

```
<!doctype html>
<html>
<head>
<meta charset="utf-8">
<title>video 标记的应用 </title>
</head>
<body>
<p>video 标记应用 </p>
<video width="400" height="300" controls src="media/list.
mp4"></video>
</body>
</html>
```

典型案例2-15

视频讲解

分析：本例使用 video 标记在网页中插入 mp4 格式的视频文件，设置显示控制面板，视频文件的宽度为 400px、高度为 300px，视频文件不自动播放。

4. source 标记

source 标记是单标记、HTML5 标记，用于定义媒介资源，规定可替换的音频、视频文件，供浏览器根据它对媒体类型或者编解码器的支持进行选择。source 标记常用的属性主要有 src 和 type 属性。

（1）src 属性。用于定义媒体文件的 url 地址。

（2）type 属性。用于定义媒体资源的 MIME 类型。视频的 MIME 类型主要有 video/ogg、video/mp4、video/webm 等格式，音频的 MIME 类型主要有 audio/ogg、audio/mp3、audio/wav 等格式。

使用 source 标记可以为 video 标记、audio 标记提供多种不同格式的视频、音频文件，以解决浏览器支持的问题。如果浏览器支持将使用第一个可识别的格式，如果不支持就往下继续寻找 source 标记。

典型案例 2-16：source 标记的应用

```
<!doctype html>
<html>
<head>
<meta charset="utf-8">
<title>source 标记的应用 </title>
</head>
<body>
<p> 插入视频文件 </p>
<video width="320" height="240" controls>
    <source src="media/list.ogg" type="video/ogg">
    <source src="media/list.mp4" type="video/mp4">
    您的浏览器不支持此媒体文件!
</video>
<br><br>
<p> 插入音频文件 </p>
<audio controls>
    <source src="media/sa.ogg" type="audio/ogg">
    <source src="media/sa.mp3" type="audio/mp3">
    您的浏览器不支持此媒体文件!
```

```
</audio>
</body>
</html>
```

分析：本例中使用 video 标记在网页中插入视频文件，利用 source 标记提供 ogg 和 mp4 格式的视频文件。当浏览器预览时，先查看第一个 source 元素中的 ogg 视频文件格式，如果浏览器支持就进行播放，不支持就往下继续寻找第二个 source 元素中的 mp4 格式文件，浏览器支持 mp4 格式就进行播放，不支持就显示"您的浏览器不支持此媒体文件！"。本例中使用 IE11 浏览器进行预览，效果如图 2-25 所示，IE 浏览器支持 mp4 格式的视频文件。本例中还使用 audio 和 source 标记在网页中插入声音文件，IE 浏览器支持 mp3 格式的音频文件，预览效果如图 2-25 所示。

图 2-25　source 标记的应用

▶ 任务 2.2.3　设置超链接和应用框架

本任务中，我们将学习在网页中设置超链接标记、框架标记的方法。其中，设置超链接的内容主要包括超链接标记、超链接创建方式及超链接状态，创建及应用框架的内容主要包括 iframe 标记及其应用。

一、设置超链接

超链接能够实现网页间的跳转。例如：由新浪网的首页跳转到新闻频道页面，再进行某条新闻具体内容的浏览，这个过程就是通过超链接来实现的。超链接是指从一个页面指向一个目标端点的链接关系，目标端点可以是另外一个网页、相同网页中的不同位置、一幅图像、一个电子邮件地址、一个文件或应用程序等。在网页中用于设置超链接的对象可以是一段文本、一幅图像或图像热区。当浏览者单击已经链接的文本、图像或图像热区后，链接目标将显示在浏览器上，并根据目标的类型来打开或运行。

1. 超链接标记

超链接是网页中最为重要的部分，单击文档中的超链接即可跳转至相应的位置。在 HTML 中是通过 a 标记来设置超链接，超链接通常由链接地址、链接标题、打开方式等部分组成。

```
<a href=" 链接地址 " name=" 链接名称 " target=" 链接目标打开方式 "
title=" 链接标题 "> 被链接内容 </a>
```

a 标记是双标记，主要属性有 href、name、target、title 等属性。

（1）href 属性。用于定义链接文件的 url 地址，需要包括协议、主机名、文件路径及文件名。

（2）name 属性。用于定义锚点（Anchor）名称。

（3）target 属性。用于定义链接目标的位置。链接目标窗口的打开方式，见表 2-20。

（4）title 属性。用于定义当鼠标放置在超链接上时显示的文字提示信息。

表 2-20　链接目标窗口的打开方式

属 性 值	描　　述
_parent	将链接的文件载入到父框架并打开网页
_blank	在新窗口中打开链接的文件
_self	默认值，在原有浏览器窗口或框架中打开链接的文件
_top	在整个浏览器窗口中打开链接的文件
new	始终在同一个新浏览器窗口中打开链接的文件

需要注意 target 属性值 new 和 _blank 的区别，取值 new 表示始终在同一新窗口中打开链接的文件，取值 _blank 表示每点击一次超链接就打开一个新窗口。

2. 超链接创建方式

按照路径的不同，网页中的超链接可以分为内部链接、锚点链接、外部链接。按照使用对象的不同，网页中的链接可以分为文本链接、图像链接、e-mail 链接、锚点链接、空链接及脚本链接等。

（1）指向站点内文件的链接。对于同一个站点内文件之间的链接，通常采用相对路径进行设置。例如：

```
<a href="aa.html">介绍</a>
```

相对链接地址主要有同级目录、同级子目录、父级目录、父级子目录中文件的链接等情况。

（2）指向其他网站文件的链接。网站中通常会设置"友情链接""相关内容"等栏目，便于用户访问其他网站。例如：

```
<a href="https://www.sina.com.cn">友情链接</a>
```

说明： 指向其他网站文件的链接时，href 属性中 url 需要设置完整的路径，包含协议、主机名、文件路径及文件名。

（3）指向电子邮件的链接。网站中通常会设有"联系我们"的链接，便于用户及时与网站管理员进行沟通与联系。创建指向电子邮件的链接通常采用 mailto 行为提交到电子邮件。例如：

```
<a href="mailto:wujia22@163.com">联系我们</a>
```

单击电子邮件链接时，会启动电子邮件程序并打开一个新邮件，在"收件人"栏中预先填入该电子邮件地址。

（4）空链接。空链接是指无目标端点的链接，可用于向页面中的对象或文本添加行为。创建空链接主要是设置 href 属性为"#"。例如：

```
<a href="#">单击我</a>
```

（5）脚本链接。执行 JavaScript 代码或调用 JavaScript 函数。脚本链接能在不离开当前 Web 页面的情况下为访问者提供某些附加信息，或在单击特定项时完成某些处理任务，如验证表单、关闭当前浏览器窗口等。例如，关闭当前浏览器窗口的脚本链接语句为

```
<a href="javascript:void(0);" onclick="window.opener=null;window.
open('','_self'); window.close();">关闭窗口</a>
```

3. 锚点链接

利用锚点链接可以创建到网页特定位置的链接，点击后可以跳转到当前网页或其他网页中的某一指定位置，以便于用户快速访问相关的内容。例如：一个较长页面的全部内容不能在浏览器窗口中满屏显示时，需要不断地拖动滚动条才能浏览到更多的内容，这给浏

览带来不便，此时可以使用指向页内的超链接进行跳转，以便于浏览信息内容。

（1）网页中比较常见的锚点链接主要有以下情况：

1）位于较长页面底部的返回顶端链接。

2）在当前页面中跳转到各相关章节的目录列表。

（2）创建到命名锚点链接的过程可分为两步：创建锚点和设置锚点链接。

1）创建锚点。在页面中的特定位置设置一个目标点——锚点，使用 a 标记的 name 属性或 id 属性命名锚点名称，以便链接锚点时进行引用。语法结构为

```
<a name=" 锚点名称 " id=" 锚点名称 "></a>
```

name 或 id 是两个通用属性，绝大多数元素都可以包含二者。HTML4.0 版本之前主要使用 name 属性，HTML4.0 版本才开始使用 id 属性，HTML5 推出后更是建议使用 id 属性创建锚点。

2）设置锚点链接。设置指向目标点——锚点的超链接，主要使用 a 标记中的 href 属性设置锚点的超链接，注意锚点名称前需要加"#"。语法结构为

```
<a href="# 锚点名称 "> 链接 1</a>
```

除了可以链接到当前网页中的锚点，还可以链接到其他网页中的锚点，此时 href 属性的设置格式为"文件路径 + 文件名 +# 锚点名称"。例如：

```
<a href="pages/new.html#hy1"> 链接 2</a>
```

典型案例 2-17：锚点链接的应用

"动物天地"网站的动物趣闻页面，内容比较长，为了便于浏览内容，在网页中就应用了锚点链接。

```
<!doctype html>

<html>

<head>

<meta charset="utf-8">

<title> 动物趣闻 </title>

</head>

<body>

<h2 align="center"><a name="mj3"></a> 动物趣闻 </h2>
```

```
<p align="center"><a href="#mj1"> 猫 咪 趣 闻 </a>  <a
href="#mj2"> 狗狗趣闻 </a></p>

<hr size="2" color="#339900" width="100%">

<p><a name="mj1"></a> 猫咪  <a href="#mj3"> 返回顶部 </a>
</P>
```

<p> 猫咪们表达爱的方式很有趣，有许多简单直接的大家比较了解，比如在人的腿上蹭来蹭去，但有的方式非常荒唐可笑，像我们今天介绍的这几种示爱方式吧，就非常让人摸不着头脑。因为主人的不解，在有的家庭里还引发过主人对猫咪的误会，让人与猫的关系陷入僵局。</p>

<p>......</p>

<p> 虽然数落了嘎嘎的种种恶习，但我最想说的还是——家有恶猫，无怨无悔！</p>

```
<p><a name="mj2"></a> 狗狗  <a href="#mj3"> 返回顶部 </a>
</p>
```

<p> 我们家的臭皮，最近不知为什么，对大镜子产生了兴趣——其实之前我也曾有意带它到镜子前，它好像一点反应都没有的，现在不知道是哪根筋搭错了，每天晚上跑到卧室里来，蹲在大衣柜的镜子前，偷窥镜子里的我。</p>

<p>......</p>

<p> 搞不懂，镜子外的主人手里的食物唾手可得，为什么它就偏偏死盯着镜子里面呢？</p>

```
</body>

</html>
```

分析： 本例中使用 a 标记的 name 属性分别在"猫咪""狗狗"和第一行"动物趣闻"3 处创建锚点，锚点名称分别为"mj1""mj2"和"mj3"。然后使用超链接 a 标记的 href 属性设置锚点链接，将文本"猫咪趣闻"链接到锚点"mj1"，"狗狗趣闻"链接到锚点"mj2"，"返回顶部"链接到锚点"mj3"。

动物趣闻页面预览效果如图 2-26 所示。单击"狗狗趣闻"链接跳转到页面中的"狗狗"锚点处，再单击后面的"返回顶部"链接，即返回到"动物趣闻"锚点处；单击"猫咪趣闻"链接跳转到页面中的"猫咪"锚点处，再单击后面的"返回顶部"链接就会返回到"动物趣闻"锚点处。

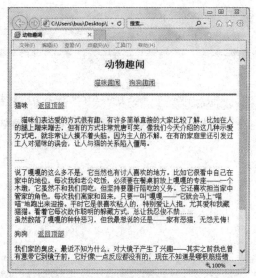

图 2-26　锚点链接应用

说明： 锚点名称最好使用字母和数字，不能使用空格，且不建议以数字开头；同一文档中的锚点名称是唯一的；锚点名称区分大小写；若要链接到其他网页中的命名锚点，可以先创建到该网页中的链接，然后在其后输入"#"和锚点名称。

4. 超链接状态

超链接有 a:link、a:visited、a:hover 和 a:active 4 个状态。

（1）a:link 状态。用于定义超链接的普通状态。

（2）a:visited 状态。用于定义已访问过的链接状态。

（3）a:hover 状态。用于定义将鼠标置于超链接之上的状态，又称为悬停状态。

（4）a:active 状态。用于定义超链接即将点击时的状态，又称为激活状态。

使用 CSS 定义超链接各状态的样式时，需要遵循 LVHA 的顺序，即设置的顺序是 link（普通状态）、visited（已访问过的状态）、hover（悬停状态）、active（激活状态）。

拓展案例2-14
设置超链接状态
的样式

案　例　分　析

二、创建及应用框架

在浏览器窗口中含有独立的子窗口称为框架，可以在浏览器窗口中使用 iframe 标记嵌入子窗口。例如：在"动物天地"网站的动物知识页面 zhishi.html 中应用框架标记，左侧为链接栏目，右侧为主要内容区域，在主要内容区域中插入 iframe 框架标记，单击左侧的链接栏目，链接的内容将在右侧主要内容区显示，预览效果如图 2-27 所示。

拓展案例2-15
"动物天地"
网站中 zhishi.
html 页面源文件

案　例　分　析

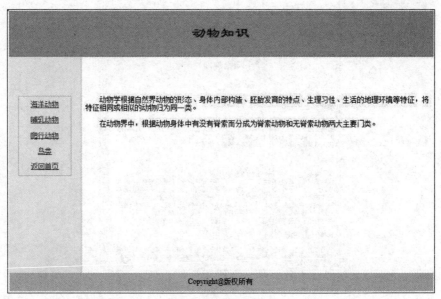

图 2-27　动物知识页面

1. iframe 标记

iframe 框架标记是双标记，可以将其他网页无缝地嵌入到当前网页中，既可以是网站内部其他页面的内容，也可以用于引用站外的网页，常用于 CMS（Content Management System）内容管理系统、RTE（Rich Text Editor）富文本编辑器等场景。iframe 框架标记的语法结构为

```
<iframe src="url" name=" 框架名称 " width=" 像素值 " height=" 像素值 " frameborder="0\1" align="left\right\top\middle\bottom" marginwidth=" 像素值 " scrolling="auto\yes\no"></iframe>
```

iframe 框架标记的常用属性及其描述，见表 2-21。

表 2-21　iframe 标记常用属性及其描述

属　　性	描　　述
src	定义框架中要加载文件的 url 地址
name	定义框架的名称，是链接标记 target 属性所要的参数
align	定义框架的对齐方式，取值是 left、right、top、middle、bottom 等
width、height	定义框架的宽度和高度
marginwidth、marginheight	定义内容与框架左右或上下边缘的距离
frameborder	定义框架是否显示边框，0 表示不显示边框，1 表示显示边框
scrolling	定义框架是否显示滚动条，auto 表示根据内容自动出现滚动条，yes 表示有滚动条，no 表示没有滚动条

2.iframe 标记应用

iframe 标记常用于在网页中局部显示其他网页的内容，既可以是站点外的网页，也可以是站点内的网页。可以通过 scrolling 属性来设置框架是否显示滚动条。

（1）在当前网页中显示站点外的网页。

典型案例 2-18：插入天气预报

```
<!doctype html>
<html>
<head>
<meta charset="utf-8">
<title> 插入天气预报 </title>
</head>
<body>
<iframe width="300" scrolling="no" height="70" frameborder="0"
allowtransparency="true" align="middle" src="http://www.tianqi.
com//i.tianqi.com/index.php?c=code&id=2&bdc=%23&icon=1&num=1&si
te=12">
</iframe>
</body>
</html>
```

分析：本例中使用 iframe 标记将站点外部的页面内容嵌入到网页中，iframe 元素设置的是天气网（http://www.tianqi.com/plugin/）中所选天气预报样式的内容，预览效果如图 2-28 所示。

图 2-28　在网页中插入天气预报

（2）在当前网页中显示站点内部的网页。

典型案例 2-19：插入滚动图像效果

典型案例 2-19

视 频 讲 解

```html
<!doctype html>
<html>
<head>
<meta charset="utf-8">
<title> 插入滚动图像效果 </title>
<style>
img{
    width:200px;
    height:160px;
    border:2px solid #f2f2f2;
}
div{
    width:820px;
    margin:auto;
}
</style>
</head>
<body>
<div>
    <iframe src="pages/tupiangundong.html" width="820"
height="162" align="middle" frameborder="0" scrolling="no">
    </iframe>
</div>
</body>
</html>
```

分析： 本例中使用 iframe 标记嵌入站点内部的页面文件 tupiangundong.html，文件 tupiangundong.html 放置在与当前编辑页面同级的 pages 文件夹内。使用 CSS 样式定义图像的宽度、高度和边框样式，以及 div 元素的宽度和水平居中样式，预览效果如图 2-29 所示。

图 2-29　在首页中插入站内文件

说明： 应用 iframe 标记时会带来一些问题，如 iframe 标记创建元素要比一般的文档对象模型元素慢，iframe 标记会阻塞页面的加载，对 SEO 搜索引擎优化不友好，有的浏览器设置将 iframe 标记当做广告而屏蔽掉等。

▶ 任务 2.2.4　应用表格和表单

本任务中，我们将学习在网页中设置表格、表单的方法。其中，创建及应用表格主要包括表格的基本结构、表格标记、表格嵌套等，创建及应用表单主要包括表单结构、form 标记、input 标记、textarea 标记、select 标记和其他表单标记等。

一、创建及应用表格

表格在网页中应用得比较广泛，不仅可以清晰地显示内容，同时还能加强文本位置的控制，直观清晰，还可以方便灵活地排版。

1. 表格的基本结构

表格的直观印象就是由多个单元格（Cell）整齐排列而成，可以明确地看出行（Row）和列（Column），这可以联想到我们经常使用的 Excel 表格。使用表格显示信息条理清晰，容易使浏览者一目了然。表格在网页中还有协助布局的作用，可以将文字、图像等组织到表格的不同行列中。

图 2-30 为一个 3 行 2 列表格的源文件及其预览效果之间的对应关系，左侧是源文件，右侧是预览效果。在 HTML 中，所有的表格内容均包含在起始标记 <table> 和结束标记 </table> 之间；对应表格中的行使用 tr 标记进行定义；每行中包含多个列，使用 td 或 th 标记进行定义。

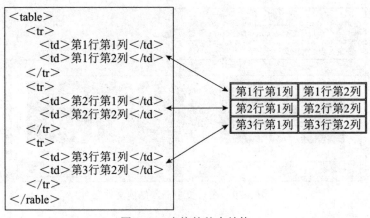

图 2-30　表格的基本结构

2. 表格标记

（1）table 标记。双标记，是容器标记，用于声明表格，而且其他表格标记只能在其范围内才能使用。table 标记常用的属性及其描述，见表 2-22。

表 2-22　table 标记常用的属性及其描述

属　　性	描　　述
bgcolor	定义表格的背景颜色，取值是 16 进制数、rgb 代码或颜色英文名称
background	定义表格的背景图像，路径可以是相对路径或绝对路径
align	定义表格在页面中的相对位置，取值是 center、left、right 等
border	定义表格边框的粗细，取值是整数（单位是 px），默认值为 0
bordercolor	定义表格边框的颜色，取值是 16 进制数、rgb 代码或颜色英文名称
width、height	定义表格的宽度、高度，取值是整数（单位是 px）或百分比
cellspacing	定义表格单元格之间的间隔，取值是整数（单位是 px）
cellpadding	定义表格单元格的内容与内部边框之间的距离，取值是整数（单位是 px）

（2）tr、th、td 标记。都是双标记，tr 标记用于定义表格中的行，th 标记用于定义表头行的单元格，td 标记用于定义表格中的各列。

1）td 标记和 th 标记都是单元格标记，需要嵌套在 tr 标记内。

2）th 标记是表头标记，通常位于表格的首行或首列，用于对表格中单元格的内容进行说明。th 标记中的内容默认居中、加粗显示。

3）td 标记用于定义表格中的标准单元格，每一行 td 标记的数目等于表格的列数（无单元格合并的情况下）。td 标记中内容不自动居中、加粗显示。

一个表格中可以插入多个 tr 标记，表示多行；一行中可以有多个 td 标记，表示多列（单元格），单元格中的内容可以是文字、数据、图像、超链接、表单控件等。tr、th 和 td 标记常用的属性及其描述，见表 2-23。

表 2-23 tr、th 和 td 标记常用的属性及其描述

属　　性	描　　述
bgcolor	定义单元格的背景颜色，取值是 16 进制数、rgb 代码或颜色英文名称
background	定义单元格的背景图像
align	定义单元格水平对齐方式，取值是 center、left、right 等
valign	定义单元格垂直对齐方式，取值是 middle、top、bottom 等
border	定义单元格边框的粗细，取值是整数（单位是 px），默认值为 0
bordercolor	定义单元格边框的颜色，取值是 16 进制数、rgb 代码或颜色英文名称
width、height	定义单元格的宽度、高度，取值是整数（单位是 px）
colspan	定义单元格横向跨越的列数
rowspan	定义单元格纵向跨越的行数

在 HTML 中，通过单元格标记中的 rowspan 属性和 colspan 属性定义相应的单元格跨越多行或跨越多列的效果，如图 2-31 所示。图中第一个单元格横向跨越 2 列，第二个单元格纵向跨越 2 行，第六个单元格横向跨越 2 列。

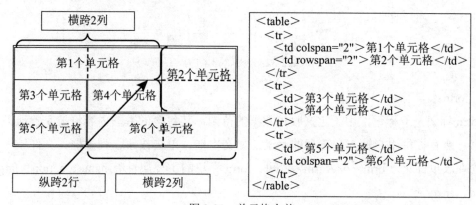

图 2-31 单元格合并

（3）caption 标记。双标记，用于为表格添加标题。默认情况下，标题位于表格的上方。caption 标记一般位于表格起始标记 <table> 之后，第一个行 <tr> 标记之前。caption 元素是 table 元素的子对象。

3. 表格嵌套

利用表格嵌套可以设计比较复杂的页面效果。通常情况下，在表格的单元格中嵌套表格，表格嵌套的层级不宜过多，否则会降低网站访问的速度。

二、创建及应用表单

表单是浏览器端和服务器端交互的主要方式之一，是网页中提供给用户通过浏览器输入或者

113

选择信息的区域，如通过百度查询信息、登录网易邮箱等。当用户填写完信息并提交表单后，表单上的内容就从客户端的浏览器传送到服务器端，经过服务器上的程序处理后，再将用户所需要的信息传送到客户端的浏览器上，这样网页就具有了交互功能。

1. 表单结构

图 2-32 为一个表单的源文件及其预览效果的对应关系。所有的表单控件都放置在 <form>…</form> 标记之间，表单控件的类型主要有单行文本框、密码框、单选按钮、下拉菜单、复选框、文件域、多行文本框、按钮等，可以使用 input、textarea、select 等标记设置各类表单控件。

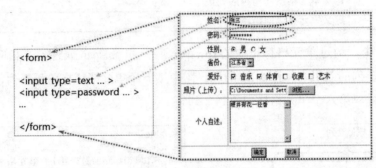

图 2-32 表单基本结构

2. form 表单标记

form 标记是双标记，用于定义收集数据的范围，其包含的数据内容将被完整地提交到服务器。所有提供用户输入和选择的元素，如文本框、单选按钮、列表框、文件域等，都应包含在表单标记 <form>…</form> 之间。form 标记的主要属性有 name、action、target、method、enctype 等。

（1）id 和 name 属性。用于定义表单的名称。id 属性用于唯一标识页面中的 form 元素，id 属性值在文档中是唯一的。name 属性常用于 HTML 5 之前定义表单的名称，自 HTML 5 之后开始用 id 属性，取值也应该是唯一的。

（2）action 属性。用于定义提交表单数据后，服务器端调用什么程序对这些数据进行处理。通常，action 属性值是个地址，即表单收集到的信息将要被传递的地址。

（3）method 属性。用于定义提交表单数据时的方法，可以使用 post 和 get 方法进行提交。

post 方法：将提交的表单数据以操作系统的标准输入形式传输到服务器。

get 方法：将表单数据附加在 action 属性指定的 url 后面，从而以操作系统的环境变量或命令行参数的形式传输到服务器。表单数据与 url 之间使用问号分隔，问号之后是各表单空间的"名称/值"对，"名称/值"对之间使用 & 符号分隔。

```
<form name="form1" action="info.aspx?user_name=john&psd=123" method="post" enctype="multipart/form-data"></form>
```

（4）target 属性。用于定义服务器端处理完表单数据后，在哪个窗口中向浏览器端返回处理结果。如在新窗口中处理表单，可设置 target="_blank"。

（5）enctype 属性。用于定义表单数据在发送到服务器之前应该如何编码，enctype 属性值及其描述，见表 2-24。一般情况下，只有在表单允许用户向服务器上传文件（如图像）或在用户有可能使用非 ASCII 字符时，才需要使用 enctype 属性。

表 2-24　enctype 属性值及其描述

属　　性	描　　述
application/x-www-form-urlencoded	在发送前编码所有字符（默认值）
multipart/form-data	不对字符编码。在使用包含文件上传控件的表单时，需要使用该属性值
text/plain	纯文本的传输。空格转换为"+"加号，但不对特殊字符编码

说明：application/x-www-form-urlencoded 为 enctype 属性值的默认值，不能用于上传文本文件；而使用 multipart/form-data 可以上传多种类型的文件，既可以发送文本数据，也支持二进制数据上传。

拓展案例2-18
form 表单标记的应用

案 例 分 析

3. input 输入标记

表单的主要功能是为用户提供输入信息的接口，将输入信息发送到服务器并等待服务器响应。用户输入数据时使用的文本框、单选按钮、列表框、多行文本框、复选框等都是使用 input 标记创建的。input 标记只有放置在 form 标记中，数据才会被传送给服务器；如果 input 标记未放置在 form 标记中，则其只具有显示功能。input 标记是单标记，语法结构为

```
<input name=" 名称 " type=" 属性值 " ……>
```

其中，name 属性用于定义控件的名称；type 属性用于定义输入控件的类型，type 属性值及其含义，见表 2-25。

表 2-25　type 属性值及其含义

type 属性值	含　　义	type 属性值	含　　义
text	文本框	date	日期（年月日）
password	密码框	datetime	日期＋时间
radio	单选按钮	month	年＋月
checkbox	复选框	week	年＋周
submit	提交按钮	tel	电话
reset	重置按钮	time	时间
button	普通按钮	email	邮箱地址

续表

type 属性值	含 义	type 属性值	含 义
image	图像按钮	number	数字
file	文件域	range	范围
hidden	隐藏域	search	搜索文本
color	颜色框	url	url 文本

（1）文本框。type="text" 可以在表单中插入一个单行文本框，其中可以输入任意类型的数据，但是输入的数据只能单行显示，不能换行，默认宽度为 20 个字符。例如：

```
<input type="text" name="username" value="张三" maxlength="30"
size="20" readonly>
```

单行文本框的主要属性有 name、value、maxlength、size、readonly 等，各属性及其描述，见表 2-26。

表 2-26　单行文本框属性及其描述

属　　性	描　　述
name	定义表单控件的名称，为必选属性。使用该名称服务器端程序（或者客户端脚本程序）能够唯一获取用户在相应表单控件上所输入或者选择的数据
value	定义文本框的默认值
maxlength	定义文本框中可输入字符的最大长度
size	定义文本框的宽度，以字符为单位，其值小于或等于 maxlength 值
readonly	定义文本框中的内容为只读，不能修改和编辑
placeholder	定义文本框的输入提示信息
required	定义文本框中必须输入内容
autocomplete	定义文本框是否让浏览器自动记录之前输入的信息。on 表示输入的内容可以安全保存及预填写，off 表示不保存文本框中输入的内容

（2）密码框。type="password" 可以在表单中插入一个密码输入框，其中可以输入任意类型的数据，但是输入的数据不显示在页面上，而是被"·"字符所取代，从而可以保护用户输入的密码不被泄露。

密码输入框的主要属性有 name、value、maxlength、size 等，各属性的作用与单行文本框的作用基本一致。

典型案例 2-20：单行文本框及密码输入框

```
<!doctype html>
<html>
<head>
<meta charset="utf-8">
```

典型案例 2-20

视 频 讲 解

```
<title> 单行文本框及密码输入框 </title>
</head>
<body>
<form name="form1" action="info.html" method="post">
    姓名： <input type="text" name="username" placeholder=" 此处
输入您的真实姓名 " required><br><br>
    密 码： <input type="password" name="psw" size="21" value="
123456"><br><br>
    <input type="submit" value=" 提交 ">
</form>
</body>
</html>
```

分析： 本例中的表单包含文本输入框、密码输入框和提交按钮 3 个控件。在"姓名"文本输入框中设置 placeholder 属性，预览效果如图 2-33 所示，当文本输入框处于未输入状态且未获取光标焦点时，模糊显示输入提示信息，而不是真正输入文本框中的内容；为"姓名"文本输入框设置 required 属性，如果文本框内容为空，则不允许提交，同时在浏览器中弹出提示信息，预览效果如图 2-34 所示。密码输入框中设置 value="123456"，预览时密码输入框将显示 6 个"."字符。

图 2-33　placeholder 属性使用效果

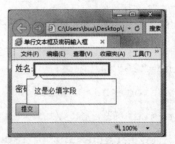
图 2-34　required 属性使用效果

（3）单选按钮。type="radio" 可以在表单中插入一个单选按钮控件，单选按钮适用于从多个选项中只选择一项的情况。单选按钮的主要属性有 name、value、checked 等属性。

1）name 属性：用于定义单选按钮的名称。

2）value 属性：用于定义单选按钮的值。

3）checked 属性：用于定义初始预选的单选按钮。

例如：

```
<input type="radio" name="gender" value="1" checked>
```

由于一组单选按钮中只能选择一个单选选项，所以该组单选按钮的 name 属性值应该是相同的，但它们的 value 属性值不同。

（4）复选框。type="checkbox" 可以在表单中插入一个复选框控件，复选框适用于选择多个选项的情况。复选框主要有 name、value、checked 等属性（属性的作用基本与单选按钮的相同）。例如：

```
<input type="checkbox" name="ckb" value="1" checked>
```

多个复选框的名称相同，可作为复选框组使用，同组中可以有多个复选框同时被选中。复选框也可单独出现，此时每个复选框都有自己的名称。

典型案例 2-21：单选按钮和复选框

```
<!doctype html>
<html>
<head>
<meta charset="utf-8">
<title> 单选按钮和复选框 </title>
</style>
</head>
<body>
<form action="" method="post" name="form1">
<table width="400" border="1" bordecolor="#FF6666"
cellpadding="20">
    <caption><h3> 调查表 </h3></caption>
    <tr><td> 姓 名 </td><td><input type="text" name="username"
size="30" maxlength="20" placeholder=" 此处请输入用户名 " required>
</td></tr>
    <tr><td> 性别 </td><td>
        <input type="radio" name="gender" value="male"> 男
        <input type="radio" name="gender" value="female"
checked> 女 </td></tr>
    <tr><td> 爱好 </td><td>
        <input type="checkbox" name="hobby" value=" 音乐 "> 音乐
        <input type="checkbox" name="hobby" value=" 体育 "> 体育
```

```
        <input type="checkbox" name="hobby" value=" 阅读 "> 阅读
        <input type="checkbox" name="hobby" value=" 旅游 "> 旅游
</td></tr>
     <tr><td colspan="2"><input type="submit" value=" 确定 " name=
"btn"></td></tr>
    </table>
    </form>
    </body>
    </html>
```

分析: 本例的表单使用 type="radio" 插入 2 个单选按钮,name 属性均设置为"gender",value 属性值分别为"male"和"female",并设置"女"单选按钮为初始选项。表单中还使用 type="checkbox" 插入 4 个复选框作为复选框组,name 属性均设置为"hobby",value 属性值分别为"音乐""体育""阅读"和"旅游",如图 2-35 所示。

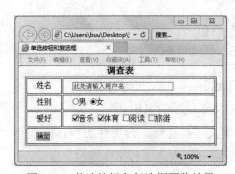

图 2-35　单选按钮和复选框预览效果

（5）按钮。表单中的按钮有多种类型,如提交按钮、重置按钮、普通按钮和图像按钮等。

1）type="submit" 创建提交按钮。当提交按钮被点击后,用户在浏览器端输入的数据就被传输到服务器。例如:

```
<input type="submit" name="sbt" value=" 提交 ">
```

提交按钮上有默认的显示文本,可通过 value 属性设置新的显示信息。

2）type="reset" 创建重置按钮。当重置按钮被点击后,用户在浏览器端输入的数据会恢复到最初状态。例如:

```
<input type="reset" name="rst" value=" 重置 ">
```

重置按钮上有默认的显示文本,可通过 value 属性设置新的显示信息。

3）type="button" 创建普通按钮。普通按钮需要与具体的事件结合从而对用户输入的内容进行处理。例如：

```
<input type="button" name="btn" value=" 返回首页 ">
```

普通按钮上无默认的显示文本，需要使用 value 属性设置显示信息。

4）type="image" 创建图像按钮。图像按钮被单击后会提交表单数据，主要有 src、alt、width、height 等属性，用于设置图像的 url 地址、替换文本、宽度和高度等。例如：

```
<input type="image" name="img" src="images/11.jpg" alt=" 小猫图片 " width="100" height="75">
```

图像按钮如果提供了 name 属性，在单击图像按钮后，发送的"名称 / 值"对中的"值"是用户单击图像按钮时的 x 及 y 坐标。

（6）文件域。type="file" 可以在表单中插入一个文件选择框和"浏览"按钮（具体效果由不同的浏览器决定），实现将文件上传到服务器的功能。例如：

```
<input type="file" name="fup" accept="application/pdf" multiple>
```

文件域主要有 name、multiple、accept 等属性。

1）name 属性：用于定义文件域的名称。

2）accept 属性：用于定义可被选择上传文件的 MIME 类型。

3）multiple 属性：用于定义一次可上传多个文件。

说明：使用文件域上传文件时，需要设置 form 元素的 method="post" 和 enctype="multipart/form-data"，否则无法实现文件上传功能。

（7）隐藏域。type="hidden" 可以在表单中插入一个隐藏域。例如：

```
<input type="hidden" name="username" value="aaa">
```

用户在浏览器中看不到隐藏域的内容。隐藏域主要有 name、value 等属性，用于定义隐藏域的名称、取值。提交表单时，隐藏域中的信息将以"名称 / 值"对的形式发送到服务器。

虽然浏览网页时隐藏域的内容不可见，但是如果用户查看页面的源文件，还是可以从代码中看到相关信息。因此，对于那些比较敏感的信息一般不建议采用隐藏域。

（8）日期和时间。HTML5 新增了用于选取日期和时间的表单控件 date、datetime、datetime–local、month、week、time，分别用于选择日期、日期 + 时间（UTC 时间）、日

期 + 时间（本地时间）、月、星期和时间。

1）type="date" 创建选择日期（年、月、日）的表单控件。例如：

```
<input type="date" name="date1" value="2019-11-28">
```

value 属性用于设置日期的初始值，预览效果如图 2-36 所示。

说明： IE 和 Firefox 浏览器不支持 type="date"。

图 2-36　date 类型日期图

2）type="datetime" 创建选择日期 + 时间的表单控件。例如：

```
<input type="datetime" name="date2" value="2019-10-11:12:07:
53">
```

value 属性用于设置日期和时间的初始值，格式是 yyyy-mm-dd:hh:mm。

说明： IE、Firefox 浏览器均不支持 type="datetime"，Opera 浏览器支持 type="datetime"。

3）type="datetime-local" 创建选择日期 + 时间的表单控件。例如：

```
<input type="datetime-local" name="date3" value="2019-10-11
T12:07:53">
```

value 属性用于设置日期 + 时间的初始值，格式是 yyyy-mm-ddThh:mm，预览效果如图 2-37 所示。

图 2-37　datetime-local 类型日期

说明： IE 和 Firefox 浏览器不支持 type="datetime-local"。

4）type="month" 创建选择年份和月份的表单控件。例如：

```
<input type="month" name="date4" value="2019-10">
```

value 属性设置年份和月份的初始值为 2019 年 10 月，预览效果如图 2-38 所示。

说明： IE 和 Firefox 浏览器不支持 type="month"。

图 2-38　month 类型日期

5）type="week" 创建选择年份和周次的表单控件。例如：

```
<input type="week" name="date5" value="2019-W36">
```

value 属性设置年份和周次的初始值为 2019 年第 36 周，预览效果如图 2-39 所示。

说明： IE 和 Firefox 浏览器不支持 type="week"。

图 2-39　week 类型日期

6）type="time" 创建选择时间的表单控件。例如：

```
<input type="time" name="date6" value="13:11:10">
```

value 属性用于设置时间的初始值，即使在初始值中设置了秒，在调整时间时，秒的值也是不能修改的。

说明： IE 和 Firefox 浏览器不支持 type="time"。

所有主流浏览器都支持 type 属性，但是并非所有主流浏览器都支持所有不同的 input 类型。

（9）颜色框。type="color" 可以在表单中插入一个用于设置颜色的文本框。通过单击文本框，可以快速打开颜色面板以便用户可视化地选择颜色。例如：

<input type="color" name="color1" value="#F00">

value 属性设置颜色的初始值为 "#F00" 红色。单击色块按钮可以打开 "颜色 " 面板选择其他颜色，如图 2-40 所示。

说明： IE 和 Firefox 浏览器不支持 type="color"，Opera 浏览器支持 type="color"。

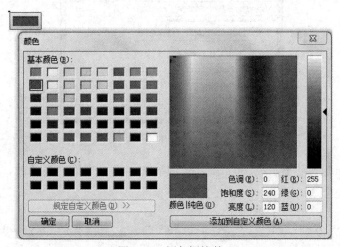

图 2-40 颜色框控件

（10）数字滑块。type="range" 可以在表单中插入一个包含指定范围内数字值的输入框，显示形式为滑块，通过拖动滑块可以改变数值的大小。例如：

```
<input type="range" name="sl" value="2" min="0" max="30"
step="2">
```

数字滑块主要有 name、value、min、max、step 等属性。语句中的 value 属性用于设置数字滑块的初始值为 2，min 和 max 属性用于设置限制值的范围为 0 ～ 30，step 属性用于设置步长大小为 2，预览效果如图 2-41 所示。

图 2-41 数字滑块控件

（11）其他特殊的文本框。HTML5 新增了 email、number、url、search、tel 等特殊文本框，使用简单方便。

1）type="email" 创建一个专门用于输入 email 地址的文本输入框。当提交表单时，会自动验证输入值是否是有效的 email 地址。例如：

```
<input type="email" name="e-mail">
```

预览时，如果输入的 email 地址格式不正确，单击"提交"按钮就会弹出错误提示信息，如图 2-42 所示。

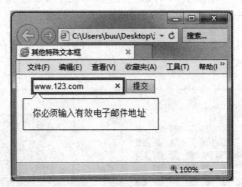

图 2-42　email 格式错误提示

2）type="number" 创建一个用于输入数值的文本框。当提交表单时，会自动验证输入值是否有效。例如：

```
<input type="number" name="sl" value="5" min="0" max="50"
step="5">
```

数值文本框主要有 name、value、min、max、step 等属性。value 属性用于设置数值文本框的初始值为 5，min 和 max 属性用于设置限制值的范围为 0 ~ 50，step 属性用于设置步长大小为 5。如果输入的数值不符合要求，17 不是 5 的倍数，则会弹出错误提示。

说明：Firefox 浏览器不支持 type="number"。

3）url 地址。type="url" 创建一个用于输入 url 地址的文本框。当提交表单时，会自动验证输入的 url 地址格式是否有效。例如：

```
<input type="url" name="wz">
```

如果输入的 url 地址格式错误，单击"提交"按钮时则会弹出错误提示。

4）search 搜索框。type="search" 创建一个用于输入搜索关键词的文本框。例如：

```
<input type="search" name="ss" placeholder=" 请输入关键词 ">
```

在搜索框中输入要搜索的关键词后，搜索框右侧会出现一个叉号，单击叉号可以清空已输入的内容，如图 2-43 所示。

图 2-43   search 搜索框

5）tel 电话号码。type="tel" 创建一个用于输入电话号码的文本框。它并不限定只能输入数字，因为电话号码通常还包括其他字符，如 64900008-606。例如：

```
<input type="tel" name="telephone">
```

4. textarea 标记

网站经常需要收集用户的反馈意见或建议，而用户的反馈意见往往比较长，要多于一行，此时单行文本输入框就无法满足要求。HTML 提供 textarea 标记创建多行文本输入框。

textarea 标记是双标记，用于在表单中插入一个多行文本输入框，可以输入多行文本信息，支持换行功能。textarea 标记的语法结构为

```
<textarea name=" 名称 " cols=" 列数 " rows=" 行数 " wrap=" 换行方式 ">
</textarea>
```

textarea 标记主要有 name、cols、rows、wrap 等属性。其主要属性及其描述，见表 2-27。

表 2-27   textarea 标记的主要属性及其描述

属　　性	描　　述
name	定义多行文本框控件的名称，为必选属性。使用该名称服务器端程序（或者客户端脚本程序）能够唯一获取用户在其上所输入或者选择的数据
cols	定义多行文本框每行可输入的最大字符数（宽度）
rows	定义多行文本框的行数（高度）
wrap	定义多行文本框中文本换行的方式。off 不允许换行，virtual 自动换行（文本只在用户按下 Enter 键的地方换行），physical 自动换行

典型案例 2-22：textarea 标记的应用

```
<!doctype html>
<html>
<head>
<meta charset="utf-8">
<title> 多行文本框 </title>
</head>
<body>
<p> 您对本课程的建议: </p>
<form name="form1" action="suggest.aspx" method="post">
    <textarea name="ly" placeholder=" 请您提出宝贵意见 " cols="40"
rows="8" wrap="virtual"></textarea>
    <br><br>
    <input name="btn" type="submit" value=" 提交 ">
</form>
</body>
</html>
```

分析： 本例中的表单包含多行文本输入框和提交按钮 2 个控件，如图 2-44 所示。使用 textarea 标记在表单中插入多行文本输入框，并设置提示信息为"请您提出宝贵意见"、行数为 8、每行可输入的最大字符数为 40、自动换行等属性。

图 2-44　textarea 标记应用

5. select 标记

用户可以使用列表框和下拉列表选择信息，通常使用 select 标记创建列表框和下拉列表。

（1）select 标记及属性。select 标记是双标记，用于创建下拉列表，主要属性有 name、size、multiple 等。select 标记的主要属性及其描述，见表 2-28。

（2）option 标记及属性。下拉列表中的每个选项使用 option 标记进行定义，option 标记是双标记，主要有 value、selected 等属性。option 标记的主要属性及其描述，见表 2-28。

表 2-28　select 标记和 option 标记的主要属性及其描述

标 记 名 称	属　　性	描　　述
select	name	定义 select 表单控件的名称
	size	定义下拉列表中可见选项的行数
	multiple	定义可否选择多个选项（multiple 是布尔属性）
option	value	定义选项被选中后向服务器端传送的值
	selected	定义预选的列表选项（selected 是布尔属性）

option 标记需要与 select 标记配合使用，每个选项需要指定一个显示文本和一个 value 属性值，提交表单时所选选项的 value 属性值将被传送到服务器端。

典型案例 2-23：select 标记的应用——下拉列表

典型案例2-23

视 频 讲 解

```
<!doctype html>
<html>
<head>
<meta charset="utf-8">
<title> 下拉列表 </title>
</head>
<body>
<p> 选择省市 </p>
<form name="form1" action="" method="post">
    <select name="province" size="1">
        <option value="1"> 北京市 </option>
        <option value="2" selected> 上海市 </option>
        <option value="3"> 江苏省 </option>
        <option value="4"> 湖北省 </option>
        <option value="5"> 湖南省 </option>
        <option value="6"> 浙江省 </option>
        <option value="7"> 江西省 </option>
        <option value="8"> 广东省 </option>
    </select>
```

```
    <br><br>
    <input name="btn" type="submit" value=" 提交 ">
</form>
</body>
</html>
```

分析：本例中使用 select 和 option 标记创建下拉列表，共有 8 个选项，可见选项的数目为 1，默认选项是"上海市"；value 属性值为某个选项选定后将发送到服务器的值。如图 2-45 所示，开始预览时下拉列表中只显示"上海市"一个可见选项，单击下拉列表框右侧的向下箭头，会列出所有选项内容，使用 option 标记定义选项内容。

图 2-45　select 标记应用——下拉列表

拓展案例 2-20
select 标记的应用——列表框

（3）optgroup 标记及属性。如果一个下拉列表的选项比较多，则可以使用 optgroup 标记对选项进行分组，其中包含需要归入同一组中的元素。optgroup 标记的主要属性是 label 属性，其属性值就是选项分组的标题。

典型案例 2-24：optgroup 标记的应用

```
<!doctype html>
<html>
<head>
<meta charset="utf-8">
<title>optgroup 标记 </title>
</head>
<body>
<p> 职称: </p>
<form name="form1" action="" method="post">
```

典型案例 2-24

```
    <select name="zhicheng" size="1">
        <optgroup label=" 教师系列 ">
            <option value=" 教授 "> 教授 </option>
            <option value=" 副教授 "> 副教授 </option>
            <option value=" 讲师 "> 讲师 </option>
            <option value=" 助教 "> 助教 </option>
        </optgroup>
        <optgroup label=" 工程系列 ">
            <option value=" 高级工程师 "> 高级工程师 </option>
            <option value=" 工程师 "> 工程师 </option>
            <option value=" 助理工程师 "> 助理工程师 </option>
        </optgroup>
    </select>
    <br><br>
    <input name="btn" type="submit" value=" 提交 ">
</form>
</body>
</html>
```

分析： 通常，职称系列不同，相对应的职称也不同。本例"职称"下拉列表中的 7 个职称选项主要涉及教师和工程 2 个系列。为此使用 2 个 optgroup 元素对下拉列表的选项进行分组，并分别设置 label 属性为"教师系列"和"工程系列"，即选项分组的标题，显示效果如图 2-46 所示。

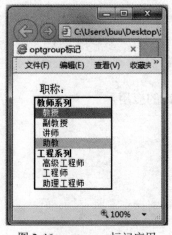

图 2-46　optgroup 标记应用

说明： 不同的浏览器显示 optgroup 元素的效果也不尽相同，图 2-45 所示的是 IE 浏览器中的显示效果。

6.其他表单标记

（1）label 标记。双标记，用于为 input 元素定义标注（标记）。label 标记不会向用户呈现任何特殊效果，主要是方便鼠标点击使用，以增强用户的操作体验。例如：在 label 元素内点击文本就会触发对应的控件。也就是说，当用户选择 label 标记时，浏览器就会自动地将焦点转到和标记相关的表单控件上。

label 标记的属性主要是 for 属性，用于定义将 label 标记与哪个表单控件绑定。 label 标记与特定表单控件的关联方式主要有以下两种。

1）label 标记的 for 属性值与相关表单控件的 id 属性值相同。例如：

```
<input type="radio" name="gender" id="f" value="female">
<label for="f"> 女 </label>
```

2）直接将表单控件放到 label 标记内，此时 label 标记只能包含一个表单控件，如果包含多个表单控件则只对第一个表单控件有效。

```
<label>
    <input type="radio" name="gender" id="f" value="female"> 女
</label>
```

（2）fieldset 标记。双标记，用于定义一个表单控件组，通过将相关联的控件分组，可以把表单分为更小的控件组，更易于管理。fieldset 元素会在表单控件组的四周出现边框，表示这些表单控件是相关联的一组元素。

（3）legend 标记。双标记，用于为 fieldset 标记定义标题，作为表单控件组的标题显示，legend 标记必须出现在 fieldset 标记中。

fieldset 标记需要以 legend 标记开头，以提供表单控件组的标题，在 legend 标记后可以包含任何行内元素或块级元素，甚至可以嵌套 fieldset 元素。

典型案例 2-25：表单辅助标记的应用

```
<!doctype html>
<html>
<head>
<meta charset="utf-8">
<title> 表单辅助标记 </title>
</head>
```

```
<body>
<form name="form1" method="post" action="">
    <fieldset>
        <legend> 个人资料 </legend>
        姓名: <input type="text" name="username" placeholder=" 请输
入用户名 "><br>
        性别: <input type="radio" name="gender" id="m" value="male">
            <label for="m"> 男 </label>
            <input type="radio" name="gender" id="f" value="female">
            <label for="f"> 女 </label><br>
        电话: <input type="tel" name="tel1"><br>
        E-mail: <input type="email" name="email1"><br>
    </fieldset><br>
    <fieldset>
        <legend> 您对本课程的建议 </legend>
        <textarea name="ly" placeholder=" 请 您 提 出 宝 贵 意 见 "
cols="40" rows="8" wrap="virtual"></textarea>
    </fieldset><br>
    <input name="btn" type="submit" value=" 提交 ">
</form>
</body>
</html>
```

分析： 本例中使用 2 个 fieldset 元素将表单控件分为 2 组，每组 fieldset 元素都使用 legend 元素定义控件组标题，以便表单的结构更为清晰。为 "性别" 2 个单选按钮控件添加 label 标记，并设置 for 属性值与其相关表单控件的 id 属性值相同，这样就通过 for 属性实现表单控件的绑定。如图 2-47 所示，表单元素被清晰地分为 "个人资料" 和 "您对本课程的建议" 2 个表单控件组；单击表单中的内容 "女" 时就相当于单击其单选按钮的表单控件。

图 2-47　表单辅助标记的应用

综合应用

在完成本项目学习任务 1 的基础上，对已布局的"动物天地"网站首页进行内容编辑。主要操作过程如下：

1. 在页面顶部区域的 div 元素中输入相应的文字，并分别为"登录""邮箱""网站导航"等信息设置空链接。

2. 在页面 Logo 区域的 div 元素中使用 img 标记插入 Logo 图标；使用 form 标记、input 标记插入搜索框及搜索按钮；再使用 iframe 标记嵌入天气预报页面。

3. 在导航栏 nav 区域使用无序列表插入首页、动物知识、动物图片、动物趣闻、相关调查等主要栏目，并设置相应的超链接。

4. 在 Banner 广告区域使用 img 标记插入 Banner 图片。

5. 在主要内容区分别输入文章内容和相关内容文字，其中标题使用 h2 标记。然后在相关内容 aside 相关内容区插入 5 行 1 列的表格，用于输入动物知识的相关标题内容，并设置相应的链接。

6. 在效果应用区域使用 iframe 标记嵌入滚动图像效果页面，该页面是使用 JavaScript 脚本语言实现图片滚动效果的。

7. 在页脚区域输入版权声明、联系邮箱等信息。

网站首页内容编辑完成后的预览效果如图 2-48 所示，目前我们只完成了内容的填充工作，还没有进行相关样式的设计及应用。后续项目我们将进行创建网站首页样式的任务学习。

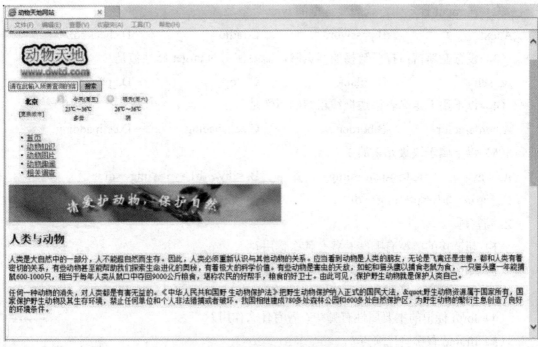

图 2-48　网站首页内容编辑预览效果

学习任务小结

本次任务主要学习了在网页中插入文本、列表、图像、超链接、媒体、表格、表单、框架等元素的方法。着重学习了文本排版及修饰标记，无序、有序、自定义列表标记，img、map、area 图像及热区标记，embed、audio、video 和 source 等媒体标记及应用，a 超链接标记，iframe 框架标记，table、tr、th、td、caption 等表格标记，form、input、textarea、select 等表单标记及其属性的设置方法。运用这些标记可以对网页中的内容进行编辑、排版、布局，丰富网页内容。

技能与训练

1. 选择题

（1）要创建一个 Email 地址的链接，以下句法正确的是（　　）。

A. <a href="mailto:mirror@263.net"> 与我联系 </a>

B. <a href="files:mirror@263.net"> 与我联系 </a>

C. <a href="http:mirror@263.net"> 与我联系 </a>

D. <a href="usenet:mirror@263.net"> 与我联系 </a>

（2）在 input 标记中，代表复选框的 type 类型是（　　）。

A.text　　　　　　　B.password　　　　　　C.radio　　　　　　　D.checkbox

（3）设置在新窗口打开链接的网页时，需要使用的 target 属性值是（　　）。

A._self　　　　　　　B._blank　　　　　　　C._top　　　　　　　D._parent

（4）以下用于定义表格边框线粗细的属性是（　　）。

A.bordercolor　　　　B.border　　　　　　　C.cellspacing　　　　D.cellpadding

（5）以下属于块级元素的是（　　）。

A. <div><p><input><span><img>　　　　　　B. <div><h1><p><img><dl>

C. <span><h1><p><img><dl>　　　　　　　　D. <div><p><form><ul><h1>

2. 简答题

（1）超链接的类型有哪些？各有什么作用？

（2）图像热区有什么作用？如何创建图像热区？

（3）如何创建链接到其他网页中的锚点链接？

（4）form 标记的主要属性有哪些？各有什么作用？

（5）iframe 有哪些优缺点？

（6）label 标记有什么作用？

（7）在 HTML 代码中如何做 SEO？

3. 操作题

在完成本项目学习任务 1 的基础上，对已布局的自建网站首页进行内容编辑。具体要求如下：

（1）页面内容丰富，文字为主、图片为辅，预览效果正确。

（2）使用列表、表格、表单、框架、链接、图像、媒体等标记编辑页面内容。

項目 **3**

创建及应用 Web 样式——CSS3

▌项目分析▐

目前流行的、符合 Web 标准的网页设计模式是将页面内容和外观样式分离，我们已在项目 2 中学习了创建 HTML 文档及编辑 HTML 文档的内容。项目 3 中我们将学习如何使用 CSS 样式进行页面布局定位及美化网页，使得页面具有独特的风格和个性。

CSS 是用于定义网页内容显示样式的一种技术，不仅可以静态地修饰网页，还可以配合各种脚本语言动态地对网页元素进行格式化。CSS 可以将某些规则应用于文档中同一类的元素，从而减少页面设计的工作；CSS 可以灵活定制网页元素风格，方便页面的修改，减少页面的体积，易于统一页面风格。

▌项目分解▐

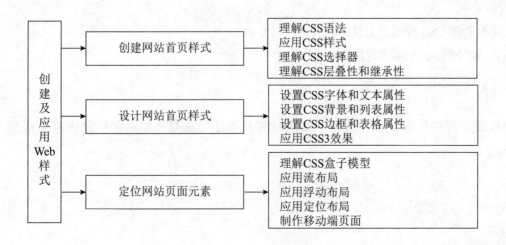

学习任务 1　创建网站首页样式

在 Web 前端设计技术中，CSS 层叠样式表主要用于对网页进行修饰。CSS 扩充了 HTML 标记的属性设置，使得页面的表现效果更加灵活；在网页中，可以使用外部样式表，也可以将样式嵌入到网页头部区域中，还可以在标记内应用样式；CSS 提供了丰富的选择器，主要包括基本选择器和复合选择器；同一标记定义了不同的 CSS 样式，当定义的规则发生冲突时，优先应用优先级较高的选择器定义的样式。掌握 CSS 样式的基本结构及各类选择器的用法是使用 CSS 美化网页的基础，本学习任务中，我们将学习 CSS 样式创建及应用的相关知识和操作，学习任务完成后，应创建好"动物天地"网站首页的样式并进行正确应用。

学习目标

知识目标

1. 能够解释 CSS 外部样式表、层叠性、继承性等的含义。

2. 能够知晓 CSS 样式的基本语法、基本选择器及复合选择器。

3. 能够描述链接外部 CSS 样式、嵌入 CSS 样式、导入 CSS 样式和行内样式 4 种网页中应用样式方法的操作要点。

4. 能够知晓链接外部 CSS 样式和导入 CSS 样式的区别、CSS 选择器的优先级。

技能目标

1. 能够创建 CSS 样式表文件。

2. 能够在网页中应用样式表文件。

素质目标

能够遵守网络信息发布与传播基本规范和相关法律法规（如网络信息内容治理规定等）。

▌学习任务结构图▌

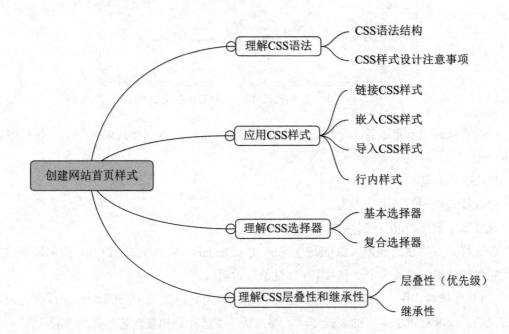

⊙ 任务 3.1.1　理解 CSS 语法

CSS 样式是使用样式规则进行设置的，以实现对页面及页面元素的控制。本任务中，我们将学习 CSS 语法结构、CSS 注释语句及 CSS 样式设计的注意事项。

一、CSS 语法结构

在任务 2.1.4 中，我们使用 ul 标记和 li 标记制作了"动物天地"网站首页的导航栏。如果为 ul、li 标记设置如下样式，导航栏将显示为图 3-1 所示的效果。

```
<style>
*{margin:0; padding:0;}
nav{width:505px; margin:2px auto;}
nav ul{list-style:none; height:42px; background:#E7E7E7;}
nav ul li{width:100px; float:left; height:42px;line-height:42px; font-size:12px; text-align:center; border-right:1px solid #CCC; }
</style>
```

图 3-1　设置样式后的导航栏显示效果

CSS 样式是由一个或若干个样式规则组成的文本文件，每条样式规则都是一条 CSS 的基本语句。

1. CSS 基本结构

CSS 样式规则的基本结构为

选择器 { 属性 1: 值 1; 属性 2: 值 2; ……}

CSS 样式规则由选择器（Selector）和声明（Declaration）两部分组成，声明需要放置在大括号中，由一个或多个"属性名 / 属性值"对组成。

（1）选择器。用于指定本语句所定义的样式是为 HTML 文档中哪个标记或哪些内容所定义的。CSS 提供了丰富的选择器，主要包括基本选择器和复合选择器两大类。

1）基本选择器：主要包括标记选择器、类选择器、ID 选择器、伪类选择器和伪元素选择器。

2）复合选择器：主要包括交集选择器、并集选择器、通用选择器、后代选择器、子代选择器和相邻选择器等。

（2）声明。用于指定选择器的具体样式，由"属性名 / 属性值"对组成，属性名和属性值要一一对应。同一个选择器可以定义多个属性，属性之间使用分号（;）进行分隔，属性和属性值之间使用冒号（:）连接。

（3）属性。CSS 的关键词，如 text-align（水平对齐）、height（高度）、color（字体颜色）等属性。属性名为两个或两个以上的单词时，单词之间需要使用连词号（-）连接，如水平对齐 text-align 属性。

在 CSS 中，有些属性可以表示多个属性，如 list-style 属性可以表示列表项目符号的类型、位置、图像，这 3 个属性需要按照 list-style-type、list-style-position、list-style-image 的顺序进行属性设置；可以不设置其中某个属性，未设置的属性会使用默认值。例如：

```
ul{list-style-type:square; list-style-position:inside; list-
style-image:url(images/tubiao.jpg);}
```

使用 list-style 属性可写为如下形式：

```
ul{list-style:square inside url(images/tubiao.jpg);}
```

（4）属性值。属性值的形式主要有：①指定范围的值，如设置文本对齐方式 text-align 属性，属性取值主要有 center（居中对齐）、left（左对齐）、right（右对齐）、justify（两端对齐）等。②指定数值，需要写明具体单位，如 pt、px 等。属性取值时需要注意以下情况：

1）如果某个样式的属性值不是一个单词，则需要使用引号括起来。例如：

```
p{font-family: "Times New Roman",Times,serif;}
```

此语句设置 p 标记的字体类型样式，其中使用 Times New Roman 字体，该字体名称由 3 个单词组成，所以需要使用双引号。

2）一个属性有多个值，属性值之间使用空格进行分隔。例如：

```
p{border-right:1px solid #CCC;}
```

此语句设置 p 标记的右边框为 1px、灰色的实线，其中 border-right 属性设置了边框粗细、线形及颜色 3 个属性值，属性值之间使用空格隔开。

3）当一个属性有多个候选值时，候选值之间需要使用逗号（,）分隔。例如：

```
p{font-family:"Times New Roman",Times,serif;}
```

此语句设置 p 标记的字体类型样式，其中 3 种候选字体之间使用逗号进行分隔。

2. CSS 注释语句

CSS 允许在源代码中嵌入注释，这有助于解释说明复杂样式规则的作用、应用范围等，便于样式规则的后期维护和应用。

不管是多行注释还是单行注释，CSS 均是以 /* 开始，以 */ 结束，中间是注释内容。CSS 注释的内容浏览器会被忽略不显示。

典型案例 3-1：CSS 注释语句

典型案例 3-1
视频讲解

```
<!doctype html>
<html>
<head>
<meta charset="utf-8">
<title>CSS 注释应用 </title>
<style>
/* h3{font-family:" 华文彩云 ";} */
/*
ul{
    list-style-type:circle;
```

```
      color:#FF0000;
      font-size:18px;
      font-weight:600;
}
*/
ul{list-style:inside url(images/star.gif);} /* 使用复合属性 */
</style>
</head>
<body>
<h3> 这是 CSS 注释语句的应用 </h3>
<ul
      <li> 学习任务 1   创建网站首页样式 </li>
      <li> 学习任务 2   设计网站首页样式 </li>
      <li> 学习任务 3   定位网站首页元素 </li>
</ul>
</body>
</html>
```

分析： 本例中 h3 标记的样式设置字体类型为 "华文彩云"；第一个 ul 标记的样式设置项目符号为空心圆点，字体红色、大小 18px、加粗显示；第二个 ul 标记的样式设置项目符号位置为内部、以小星星图像的形式显示，如图 3-2a) 所示。本例为 h3 标记的样式添加单行注释，此样式设置内容将不被应用；为第一个 ul 标记样式添加多行注释，此样式设置内容将不被应用；为第二个 ul 标记样式添加行尾注释，用于说明该样式的特点，而此样式的内容将被应用，预览效果如图 3-2b) 所示。

a)　　　　　　　　　　　　　　b)

图 3-2　CSS 注释语句的应用效果

二、CSS 样式设计注意事项

（1）为了提高代码的可读性，最好分行书写样式属性；最后一个属性可以不加分号，但是建议在每条声明的末尾添加分号，以尽可能减少出错的可能性。

（2）书写页面 CSS 的规则，先整体后局部。

（3）属性值与单位之间没有空格，否则会出现错误。

（4）CSS 选择器命名要规范，这样既可提高代码的可读性，又便于开发者协同工作。页面模块的常用命名，见表 3-1。

表 3-1　页面模块的常用命名

页面模块	常用命名	页面模块	常用命名	页面模块	常用命名
头	header	内容	content/container	尾	footer
导航	nav	侧栏	siderbar	栏目	column
左、中、右	left、center、right	登录条	loginbar	标志	logo
广告	banner	页面主体	main	热点	hot
新闻	news	下载	download	子导航	subnav
菜单	menu	子菜单	submenu	搜索	search
友情链接	friendlink	页脚	footer	版权	copyright
滚动	scroll	页面外围控制整体布局宽度	wrapper		

如果页面模块按照上述的常用名进行命名，如登录条命名为 loginbar，标志命名为 logo，版权命名为 copyright，便于不同的网页设计者在进行网页开发时协同工作。

▶ 任务 3.1.2　应用 CSS 样式

CSS 通过定义标记或标记属性的外在表现对页面结构风格进行控制，实现文档内容和表现的分离。CSS 不能独立使用，需要结合 HTML 使用。本任务中，我们将学习 CSS 样式应用于网页中的方法，主要有链接 CSS 样式、嵌入 CSS 样式、导入 CSS 样式和行内样式 4 种应用方法。

一、链接 CSS 样式

1. 外部样式表

外部样式表是指将 CSS 样式规则保存为一个以 CSS 为后缀的文件中，当网页需要引用该样式文件时再调用。一个外部样式表文件可以被多个网页调用。

在网站建设中，网站应具有统一的整体风格，通常不同的页面会应用相同的样式。为此可以提取出相同的样式将其保存为独立的 CSS 样式文件，然后在页面的 head 区中使用

link 标记链接独立的外部样式表文件。例如：

```
<head>
<link rel="stylesheet" href="css/mystyle.css">
</head>
```

2. 调用外部样式表

link 标记是单标记，用于定义网页文档与外部资源的关系。link 标记需要放置在网页的 head 区中，当其与样式表文件一起使用时，需要设置 rel 和 href 属性。

（1）rel 属性。用于定义当前文档与被链接文档之间的关系，rel 属性取值主要有 alternate、author、help、icon、licence、next、pingback、prefetch、prev、search、sidebar、stylesheet、tag 等。当 rel="stylesheet" 时，表示定义链接一个外部样式表。

（2）href 属性。用于定义被链接文档的 url 地址，属性值可以是绝对地址或相对地址，通常使用相对地址。

链接式样式是使用频率最高、最实用的样式，作用范围是当前站点，实现了页面内容代码与 CSS 样式代码的完全分离，使得页面的前期制作和后期维护都十分方便。

典型案例 3-2：链接外部 CSS 样式表

HTML 文件 3-2CSS-link.html 的源代码：

```
<!doctype html>
<html>
<head>
<meta charset="utf-8">
<title> 链接外部 CSS 样式表 </title>
<link rel="stylesheet" href="css/mystyle.css">
</head>
<body>
<div>
    <p> 链接外部 CSS 样式表 </p>
    <p> 在 &lt;head&gt; 区内使用 &lt;link&gt; 标记。若已有 CSS 外部文件
mystyle.css，则在 HTML 文档中应用 CSS 文件的代码如下： </p>
    <p>&lt;link rel=&quot; stylesheet&quot;   href=&quot;css/
mystyle.css&quot;&gt;</p>
</div>
</body>
```

```
</html>
```

CSS 样式文件 mystyle.css 的具体内容如下：

```
@charset "utf-8";
/* CSS Document */
div{
    border:#999 1px solid;       /* 定义边框的颜色、粗细和线形 */
    width:400px;                 /* 定义宽度 */
    margin:auto;                 /* 定义外边距 */
}
p{
    font-size:18px;              /* 定义字体大小 */
    margin:10px 5px 5px;         /* 定义外边距 */
    text-indent:2em;             /* 定义首行缩进 */
    line-height:1.5;             /* 定义行高 */
}
```

分析：本例在网页的 head 区中，使用 link 标记定义链接样式表文件 mystyle.css，mystyle.css 文件存放在与当前页面同级的 css 文件夹中，采用相对路径的引用方式。mystyle.css 文件定义了 div 标记和 p 标记的样式，body 区中所有的 p 元素和 div 元素都将分别应用相应的样式，页面预览效果如图 3-3 所示。

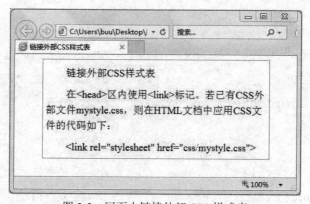

图 3-3　网页中链接外部 CSS 样式表

二、嵌入 CSS 样式

在 HTML 文档的 head 区中，使用 style 标记可以将样式信息作为文档的一部分用于 HTML 文档，嵌入的 CSS 样式只对当前网页有效。

style 标记是双标记，用于为 HTML 文档定义样式信息。style 标记需要放置在网页的 head 区中。例如：

```
<head>
<style>
p{
    text-indent:2em;
    line-height:18px;
}
</style>
</head>
```

嵌入 CSS 样式仅适用于当前网页，而无法应用到其他网页上，并未真正实现页面内容代码与 CSS 样式代码的完全分离。

典型案例 3-3：网页中嵌入 CSS 样式表

```
<!doctype html>
<html>
<head>
<meta charset="utf-8">
<title> 网页中嵌入 CSS 样式表 </title>
<style>
h3{
    border-bottom:#0C0 2px solid;      /* 定义下端边框 */
    width:200px;                       /* 定义宽度 */
    text-align:center;                 /* 定义水平方式 */
}
p{
    font-size:14px;                    /* 定义字体大小 */
    text-indent:2em;                   /* 定义首行缩进 */
    line-height:18px;                  /* 定义行高 */
}
</style>
</head>
<body>
```

```
<h3> 网页中嵌入 CSS 样式表 </h3>
<p> 通过 &lt;style&gt; 标记，可将样式信息作为文档的一部分用于 HTML。</p>
<p> 在 &lt;head&gt; 中，可以包含一个或多个 &lt;style&gt; 标记元素，但须
注意 &lt;style&gt;……&lt;/style&gt; 要成对使用。</p>
</body>
</html>
```

分析： 本例在网页的 head 区中，使用 style 标记嵌入 CSS 样式，分别为 h3 标记和 p 标记定义样式，body 区中所有的 p 元素和 h3 标题元素都将应用相应的样式，如图 3-4 所示。

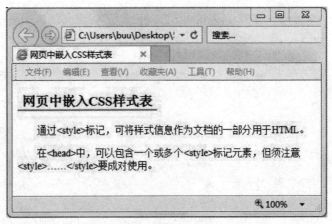

图 3-4　网页中嵌入 CSS 样式表

三、导入 CSS 样式

导入 CSS 样式与链接外部 CSS 样式相似，都是应用外部样式表文件。导入 CSS 样式的代码需要放置在 HTML 文档 head 区中的 style 标记内，使用的代码语句形式为

```
<head>
<style>
@import url(css/mystyle.css);
</style>
</head>
```

1. @import 指令
@import 指令需要放在 style 标记内，而且必须在样式表中所有其他类型的规则之前使用。在实际应用中，经常会将导入 CSS 样式和嵌入 CSS 样式混合使用。

典型案例 3-4：网页中导入外部样式表

```
<!doctype html>
<html>
<head>
<meta charset="utf-8">
<title> 导入 CSS 样式表 </title>
<style>
@import url(css/mystyle.css);          /* 导入外部样式表 */
h3{
    border-bottom:#0C0 2px solid;      /* 定义下端边框 */
    width:200px;                       /* 定义宽度 */
    text-align:center;                 /* 定义水平方式 */
}
</style>
</head>
<body>
<h3> 导入 CSS 样式表 </h3>
<div>
    <p> 使用代码 "@import url(css 文件的 url)" 可以导入外部样式表，其作
用类似于链接方法。</p>
    <p> 代码应放在 HTML 文档的 &lt;style&gt;……&lt;/style&gt; 标记之
间。</p>
</div>
</body>
</html>
```

分析： 本例在网页 head 区的 style 标记中，使用 @import 指令导入外部样式表文件
mystyle.css，样式表文件定义了 div 标记和 p 标记的样式；mystyle.css 文件存放在与当前页
面同级的 css 文件夹中，采用相对路径的引用方式。本例中还使用嵌入方式定义 h3 标记的
样式。body 区中所有的 div 元素、p 元素和 h3 元素都将应用相应的样式，如图 3-5 所示。

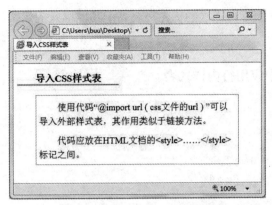

图 3-5　网页中导入外部样式表

说明： 导入样式会在整个网页装载完后再装载 CSS 文件，如果网页比较大，则有时会出现先显示无样式的页面，闪烁一下后再出现网页样式的情况。

2. 导入和链接 CSS 样式的区别

导入 CSS 样式和链接 CSS 样式的本质都是将独立的外部样式表文件应用到 HTML 文档中，但是两者有一定的区别，主要体现在以下方面。

（1）link 标记除了链接 CSS 外，还可以定义 rss、rel 链接属性等内容；而 @import 指令只能加载 CSS 样式。

（2）链接 CSS 样式是在该网页应用 CSS 样式表时才去读取样式表，而导入 CSS 样式无论该网页是否应用样式表文件，都将读取样式表。

（3）link 标记支持使用 JavaScript 控制文档对象模型 DOM（Document Object Model）以改变样式，而 @import 指令则不支持。

四、行内样式

如果只对某个元素单独定义样式，则可以使用行内样式。在某个元素内使用 style 属性进行样式的定义，属性值可以包含 CSS 规则声明，但不包含选择器。例如：

```
<p style="font-size:14px; text-indent:2em; line-height:18px;">
行内样式表
</p>
```

行内样式具有以下特点。

（1）style 属性是多数 HTML 元素的核心属性，提供了一种改变所有 HTML 标记样式的通用方法。

（2）行内样式使用标记的 style 属性进行样式定义，样式规则声明只对自身元素起作用，而无法重复使用。

（3）标记自身定义的行内样式的优先级要高于其他样式的定义，如标记样式、类样式、id 选择器样式等。

典型案例 3-5：网页中应用行内样式表

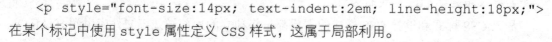

```
<!doctype html>
<html>
<head>
<meta charset="utf-8">
<title> 行内样式表 </title>
</head>
<body>
<h3> 行内样式表 </h3>
<p style="font-size:14px; text-indent:2em; line-height:18px;">
在某个标记中使用 style 属性定义 CSS 样式，这属于局部利用。
</p>
</body>
</html>
```

分析： 本例在 body 区 p 元素的起始标记中，使用 style 属性定义字体大小 14px、首行缩进 2 个字符、行距 18px。style 属性的值相当于 CSS 规则中声明部分的内容，此样式由 3 个"属性名 / 属性值"对构成，属性与属性之间使用分号进行分隔，如图 3-6 所示。

图 3-6　网页中应用行内样式表

说明： 创建 CSS 的初衷是实现内容和表现的分离，在实际应用中并不提倡使用行内样式表，其并未充分体现出创建 CSS 的初衷，结构和表现完全混在一起，没有实现页面内容代码与 CSS 样式代码的完全分离。

在网页中应用 CSS 样式时，建议使用独立的外部样式表，原因在于外部样式表所定义的样式可以应用到多个网页中；修改样式时，只需修改 CSS 文件即可，而无须去修改每个网页中的样式；同时，网页中定义过多的样式会增加网页传输的负担，降低网页的显示速度，而使用独立的样式表文件则可提高网页的显示速度。对于代码较长的网站首页和重要栏目的首页，可直接使用 style 标记嵌入 CSS 样式，避免调用时间太长，使得页面未及时调用 CSS 样式而显得凌乱。

▶ 任务 3.1.3   理解 CSS 选择器

HTML 元素的样式都可以通过不同的 CSS 选择器进行控制，选择不同的 HTML 元素进行 CSS 样式设置，即可实现网页的各种美化效果。CSS 提供了丰富的选择器，掌握各类选择器的用法是使用 CSS 美化网页的基础。因此，在本任务中，我们将学习设置基本选择器和复合选择器的方法。

一、基本选择器

CSS 支持多种选择器，其中基本选择器主要包括标记选择器、类选择器、id 选择器、伪类选择器、伪元素选择器。

1. 标记选择器

标记选择器是指直接将 HTML 标记名称作为选择器，HTML 文档中所有与选择器同名的标记都会应用该标记选择器的样式。标记选择器主要有以下两种应用情况：

（1）为 HTML 文档中某个特定的 HTML 标记定义相同的样式。定义样式的语法结构为

标记名 { 属性 : 值 ; ......}

例如：为标题 h1 标记定义水平居中对齐、字体类型为 "楷体 -gb2312"，样式语句为

```
h1{text-align:center; font-family: 楷体 -gb2312;}
```

如果要将相同的样式应用于多个标记，则多个标记之间使用逗号分隔。例如：同时为 h1、h2 和 h3 标题标记定义相同的字体颜色，标记之间使用逗号进行分隔，样式语句为

```
h1,h2,h3{color:#ff0000;}
```

（2）为具有嵌套关系的 HTML 标记定义样式。具有嵌套关系的 HTML 标记之间使用空格进行分隔。例如：为 h1 标记中的 a 链接标记定义字体颜色为红色、字体大小为 18pt，样式语句为

```
h1 a{color:red; font-size:18pt;}
```

典型案例 3-6：标记选择器的应用

典型案例 3-6
视 频 讲 解

```html
<!doctype html>
<html>
<head>
<meta charset="utf-8">
<title>标记选择器</title>
<style>
p{
    text-indent:2em;      /* 定义文本首行缩进 */
    color:#666;           /* 定义字体颜色 */
    font-size:14px;       /* 定义字体大小 */
}
</style>
</head>
<body>
<h2>CSS 的特点</h2>
<h4>cascading style sheets</h4>
<p>样式通常保存在 ... 所有页面的布局和外观。</p>
<p>在页面中插入样式表的方法</p>
</body>
</html>
```

分析：本例在嵌入样式的 style 标记中定义 p 标记的样式，body 区中的 2 个 p 元素都将应用 p 标记定义的样式，如图 3-7 所示。

图 3-7　标记选择器的应用

2. 类选择器

大多数时候不需要为具体的 HTML 标记定义样式，而是定义一些开放的样式，在内容需要时再引用这些样式，这种机制可通过用户自定义的类选择器来实现。

类选择器可以将样式规则应用于一个或多个包含 class 属性的元素。class 属性是多数 HTML 元素的核心属性，用于指定某元素属于某一特定"类型"，属性取值可以是一个以空格分隔的 class 名称列表。例如：

```
<li class="txt1 txt2">JAVA 程序设计 </li>
```

类选择器是以一个点号（英文句号）开头，后面加上类选择器名称。需要注意的是：类选择器名称的第一个字符不能使用数字，需要以字母开始，通常由字母、数字及下划线组成。类选择器的应用主要有以下两种情况：

（1）定义不同的样式规则，应用于相同的页面元素。在网页中多处使用相同的标记，但是每处标记要求定义不同的样式属性。这种情况下，类选择器应用的语法结构为

选择器 . 类名 { 属性 : 值 ;…… }

例如：在网页中使用 2 个 h2 标记设置标题内容，但要求 2 个 h2 标记包含的文本内容显示不同的颜色，可以先进行如下的样式定义：

```
h2.color-red{color:red;}
h2.color-blue{color:blue;}
```

定义类样式 h2.color-red 字体颜色为红色、h2.color-blue 字体颜色为蓝色。然后在网页 h2 标记中需要的地方使用 class 属性引用相应的样式即可。例如：

```
<h2 class="color-red">第五章 HTML</h2>
<h2 class="color-blue">第六章 CSS</h2>
```

（2）定义相同的样式规则，应用于不同的页面元素。这种情况下，类选择器的命名方式是点加上类选择器名称，然后再加上样式具体的声明。语法结构为

. 类名 { 属性 : 值 ; …… }

例如：.red { color:red; }

创建一个 red 类样式定义字体颜色为红色，然后在所有需要引用该类样式的元素中使用 class 属性应用该样式即可。例如：

```
<p class="red"> 可用于所有标记的类 </P>
<h2 class="red"> 二级标题为红色 </p>
```

典型案例 3-7：类选择器的应用

```
<!doctype html>
<html>
<head>
<meta charset="utf-8">
<title>类选择器</title>
<style>
li{line-height:150%;}          /* 标记选择器，定义行高 */
.txt1{font-size:24px;}         /* 类选择器，定义字体大小 */
.txt2{font-style:italic;}      /* 类选择器，定义字形 */
</style>
</head>
<body>
<ul>
    <li>WEB 开发技术 </li>
    <li class="txt1">ASP.NET 技术 </li>
    <li class="txt2">C# 程序设计 </li>
    <li class="txt1 txt2">JAVA 程序设计 </li>
</ul>
</body>
</html>
```

分析： 本例在嵌入样式的 style 标记中定义 li 标记选择器样式、2 个类样式 txt1 和 txt2。body 区中第一个 li 元素应用 li 标记选择器样式，第二个 li 元素应用 txt1 类选择器样式，第三个 li 元素应用 txt2 类选择器样式，最后一个 li 元素同时应用 2 个类选择器样式 txt1 和 txt2，class 名称列表 "txt1 txt2" 中使用空格进行类名称的分隔，如图 3-8 所示。

图 3-8　类选择器的应用

说明： 类选择器样式的优先级高于标记选择器样式。有关样式优先级的内容将在 3.1.4 中进行详细介绍。

3. id 选择器

id 选择器和类选择器的作用方式基本相同，只是 id 选择器作用于 HTML 元素的 id 属性。id 属性是多数 HTML 元素的核心属性，用于唯一标识页面中的一个元素、指定一个 CSS 样式或一段 JavaScript 代码只被应用于文档中的某个元素。id 选择器的语法结构为

#id { 属性 : 值 ;…… }

id 选择器以半角 "#" 开头，后面加上 id 选择器名称。id 选择器名称的第一个字符不能为数字，需要以字母开始，通常由字母、数字及下划线组成。

id 选择器只能应用于一个 HTML 元素，其针对性更强；而 class 选择器更加灵活，可以应用于多个 HTML 元素，不仅能够完成 id 选择器的所有功能，还能完成更为复杂的功能应用。

典型案例 3-8：id 选择器的应用

```html
<!doctype html>
<html>
<head>
<meta charset="utf-8">
<title>id 选择器 </title>
<style>
#red{
    color:red;              /* 定义字体颜色 */
    font-style:italic;      /* 定义字形 */
}
#green{
    color:green;            /* 定义字体颜色 */
    font-weight:600;        /* 定义字体加粗 */
}
</style>
</head>
<body>
<p id="red"> 这个段落是红色斜体 </p>
<p id="green"> 这个段落是绿色加粗 </p>
<p> 这是个段落没有应用 id 选择器样式 </p>
```

```
</body>
</html>
```

分析： 本例在嵌入样式的 style 标记中定义 2 个 id 选择器样式 red 和 green。body 区中的第一个 p 元素应用 id 选择器 red，内容红色、斜体显示；第二个 p 元素应用 id 选择器 green，内容绿色、加粗显示；第三个 p 元素未应用任何样式，内容按默认设置显示，如图 3-9 所示。

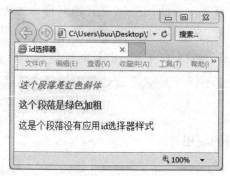

图 3-9　id 选择器的应用

4. 伪类选择器

标记选择器、类选择器、id 选择器都能够与具体的 HTML 元素相对应，但是有些情况，如元素的第一个子元素、元素的各个状态等，就无法与 HTML 标记相对应，为此需要使用伪类选择器指定样式，以添加一些选择器的特殊效果。

同一个选择器根据不同的状态会有不同的样式，就称为伪类。伪类选择器是 CSS 中已经定义好的选择器，不能够随便更改名称。伪类选择器通常使用冒号表示，放置在选择器之后，用于指明元素在某种状态下才能够被选中。伪类选择器的语法结构为

标记 : 伪类名 { 属性 : 值 ; ……}

常用的伪类选择器及其描述，见表 3-2。

表 3-2　常用的伪类选择器

伪类选择器	描　　述
:active	定义元素被激活时的样式
:focus	定义元素被选中时的样式
:hover	定义鼠标悬停在元素上方时的样式
:link	定义元素未被访问过的样式
:visited	定义元素被访问过的样式
:first-child	定义元素第一个子元素的样式
:last-child	定义元素最后第一个子元素的样式
:lang	为带有指定 lang 属性的元素定义样式

在常用的伪类选择器中，涉及超链接 4 个状态的分别是 a:link、a:visited、a:hover 和 a:active。在超链接状态的 CSS 定义中，需要遵循 LVHA 顺序。

:link 状态和 :visited 状态只能应用于 a 超链接元素，而 :hover 状态和 :active 状态还可以应用于其他元素。

典型案例 3-9：伪类选择器的应用——超链接样式设置

```
<!doctype html>
<html>
<head>
<meta charset="utf-8">
<title> 超链接选择器 </title>
<style>
a:link{/* 定义超链接普通状态 */
      color:#FF0000;
      font-style:italic;
}
a:visited{color:#00FF00;}/* 定义超链接已访问过的状态 */
a:hover{color:#FF00FF;}   /* 定义超链接悬停状态 */
a:active{color:#0000FF;}  /* 定义超链接激活状态 */
</style>
</head>
<body>
<a name="aa"> 超链接选择器 1</a><br><br>
<a href="news.html"> 超链接选择器 2</a>
</body>
</html>
```

分析： 本例在嵌入样式的 style 标记中定义超链接普通状态、已访问过的状态、悬停状态和激活状态的样式，遵循 LVHA 顺序进行样式定义。body 区中的第一个 a 元素使用 name 属性定义锚点，第二个 a 元素使用 href 属性定义超链接的目标端点。如图 3-10 所示，第二个超链接元素应用了 a:link 样式，而第一个 a 超链接元素并未应用 a:link 样式。

图 3-10　伪类选择器的应用——超链接样式设置

说明： a:link 状态定义的超链接样式只应用于含有 href 属性的超链接，而不应用于定义锚点的超链接。

5. 伪元素选择器

伪元素选择器并不是针对真正的元素使用的选择器，而是针对 CSS 中已经定义好了的伪元素而使用的选择器。伪元素本身只是基于元素的抽象，并不存在于文档中，但伪元素选择器控制的内容与真正元素选择器控制的内容基本相同。

伪元素以"::"或":"开头，放置在选择器之后，用于选择指定的元素，常用的伪元素及其描述，见表 3-3。

表 3-3　常用伪元素选择器

伪元素选择器	描　　述
:first-letter	定义文本首字母的样式
:first-line	定义文本首行的样式（只能与块级元素关联）
:before	定义在某元素之前插入某些内容
:after	定义在某元素之后插入某些内容
:selection	定义匹配元素中被用户选中或处于高亮状态的部分

典型案例 3-10：伪元素选择器的应用

```
<!doctype html>
<html>
<head>
<meta charset="utf-8">
<title> 伪元素选择器 </title>
<style>
p:first-letter{font-size:2em;}/* 定义段落首字母字体大小 */
p:first-line{font-weight:bold;}/* 定义段落首行字体加粗 */
p{text-indent:1em;}/* 定义段落首行缩进 */
```

典型案例 3-10

视　频　讲　解

```
</style>
</head>
<body>
<p>CSS（Cascading Style Sheets），即层叠样式表技术，其是用于定义网页
内容显示样式的一种技术。CSS 不仅可以静态地修饰网页，还可以配合各种脚本语言动态
地对网页各元素进行格式化。</p>
</body>
</html>
```

分析： 本例在嵌入样式的 style 标记中定义段落首字母、段落首行及段落标记 3 个样式。body 区中的 p 元素将应用所有定义的样式。如图 3-11 所示，段落首行加粗、缩进 1 个字符显示，首字母是原来大小的 2 倍。

图 3-11　伪元素选择器的应用

二、复合选择器

CSS 不仅支持单一选择器的应用，如标记选择器、类选择器、id 选择器等，还支持两个及以上基本选择器组合而成的复合选择器。复合选择器主要包括交集选择器、并集选择器、通用选择器、后代选择器、子代选择器和相邻选择器等。

1. 交集选择器

交集选择器是由两个选择器直接连接构成，结果是选中两者各自作用范围的交集。其中，第一个选择器必须是标记选择器，第二个选择器必须是类选择器或 id 选择器，交集选择器中两个选择器之间不能有空格。例如：

```
h1.class1{text-align:center;}
p#intro{font-style:italic;}
```

典型案例 3-11: 交集选择器的应用

典型案例3-11

视 频 讲 解

```
<!doctype html>
<html>
<head>
<meta charset="utf-8">
<title> 交集选择器 </title>
<style>
p{text-decoration:underline;}/* 标记选择器 */
.right{text-align:right;}/* 类选择器 */
p.right{text-align:center;}/* 交集选择器 */
p#special{/* 交集选择器 */
    text-decoration:none;
    font-style:italic;
}
</style>
</head>
<body>
<h3> 第一个 h3 标题元素 </h3>
<p> 第一个段落 p 元素 </p>
<h3 class="right"> 第二个 h3 标题元素 </h3>
<p class="right"> 第二个段落 p 元素 </p>
<p id="special"> 第三个段落 p 元素 </p>
</body>
</html>
```

分析： 本例在嵌入样式的 style 标记中定义 p 标记选择器、right 类选择器、p 标记与 right 类的交集选择器、p 标记与 id 的交集选择器。body 区中的第一个 h3 元素未应用任何样式；第一个 p 元素应用 p 标记选择器样式，文字带有下划线显示；第二个 h3 元素应用 right 类选择器样式，文字右对齐显示；第二个 p 元素应用 p.right 交集选择器的样式，段落文字带有下划线、居中对齐显示；第三个 p 元素应用 p#special 交集选择器的样式，段落文字不带任何修饰、斜体显示，如图 3-12 所示。

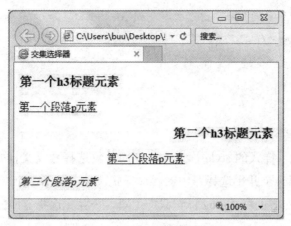

图 3-12　交集选择器的应用

2. 并集选择器

并集选择器是指对多个选择器进行集体声明，多个选择器之间使用逗号隔开。如果某些选择器定义的样式完全相同或者部分相同，则可以利用并集选择器同时声明，并集选择器中两个选择器之间不能有空格。例如，同时为 h2 标记和 class1 类选择器定义相同的字体大小和颜色的样式，样式语句为

```
h2,.class1{font-size:14px; color:#f00;}
```

典型案例 3-12：并集选择器的应用

```
<!doctype html>
<html>
<head>
<meta charset="utf-8">
<title> 并集选择器 </title>
<style>
h2,h3,h4,p{font-style:italic;}          /*  并集选择器  */
.class1,h4,#special{                     /*  并集选择器  */
    text-decoration:underline;
    text-align:center;
}
</style>
</head>
<body>
<h2>h2 标题元素 </h2>
```

典型案例 3-12

视　频　讲　解

```
<h3 class="class1">h3 标题元素 </h3>
<h4>h4 标题元素 </h4>
<p id="special"> 段落 p 元素 </p>
</body>
</html>
```

分析：本例在嵌入样式的 style 标记中，使用并集选择器定义样式。body 区中的 h3、h4 和 p 元素既应用第一个并集选择器中的斜体样式，又应用第二个并集选择器中定义的文本带有下划线、居中对齐的样式；h2 标记只应用第一个并集选择器中的斜体样式，如图 3-13 所示。

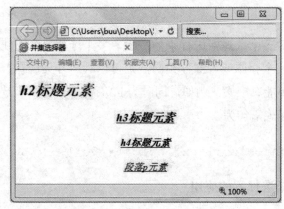

图 3-13　并集选择器的应用

3. 通用选择器

使用通用选择器可以对网页中所有元素进行集体声明。通用选择器的语法结构为

* { 属性 : 值 ; …… }

例如：设置 #div1 中所有元素的字体大小和颜色，样式语句为

```
#div1 *{font-size:18pt; color:#f00;}
```

在进行网页设计时，需要将所有标记的外边距和内边距都重置为 0，以保证设计制作的页面能够兼容多种浏览器。重置的样式语句为

```
*{margin:0; padding:0;}
```

典型案例 3-13：通用选择器的应用

```
<!doctype html>
<html>
```

```
<head>
<meta charset="utf-8">
<title>通用选择器 </title>
<style>
*{                                    /* 通用选择器 */
    margin:0;
    padding:0;
}
#div1 *{
    width:250px;                      /* 定义宽度 */
    border:1px #F00 solid;            /* 定义边框 */
    font-style:italic;                /* 定义字形 */
    line-height:150%;                 /* 定义行高 */
}
</style>
</head>
<body>
<h2>第一个 h2 标题元素 </h2>
<div id="div1">
    <h2>第二个 h2 标题元素 </h2>
    <p>第一个段落 p 元素 </p>
    <p>第二个段落 p 元素 </p>
</div>
</body>
</html>
```

典型案例3-13

视 频 讲 解

    分析： 本例在嵌入样式的 style 标记中，使用通用选择器对所有的元素进行外边距和内边距的集体声明，还对 div 元素中的所有元素进行宽度、边框、字形和行高的样式定义。body 区中的第一个 h2 元素在 div 元素之外，div 元素中包含第二个 h2 元素和 2 个 p 元素，如图 3-14a）所示。如果删除 *{margin:0; padding:0;} 通用选择器样式，如图 3-14b）所示。为了保证设计制作的页面能够兼容浏览器，通常需要对 HTML 内所有标记进行外边距和内边距的重置。

a)   b)

图 3-14　通用选择器的应用

4. 后代选择器

后代选择器又称为包含选择器，可以选择某元素的后代元素，包括直接元素和非直接元素。后代选择器的写法是将外层的标记写在前边，内层的标记写在后面，之间使用空格进行分隔。例如：为 ul 元素的后代 li 元素定义样式，样式语句为

```
ul li{width:100px; font-weight:600; border-right:#CCC 1px
solid;}
```

后代选择器的应用比较广泛，标记选择器、类选择器和 id 选择器等都可以进行嵌套，而且还可以进行多层嵌套。

典型案例 3-14：后代选择器的应用

```
<!doctype html>
<html>
<head>
<meta charset="utf-8">
<title> 后代选择器 </title>
<style>
ul li ol li{font-style:italic;}    /* 后代选择器 */
</style>
</head>
<body>
<ul>
    <li> 管理学院
```

典型案例3-14

视　频　讲　解

```
<ol>
    <li> 电子商务专业 </li>
    <li> 金融学专业 </li>
    <li> 会计专业 </li>
    <li> 工商管理专业 </li>
</ol>
</li>
<li> 智慧城市学院
    <ol>
        <li> 计算机科学与技术专业 </li>
        <li> 通信工程专业 </li>
        <li> 电子信息科学与技术专业 </li>
    </ol>
</li>
</ul>
</body>
</html>
```

分析： 本例在嵌入样式的 style 标记中定义后代选择器 ul li ol li 的样式，指明无序列表项目中的有序列表项目的样式。body 区中的 ul 元素包含 2 个 li 元素，即管理学院和智慧城市学院；管理学院 li 元素中又包含电子商务专业、金融学专业、会计专业和工商管理专业 4 个有序列表项目；而智慧城市学院 li 元素中又包含计算机科学与技术专业、通信工程专业、电子信息科学与技术专业 3 个有序列表项目。如图 3-15 所示，只有 ul li ol li 无序列表项目中的有序列表项目内容显示为斜体，ul 无序列表 li 列表项目的内容"管理学院"和"智慧城市学院"则未进行斜体显示。

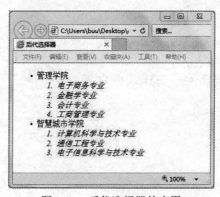

图 3-15　后代选择器的应用

5. 子代选择器

子代选择器用于选择指定元素的第一代（直接）子元素，使用大于号（>）进行分隔。具体写法是父元素在前、子元素在后。例如：为 div 元素的直接子元素 p 元素定义边框样式，样式语句为

```
div>p{border:1px solid red;}
```

6. 相邻选择器

相邻选择器选择某个元素之后紧跟着的元素，且两者要有相同的父元素。相邻选择器使用加号（+）进行分隔。例如：为 div 元素相邻的 p 元素定义边框样式，样式语句为

```
div+p{border:1px solid red;}
```

在书写 CSS 样式时需要注意，一般是先写重新定义的标记样式，其次是伪类样式，最后才是自定义的样式，这样便于自己和他人阅读。

▶ 任务 3.1.4 理解 CSS 层叠性和继承性

在网页中应用 CSS 样式主要有 4 种方式，当这些方式同时使用时，可能会出现同一标记定义了不同的 CSS 样式的情况，这就涉及 CSS 样式的优先级。在本任务中，我们将学习 CSS 样式的层叠性和继承性的相关内容。

一、层叠性

层叠性主要是指同一个元素应用多个选择器时，多个选择器的作用范围会发生重叠，层叠性由样式的优先级决定。

1. 多个选择器定义的规则不发生冲突

如果多个选择器定义的规则不发生冲突，则元素将应用所有选择器定义的样式。

典型案例 3-15：CSS 的层叠性——样式不冲突

典型案例 3-15

```
<!doctype html>
<html>
<head>
<meta charset="utf-8">
<title>CSS 层叠性 </title>
```

```
<style>
p{
    color:blue;                            /* 定义字体颜色 */
    font-size:18px;                        /* 定义字体大小 */
    text-align:center;                     /* 定义水平对齐方式 */
}
.special{font-weight:bold; }              /* 定义字体加粗 */
#underline{text-decoration:underline;}    /* 定义字体修饰 */
</style>
</head>
<body>
<h2>CSS 层叠性 </h2>
<p> 第一个段落 p 元素 </p>
<p class="special"> 第二个段落 p 元素 </p>
<p id="underline" class="special"> 第三个段落 p 元素 </p>
</body>
</html>
```

分析：本例在嵌入样式的 style 标记中定义 p 标记选择器、special 类选择器和 id 选择器 underline，3 个选择器定义的规则并未发生冲突，则元素将应用所有选择器定义的样式。例如：body 区中的第二个 p 元素同时应用 p 标记样式和类样式，样式中定义的规则并未发生冲突，如图 3-16 所示。

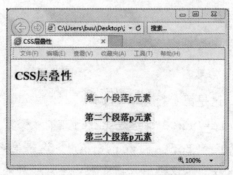

图 3-16　CSS 层叠性——样式不冲突

2. 多个选择器定义的规则发生冲突

如果网页中有多种不同 CSS 样式应用或者多个选择器定义的规则发生了冲突，则元素优先应用优先级高的选择器定义的样式。

（1）网页中不同 CSS 样式应用方法的优先级。理论上不同 CSS 样式应用方法的优先级高低顺序为

行内样式 > 嵌入 CSS 样式 > 链接 CSS 样式 > 导入 CSS 样式

实际应用中，由于嵌入样式、链接样式、导入样式都在同一个文档的头部，通常是距离相应代码越近的样式的优先级越高。

（2）同一样式表中不同选择器的优先级。CSS 规定选择器的优先级从高到低的顺序为

行内样式 > id 选择器 > class 选择器 > 标记选择器 > 通用选择器

典型案例 3-16：CSS 的层叠性——样式发生冲突

```
<!doctype html>
<html>
<head>
<meta charset="utf-8">
<title>CSS 层叠性 </title>
<style>
p{                                      /* 标记选择器 */
    font-size:14px;
    font-weight:600;
}
.txt1{font-size:20px;}                  /* 类选择器 */
.txt2{font-size:28px;}                  /* 类选择器 */
#txt3,#txt4{font-size:36px;}            /* 并集选择器 */
</style>
</head>
<body>
<p> 这是第 1 行文本 </p>
<p class="txt1"> 这是第 2 行文本 </p>
<p class="txt1" id="txt3"> 这是第 3 行文本 </p>
<p id="txt4" style="font-size:48px;"> 这是第 4 行文本 </p>
<p class="txt2 txt1"> 这是第 5 行文本 </p>
</body>
</html>
```

分析： 本例在嵌入样式的 style 标记中定义 p 标记选择器、txt1 和 txt2 类样式选择器、txt3 和 txt4 的 id 并集选择器，分别进行了字体大小的设置。body 区中第一个 p 元素直接应用 p 标记选择器的样式。第二个 p 元素同时应用 p 标记样式和 txt1 类样式，由于类选择器样式的优先级高于标记选择器，所以预览效果显示为 20px 字体。第三个 p 元素同时应用 p 标记、txt1 类和 id 选择器 txt3 样式，由于 id 选择器的优先级最高（id 选择器 >class 选择器 > 标记选择器），所以显示效果为 36px 字体。第四个 p 元素同时应用 p 标记、id 选择器 txt4 及行内样式（使用 style 属性定义样式），由于行内样式的优先级最高（行内样式 >id 选择器 > 标记选择器），所以显示的效果为 48px 字体。最后一行的 p 元素同时应用类样式 txt2 和 txt1，由于在 style 标记中 txt2 样式的定义写在 txt1 之后，如果是同类型的选择器，往往是后写的选择器样式优先于先写的，所以显示的效果为 28px 字体。如图 3-17 所示，本例中多个选择器定义的样式发生冲突，则元素优先应用优先级高的选择器定义的样式。

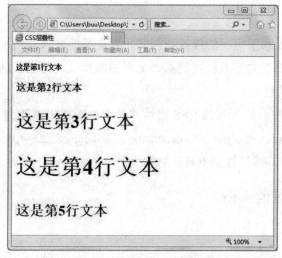

图 3-17　CSS 层叠性——样式发生冲突

3.!important 关键词

使用 !important 关键词可以强制某些样式规则不被其他的样式规则所覆盖。使用 !important 关键词时，需要将其放置在规则的最后面，否则会被忽略掉。

对典型案例 3-16 中 p 标记选择器的样式进行修改，在定义字体大小的样式规则中添加 !important 关键词，修改后的样式语句为

```
p{font-size:14px !important; font-weight:600;}
```

由于为字体大小的样式规则添加了 !important 关键词，所以设置的 14 号字体大小将不会被覆盖，预览效果中所有 p 元素的字体大小都为 14px，如图 3-18 所示。

图 3-18　!important 关键词设置

二、继承性

继承性是指如果子元素定义的样式不与父元素定义的样式发生冲突，则子元素将继承父元素的样式，并可以在父元素样式的基础上再加以修改，定义新的样式，而子元素的样式完全不影响父元素的样式。

需要注意的是，并不是所有的 CSS 属性都具有继承性，具有继承性的属性主要包括 color、font- 类、text-indent、text-align、text-decoration、line-height、letter-spacing、border-collapse 等，而背景、盒子模型、布局等属性则不具有继承性。

典型案例 3-17：CSS 的继承性

```
<!doctype html>
<html>
<head>
<meta charset="utf-8">
<title>CSS 继承性 </title>
<style>
body{text-align:center;}          /* 定义水平对齐方式 */
p{font-size:20px;}                /* 定义字体大小 */
em{font-weight:600;}              /* 定义字体加粗 */
.left{text-align:left;}           /* 定义水平对齐方式 */
</style>
</head>
<body>
```

典型案例 3-17

视 频 讲 解

```
<div style="width:100%; border:1px solid blue;">
    <p> 北京联合大学管理学院 </p>
    <p class="left"><em> 电商系 </em> 电子商务专业 </p>
</div>
</body>
</html>
```

分析：本例 body 标记选择器中的 text-align:center 具有继承性，body 区中第一个 p 元素继承了 body 标记的水平居中对齐的属性；第二个 p 元素则应用了类样式的左侧对齐样式。如图 3-19 所示，第一行文字居中对齐显示，第二行文字左对齐显示。子元素会继承父元素的样式，修改子元素的样式不会影响父元素。本例中 em 标记的作用是使用斜体表示强调的内容。

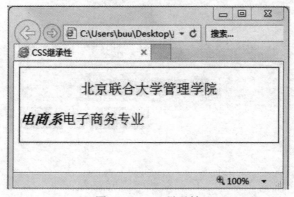

图 3-19　CSS 继承性

综合应用

在完成项目 2 的基础上，为"动物天地"网站首页创建样式并进行应用。主要操作过程如下。

综合应用 3-1

1. 网站首页中采用嵌入样式的方式创建样式。在 head 区中使用 style 标记创建样式，注意 style 标记是成对标记。

2. 在 style 标记中，先定义通用选择器样式 *{ margin:0; padding:0;}，重置所有元素的外边距和内边距，主要目的是保证设计的页面能够兼容多种浏览器。

3. 定义图像标记的样式，各大区块的宽度、高度及浏览器窗口水平居中的样式等。

4. 在 body 区中应用样式，类样式使用元素的 class 属性进行应用，class 类样式可以应用于多个元素；id 样式使用元素的 id 属性进行应用，通常 1 个 id 选择器样式只能应用于 1 个元素。嵌入 CSS 样式只能应用于当前页面，而无法应用于网站中的其他页面。

　　网站首页样式创建及应用后的预览效果如图 3-20 所示，目前我们只是学会创建样式及在网页中应用 CSS 样式的方法，还没有进行相关样式的设计。下一步我们将进行设计网站首页样式的任务学习。

设置为首页
登录邮箱网站导航

请在此输入所要查询的信息　搜索

北京	今天(周六)	明天(周日)
【更换城市】	1℃～-9℃	2℃～-8℃
	多云	晴

首页
动物知识
动物图片

人类与动物

人类是大自然中的一部分，人不能超自然而生存。因此，人类必须重新认识与其他动物的关系。应当看到动物是人类的朋友，无论是飞禽还是走兽，都和人类有着密切的关系，有些动物甚至能帮助我们探索生命进化的奥秘，有着极大的科学价值。有些动物是害虫的天敌，如蛇和猫头鹰以捕食老鼠为食，一只猫头鹰一年能捕鼠600-1000只，相当于每年人类从鼠口中夺回9000公斤粮食，堪称农民的好帮手，粮食的好卫士。由此可见，保护野生动物就是保护人类自己。

任何一种动物的消失，对人类都是有害无益的。《中华人民共和国野 生动物保护法》把野生动物保护纳入正式的国民大法，野生动物资源属于国家所有，国家保护野生动物及其生存环境，禁止任何单位和个人非法猎捕或者破坏。我国相继建成780多处森林公园和600多处自然保护区，为野生动物的繁衍生息创造了良好的环境条件。

动物趣闻

猫咪们表达爱的方式很有趣，有许多简单直接的大家比较了解，比如在人的腿上蹭来蹭去，但有的方式非常荒唐可笑，像我们今天介绍的这几示爱方式吧，就非常让人摸不着头脑。因为是主人的不解，在有的家庭里还引发过主人对猫咪的误会，让人与猫的关系陷入僵局。如果你的小猫采取过这样的做法，请千万不要恼火，因为这是一只小猫用纯洁的赤子之心真爱着你的表现。猫的柔情你该懂，请用最真挚的爱表示回应。　爱把垃圾叼上床的哈哈　主人的控诉：我家两岁的小公猫哈哈是个收藏家，臭鱼烂虾，鸡头猪手，无所不爱。清晨我还在睡梦中，突然觉得胸口一沉，恍惚中意识到哈哈又跑到我身上来撒娇，心里不由得滚起温暖的热流，拉过哈哈一把从头揉过背，小家伙顺势想往被子里钻，我一边拒绝着一边往上拉被子，突然脚下一凉，烂泥一样挂在我的大脚趾上的是一块垃圾箱里的鱼头！我顿时睡意全无，换床单洗被罩，天光放亮才勉强收拾妥当。害得我带着熊猫眼跑去上班，一天都没有好心情。实在搞不懂它为什么爱把垃圾叼上床，是故意恶作剧？还是我给的猫粮不够吃？……

动物知识

动物学根据自然界动物的形态、身体内部构造、胚胎发育的特点、生理习性、生活的地理环境等特征，将特征相同或相似的动物归为同一类。在动物界中，根据动物身体中有没有脊索而分成为脊索动物和无脊索动物两大主要门类。

世界上最小的马
最不怕冷的动物
飞行最高的鸟类
嗅觉最灵敏的动物
最美丽的鱼

访问者可将本网站提供的内容或服务用于个人学习、研究或欣赏，以及其他非商业性或非盈利性用途
联系邮箱　友情链接

图 3-20　创建网站首页样式后预览效果

▎学习任务小结 ▍

本任务主要学习了在网页中创建和应用 CSS 样式的相关知识。着重学习了 CSS 语法结构、CSS 注释语句、CSS 样式设计注意事项，链接 CSS 样式、嵌入 CSS 样式、导入 CSS 样式及行内样式等网页中应用样式的方法，CSS 的基本选择器和复合选择器，CSS 的层叠性（优先级）和继承性等内容。运用所学的内容可以为网页创建样式并进行应用。

▎技能与训练 ▍

1. 选择题

（1）以下属于 CSS 注释语句的是（　　　）。

A. // 注释内容　　　　　　　　　　　　B. /* 注释内容 */

C. <!-- 注释内容 -->　　　　　　　　　D.《注释内容》

（2）CSS 样式表定义中，不需要声明选择器的是（　　　）。

A. 行内样式表　　　B. 内嵌样式表　　　C. 外部样式表　　　D. 标记选择器

（3）在 CSS 的后代选择器中，外层标记与内层标记之间使用（　　　）隔开。

A. 大于号　　　　　B. 加号　　　　　　C. 逗号　　　　　　D. 空格

（4）有关下列代码的说法正确的是（　　　）。

```
<style >
a{color:blue; text-decoration:none;}
a:link{color:blue;}
a:visited{color:green;}
a:hover{color:red;}
</style>
```

A. a 样式可应用于所有设置链接的元素

B. a:hover 样式是按钮普通状态的样式

C. a:link 样式是按钮激活状态的样式

D. a:visited 是按钮悬停状态的样式

（5）以下能够正确调用同一目录下的"StyleSheet1.css"样式表的是（　　　）。

A. <style>@import StyleSheet1.css;</style>

B. <link rel= "stylesheet" href="StyleSheet1.css">

C. <link rel="stylesheet1.css" type="text/css">

D. <style rel="stylesheet" type="text/css" src="StyleSheet1.css"></style>

2. 简答题

（1）网页中应用 CSS 样式的方法有哪几种？各有什么特点？

（2）链接 CSS 样式和导入 CSS 样式有什么区别？

（3）CSS 样式规则的基本结构是什么？

（4）CSS 基本选择器有哪些类型？各有什么特点？

（5）CSS 复合选择器有哪些类型？各有什么特点？

（6）CSS 和 HTML 注释语句的结构分别是什么？

（7）什么是 CSS 的层叠性？CSS 规定选择器优先级的顺序是什么？

（8）什么是 CSS 的继承性？哪些属性具有继承性？哪些属性不具有继承性？

3. 操作题

在完成项目 2 的基础上，为自建网站的首页创建样式并进行应用。具体要求如下：

（1）在网页中利用 style 标记或 link 标记应用 CSS 样式。

（2）初步定义首页中图像及大块区域内容的样式，并在 body 区中进行相应的应用。

学习任务 2　设计网站首页样式

在 Web 前端设计技术中，CSS 层叠样式表主要用于对网页进行修饰。CSS 提供了字体、文本、背景、列表、边框、表格、转换、过渡及多列等多种属性，了解和掌握各种 CSS 属性设置及应用，对美化网页非常重要。因此，本学习任务中，我们将学习 CSS 常用属性设置及应用的相关知识和操作，学习任务完成后，应完成网站首页样式的设计并能正确进行应用。

学习目标

知识目标

1. 能够描述 CSS 字体、文本、颜色与背景、列表、边框、表格、转换、过渡、多列等属性的作用。

2. 能够描述 CSS 字体、文本、颜色与背景、列表、边框、表格、转换、过渡、多列等属性的设置方法。

技能目标

1. 能够设计 CSS 样式。

2. 能够在网页中应用样式表文件。

素质目标

能够遵守网络信息发布与传播基本规范和相关法律法规（如网络信息内容治理规定等）。

学习任务结构图

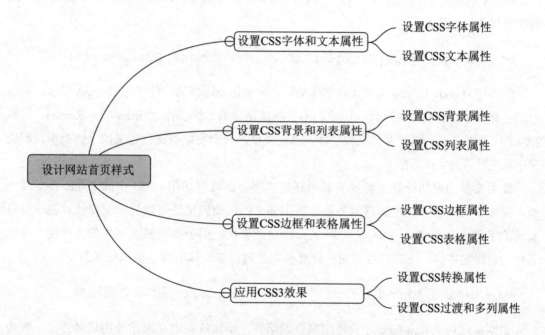

▶ 任务 3.2.1 设置 CSS 字体和文本属性

文本在网页设计中扮演了重要的角色，为此需要合理编排和控制文本的显示方式。使用 CSS 字体属性可以设置文本的字体、外观等；使用 CSS 文本属性可以设置文本的颜色、字符间距、对齐文本、装饰文本、缩进文本及换行方式等。对网页中的文本进行 CSS 字体和文本属性的设置，可以达到美化网页的目的。在本任务中，我们将学习 CSS 常用字体属性、文本属性的设置方法。

一、设置 CSS 字体属性

CSS 字体属性主要用于定义文本的字体系列、字体大小、加粗字体（风格）等。CSS 字体属性主要包括 font-family、font-style、font-weight、font-size、font 等属性。

1. font-family 属性

font-family 属性用于设置文本的字体，属性取值如果是一组字体名称，则每个字体名称之间需要使用逗号隔开；如果字体名称是由多个单词构成，则需要使用单引号或双引号括起来，如"Times New Roman"。

font-family 属性指定的字体受用户环境的影响，只能在用户计算机已安装该字体的情况下才能以指定字体显示 HTML 文本。为了确保指定的字体能够在浏览器中正常显示，font-family 属性允许同时指定多种字体，浏览器通过 font-family 属性确定所要使用字体的列表及优先级。例如：

```
body{font-family:Georgia,"Times New Roman",Times,serif}
```

此语句为 body 标记定义了 4 种字体类型，浏览器先选择第一种字体 Georgia 显示，若用户的计算机中没有安装该字体，浏览器不支持就使用第二种字体"Times New Roman"，前 2 种字体都不支持，则采用第三种字体，以此类推；若浏览器不支持定义的字体类型，则会采用系统默认的字体类型。

如果希望用户的计算机都能够显示指定的字体，可以使用 CSS3 中的 @font-face 规则嵌入字体。嵌入字体是指加载服务器端的字体文件，使浏览器可以显示用户计算机中没有安装的字体。@font-face 语句是 CSS 的一个功能模块，用于实现网页字体的多样性，设计者可任意指定字体，不需要考虑用户计算机中是否已安装该字体，语法格式为

```
@font-face{font-family:字体名称 ; src:url("字体文件路径");}
```

说明： 通过 @font-face 方式使用服务器字体，不建议在中文网站使用这种方法，因为中文网站的字体文件通常都比较大，这样会严重影响网页的加载速度。

2. font-style 属性

font-style 属性用于设置文本显示的字形，属性取值主要有 normal、italic 和 oblique。其中，normal 表示使用普通字形，是默认值；italic 为斜体显示；oblique 为倾斜显示。

3. font-weight 属性

font-weight 属性用于设置文本的粗细，属性取值主要有 normal、bold、bolder、lighter、100、200、300、400、500、600、700、800、900。其中 normal 表示正常粗细，相当于 400；bold 最常用，表示粗体，相当于 700；bolder 表示比前面的文本更粗些；lighter 表示比前面的文本更细些。

4. font-size 属性

font-size 属性用于设置文本字体的大小，属性取值可以有多种方式：绝对大小、相对大小、长度值和百分比等。font-size 属性的主要取值及其描述，见表 3-4。

表 3-4 font-size 属性的主要取值及其描述

属性取值方式	属 性 值	描 述
绝对大小	xx-small、x-small、small、medium、large、x-large、xx-large	设置为不同的尺寸，从 xx-small 到 xx-large。默认值为 medium 表示正常
相对大小	smaller	设置为当前默认字体更小的尺寸
	larger	设置为当前默认字体更大的尺寸
长度值	length	设置为一个固定的值
百分比	%	设置为当前默认字体的一个百分比
继承	inherit	设置从父元素继承字体尺寸

长度值需要指定长度的单位。单位主要分为相对单位和绝对单位两种类型。

（1）相对单位。

1）px：像素（Pixel）与显示器屏幕分辨率有关，是屏幕分辨率中最小的单位，是 CSS 中最常用的长度单位。

2）em：相对于当前对象内文本的字体尺寸，如果当前行内文本的字体尺寸未被设置，则相对于浏览器的默认字体尺寸。

3）ex：相对于字母"x"的高度。因为不同字体的比例也不尽相同，ex 依赖于字体的尺寸及字体的类型。

（2）绝对单位。

1 in = 2.54cm = 25.4 mm = 72pt = 6pc。

1）pt：通常使用 pt（磅）衡量字体尺寸和行距。

2）pc：通常使用派卡（Pica）衡量行的长度。

3）in、cm、mm：英寸（Inch）、厘米（Centimeter）和毫米（Millimeter）都是标准的长度单位。

5. font 属性

font 属性是复合属性，可以一次性地设置多种属性，各属性之间通过空格进行分隔；多个属性要按照 font-style、font-weight、font-size、font-family 的顺序进行指定，属性可以有缺省。例如：

```
p{font:italic 200% serif;}
```

此语句同时定义字形、字体大小和字体，其中 italic 表示字形为斜体，字体大小为 200%，字体类型是 serif，font-weight 属性未进行设置。

典型案例 3-18：CSS 字体属性设置

典型案例 3-18

视 频 讲 解

```
<!doctype html>
<html>
<head>
<meta charset="utf-8">
<title>CSS 字体属性 </title>
<style>
h2{
    color:#33c;
    text-align:center;
}
h4{
    text-align:right;
    font-style:italic;
    text-decoration:underline;
    text-transform:capitalize;
    word-spacing:12px;
}
p{
    font-family:" 黑体 "," 隶书 ";
    text-indent:2em;
    line-height:150%;
    color:#333;
    font-size:14px;
}
li{
    font-size:12px;
    list-style-image:url(images/star.gif);
}
</style>
</head>
<body>
<h2>CSS 的特点 </h2>
<h4>Cascading Style Sheet</h4>
```

```
<p> 样式表定义如何显示 HTML 元素……只需简单地改变样式，然后网站中的所有
元素均会自动地更新。</p>
<ul>
    <li> 行内 CSS 样式 </li>
    <li> 嵌入 CSS 样式 </li>
    <li> 链接外部 CSS 样式 </li>
    <li> 导入外部 CSS 样式 </li>
</ul>
</body>
</html>
```

分析： 本例在 style 标记中定义了相关字体属性。h4 标记选择器定义 font-style:italic 斜体显示；p 标记选择器定义字体类型 font-family 属性，"黑体"和"隶书"2 种字体之间使用逗号分隔；p 标记和 li 标记选择器定义字体大小 font-size 属性，如图 3-21 所示。

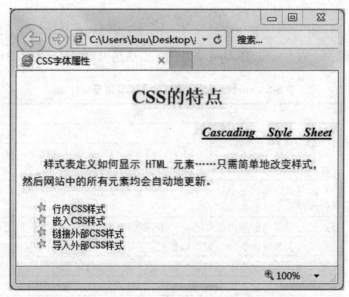

图 3-21　CSS 字体属性设置

二、设置 CSS 文本属性

CSS 文本属性用于定义文本的外观，可以改变文本的颜色、字符间距、对齐文本、装饰文本、缩进文本等。大多数浏览器都支持的 CSS 文本属性主要有 color、letter-spacing、text-transform、word-spacing、text-decoration、text-align、line-height、text-indent、vertical-align 等。

1. letter-spacing 和 word-spacing 属性

letter-spacing 属性用于设置字符的间距，属性取值主要是 normal 和数值。normal 表示元素不带任何字符间距，如果需要增加或缩小字符的间距，可以使用 px 和 em 作单位进行设置。letter-spacing 属性会影响中文的文字间距。

word-spacing 属性用于设置单词之间的间距，属性取值主要是 normal 和数值，该属性多用于英文文本，对中文没有影响。

2. text-transform 属性

text-transform 属性用于设置文本的大小写形式，属性取值主要有 none（不发生变化，默认值）、capitalize（每个单词首字母大写）、uppercase（所有字母都大写）、lowercase（所有字母都小写）。

3. text-align 属性

text-align 属性用于设置文本在包含元素或浏览器窗口中水平对齐的方式，属性取值主要有 left（左对齐）、right（右对齐）、center（居中对齐）、justify（两端对齐）等。

4. vertical-align 属性

vertical-align 属性用于设置元素的纵向排列方式。纵向排列一般是针对参照物（文字、图像等）的相对位置而言，vertical-align 属性的主要取值及其描述，见表 3-5。

表 3-5 vertical-align 属性的主要取值及其描述

属 性 值	描 述
baseline	定义与参照物的基准线对齐
sub	定义以下标形式显示。对于图片，其顶端位置处于基准线上；对于文本，字体主体的顶端处于基准线上
super	定义以上标形式显示。对于图片，其底部与字体顶端对齐；对于文本，其下探部分与字体主体的顶端对齐
top	定义与参照物的最高处对齐。文本顶端和图片顶端与行内最高元素的顶端对齐
text-top	定义与参照对象的最高文本顶部对齐
middle	定义与参照对象的中部对齐。将元素垂直中点与父元素垂直中点对齐
bottom	定义与参照对象的底部对齐。文本底部和图片底部与行内最低元素的底部对齐
text-bottom	定义与参照对象的最低文本底部对齐

5. line-height 属性

line-height 属性用于设置行高（行距），属性取值主要是字符倍数、计量单位数值和百分比，默认值为 normal。

（1）字符倍数主要是指行高的属性值与元素设定的字符（大小）的乘积。

（2）单位数值是以单位标识符组成的长度值，常用的单位主要有 pt、px、in、mm、cm 等。

（3）百分比是相对元素字体的高度而设置的。

6. text-indent 属性

text-indent 属性用于设置文本块首行的缩进量，该属性对块级元素有效，对行内元素无效。text-indent 属性取值可以采用单位数值、字符宽度的倍数 em 或相对浏览器窗口的百分比。例如：使用 class 样式设置首行缩进量为浏览器窗口的 10%，随着浏览器窗口宽度的变化，首行的缩进量也随之变化。其样式语句为

```
.a1{text-indent:10%;}
```

text-indent 属性可以使用负值，表示首行向左凸出相应的缩进量，如果超出父元素的边界，则缩进内容将无法显示。

7. text-decoration 属性

text-decoration 属性用于设置添加到文本的修饰效果，属性取值主要有 none（默认值，定义标准文本，无任何修饰）、underline（定义文本带有下划线）、overline（定义文本带有上划线）、line-through（定义文本中间带有删除线）、inherit（定义从父元素继承该属性的值）。

8. color 属性

color 属性用于设置文本的颜色，即元素的前景色。

9. text-shadow 属性

CSS3 提供 text-shadow 属性，用于设置文本的阴影效果。语法结构为

```
text-shadow:h-shadow v-shadow [blur][color]
```

text-shadow 属性各参数的作用，见表 3-6。参数 h-shadow、v-shadow、blur 的单位主要是 px、em、百分比等。

表 3-6　text-shadow 属性参数的作用

属性参数	作　　用
h-shadow	表示水平阴影的偏移距离。取值为正，表示阴影向右偏移；取值为负，表示阴影向左偏移
v-shadow	表示垂直阴影的偏移距离。取值为正，表示阴影向下偏移；取值为负，表示阴影向上偏移
blur	可选参数，表示阴影模糊的程度。数值越大，表示阴影模糊程度越高。blur 参数取值不能为负值
color	可选参数，表示阴影的颜色

典型案例 3-19：CSS 文本属性设置——text-shadow 属性

```
<!doctype html>
<html>
<head>
<meta charset="utf-8">
<title>CSS 文本 text-shadow 属性设置 </title>
<style>
.sh1{text-shadow:10px 10px 5px #FF3300;}    /* 定义文本阴影效果 */
.sh2{text-shadow:-10px -10px 5px #FF3300;} /* 定义文本阴影效果 */
</style>
</head>
<body>
<h1 class="sh1">Web 前端开发技术 1</h1>
<h1 class="sh2">Web 前端开发技术 2</h1>
</body>
</html>
```

分析： 本例在 style 标记中设置 CSS 文本的 text-shadow 属性。body 区中的第一个 h1 元素应用 sh1 类样式，第二个 h1 元素应用 sh2 类样式。如图 3-22 所示，第一行标题在其右下方出现红色、模糊的阴影效果，第二行标题在其左上方出现红色、模糊的阴影效果。h-shadow 和 v-shadow 参数可以设置为负值，而 blur 参数不能为负。

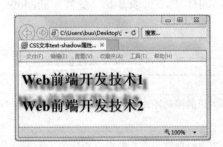

图 3-22　CSS 文本 text-shadow 属性设置

10. word-wrap 属性

word-wrap 属性用于设置长单词或 url 地址等是否换行显示。属性取值 nomal 表示文本自动换行，为默认值；break-word 表示长单词或 url 地址强制换行。

▶ 任务 3.2.2 设置 CSS 背景和列表属性

CSS 背景属性用于定义 HTML 元素的背景，CSS 列表属性用于定义列表项的项目符号及其显示方式等。对网页中的元素进行 CSS 背景和列表属性的设置，可以起到美化网页的作用。本任务中，我们将学习 CSS 常用背景属性、列表属性的设置方法。

拓展案例 3-6
word-wrap 属性设置

案例分析

一、设置 CSS 背景属性

CSS 可以设置元素的背景颜色或背景图像，主要有 background-color、background-image、background-repeat、background-position、background-attachment、background 等属性，CSS3 还提供了 background-size、background-origin 属性。

1. background-color 属性

background-color 属性用于设置元素的背景颜色，默认值 transparent 表示透明色。该属性的语法与设置文本颜色的 color 属性类似。

2. background-image 属性

background-image 属性用于设置元素的背景图像。元素的背景占据元素的全部尺寸，包括内边距和边框。background-image 属性的取值主要有 none（表示无背景图像）、url（表示图像文件的 url 地址）。

例如：定义 h1 元素的背景图像为 backimage.jpg，样式语句为

```
h1{background-image:url(backimage.jpg);}
```

默认情况下，background-image 属性的背景图像位于元素的左上角，并在水平和垂直方向上重复。可以使用 background-image 属性为元素设置多个背景图像。例如：

```
div{background-image:url(images/huabian.jpg),url(images/
huabian1.jpg); background-repeat:no-repeat;}
```

此语句为 div 元素设置 2 幅背景图像，背景图像的 url 之间使用逗号进行分隔。默认情况下，2 幅背景图像都是以元素的左上角为基准显示，背景图像会发生重叠，可以使用 background-position 属性为背景图像设置起始位置。

3. background-repeat 属性

background-repeat 属性用于设置是否重复背景图像及如何重复背景图像，默认情况下，背景图像在水平和垂直方向上重复。background-repeat 属性的主要取值及其描述，见表 3-7。

表 3-7　background-repeat 属性的主要取值及其描述

表 3-7　background-repeat 属性的主要取值及其描述

属 性 值	描　　述
repeat	默认值，背景图像完全填充元素的全部尺寸
repeat-x	背景图像在水平方向上从左到右重复填充元素的尺寸
repeat-y	背景图像在垂直方向上从上到下重复填充元素的尺寸
no-repeat	不使用图像重复填充元素的尺寸，背景图像仅显示一次

4. background-position 属性

background-position 属性用于设置背景图像的起始位置，通常与 background-image 属性一起使用。

background-position 属性的主要取值及其描述，见表 3-8。背景图像的位置一般需要设置 2 个参数，参数的单位主要是关键词、百分比、长度单位。第一个参数表示水平位置，第二个参数表示垂直位置，2 个参数间使用空格进行分隔。也可以只设置一个参数，另一个参数自动为居中 center 或 50%。

表 3-8　background-position 属性的主要取值及其描述

属 性 值	描　　述
top left top center top right center left center center center right bottom left bottom center bottom right	如果仅设置一个关键词，则第二个值将为 center，默认值为 0% 0%
x% y%	2 个值分别表示水平位置和垂直位置；左上角为 0% 0%，右下角为 100% 100%；如果仅设置一个值，则另一个值为 50%
xpos ypos	2 个值分别表示水平位置和垂直位置；左上角为 0 0，单位是像素或任何其他的 CSS 单位；如果仅设置一个值，则另一个值为 50%

典型案例 3-20：CSS 背景属性设置

```
<!doctype html>
<html>
<head>
<meta charset="utf-8">
<title>CSS 背景属性设置 - 多图像背景 </title>
<style>
body{
```

```
    background-image:url(images/bj_01.gif),url(images/bj_02.jpg);
    background-position:0px 0px,200px 0px;
    background-repeat:no-repeat;
}
h2{
    color:#33c;
    text-align:center;
}
h4{
    text-align:right;
    font-style:italic;
    text-decoration:underline;
    text-transform:capitalize;
    word-spacing:12px;
}
p{
    font-family: 黑体,隶书;
    text-indent:2em;
    line-height:150%;
    color:#333;
    font-size:14px;
}
</style>
</head>
<body>
    <h2>CSS 的特点 </h2>
    <h4>Cascading Style Sheet</h4>
    <p>CSS 是用于定义网页内容显示样式的一种技术。CSS 不仅可以静态地修饰网
页,还可以配合各种脚本语言动态地对网页各元素进行格式化。CSS 的主要功能就是将某
些规则应用于文档中同一类的元素,这样可以减少页面设计的工作。CSS 可以灵活定制网
页元素风格,方便页面的修改,减少页面的体积,易于统一页面风格 </p>
</body>
</html>
```

典型案例3-20

视 频 讲 解

分析: 本例在 body 标记选择器中,使用 background-image 属性设置 2 幅背景图像,同时使用 background-position 属性设置背景图像的起始位置,设置 background-repeat 重复方式为 no-repeat,背景图像仅显示一次,如图 3-23 所示。如果不设置 2 幅图像的起始位置,则 2 幅背景图像都会以 body 元素的左上角(0,0)点为起始点,会出现背景图像重叠的现象,第一幅背景图像会覆盖在第二幅背景图像上。

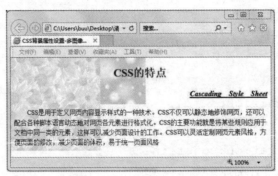

图 3-23　CSS 背景属性设置

5. background-attachment 的属性

　　background-attachment 属性用于设置背景图像是否固定或者随内容一起滚动。background-attachment 属性值主要有 scroll(默认值,定义背景图像随着页面内容滚动而一起滚动)、fixed(定义背景图像静止而页面内容可以滚动)。

　　6. background 属性

　　background 属性是复合属性,用于一次性设置针对背景的多个属性,需要按照 background-color、background-image、background-repeat、background-attachment、background-position 的顺序进行设置。

　　7. background-size 属性

CSS3 提供 background-size 属性,用于设置背景图像的尺寸。语法结构为

```
background-size:length | percentage | cover | contain
```

background-size 属性参数的作用,见表 3-9。

表 3-9　background-size 属性参数的作用

属性参数	作　　用
length	用于设置背景图像的宽度和高度,第一个值是宽度,第二个值是高度。如果只设置一个值,另一个值默认为 auto
percentage	以父元素的百分比来设置背景图像的宽度和高度,第一个值是宽度,第二个值是高度。如果只设置一个值,另一个值默认为 auto
cover	设置背景图像完全覆盖背景区域。背景图像的某些部分也许无法显示在背景区域内
contain	设置背景图像的宽度和高度完全适应内容区域

8. background-origin 属性

background-origin 属性用于设置将背景图像定位于某个区域，属性的主要取值及其描述，见表 3-10。

拓展案例 3-8
CSS 背景属性
background-size
设置

案 例 分 析

表 3-10   background-origin 属性的主要取值及其描述

属 性 值	描　述
border-box	设置背景图像相对于边框进行定位
content-box	设置背景图像相对于内容框进行定位
padding-box	设置背景图像相对于内边距框进行定位

例如：

```
div{background:url(images/huabian.jpg) no-repeat; background-size:100px 80px; background-origin:content-box;}
```

此语句中为 div 元素设置了 background-origin 属性，此样式可以将背景图像定位于块级元素的内容区域。

典型案例 3-21：CSS 背景属性 background-origin 设置

典型案例 3-21

视 频 讲 解

```
<!doctype html>
<html>
<head>
<meta charset="utf-8">
<title>CSS 背景属性 background-origin</title>
<style>
div{
    background:url(images/huabian.jpg) no-repeat;
    background-size:100px 80px;
    background-color:#ccc;
    width:120px;
    height:100px;
    border:10px #000 solid;
    margin-right:5px;
    padding:20px;
    float:left;
}
.s1{background-origin:border-box;}
```

```
.s2{background-origin:content-box;}
.s3{background-origin:padding-box;}
</style>
</head>
<body>
<div class="s1"></div>
<div class="s2"></div>
<div class="s3"></div>
</body>
</html>
```

分析：本例中分别为 3 个 div 元素设置不同的背景图像定位形式，第一个 div 元素的背景图像相对于边框进行定位；第二个 div 元素的背景图像相对于内容区进行定位；第三个 div 元素的背景图像相对于内边距进行定位，如图 3-24 所示。

border-box   content-box   padding-box

图 3-24 CSS 背景属性 background-origin 设置

二、设置 CSS 列表属性

CSS 列表属性用于设置文本以列表形式显示及设置列表项目符号的样式，主要有 list-style-type、list-style-position、list-style-image、list-style 等属性。

1. list-style-type 属性

list-style-type 属性用于设置列表项符号的类型，属性的主要取值及其描述，见表 3-11。

表 3-11 list-style-type 属性的主要取值及其描述

属 性 值	描 述
none	无项目符号
disc	默认值，表示实心圆点●
circle	表示空心圆点○

续表

属 性 值	描 述
square	表示实心方块■
decimal	表示阿拉伯数字（1、2、3…）
decimal-leading-zero	表示以 0 开头的数字标记（01、02、03…）
lower-roman	表示小写罗马数字（i、ii、iii、iv、v…）
upper-roman	表示大写罗马数字（I、II、III、IV、V…）
lower-alpha	表示小写英文字母（a、b、c…）
upper-alpha	表示大写英文字母（A、B、C…）

2. list-style-position 属性

list-style-position 属性用于设置列表项目符号的位置，属性的主要取值及其描述，见表 3-12。

表 3-12　list-style-position 属性的主要取值及其描述

属 性 值	描 述
outside	默认值，设置项目符号位于文本的左侧，放置在文本以外，且环绕文本不根据项目符号对齐
inside	设置项目符号放置在文本以内，且环绕文本根据项目符号对齐
inherit	设置从父元素继承 list-style-position 属性的值

3. list-style-image 属性

list-style-image 属性用于设置将图像作为列表项目符号，可以美化页面。list-style-image 属性值主要有 none（表示不指定图像作为项目符号）和 url（表示使用绝对地址或相对地址指定作为项目符号的图像）。

典型案例 3-22：CSS 列表属性 list-style-image 和 list-style-position 设置

```
<!doctype html>
<html>
<head>
<meta charset="utf-8">
<title>CSS 列表属性 list-style-image 和 list-style-
position 设置 </title>
<style>
h2{
    color:#33c;
    text-align:center;
}
```

典型案例3-22

视 频 讲 解

```
li{
    font-size:14px;
    list-style-type:circle;
}
.li1{
    list-style-image:url(images/bj_01new.gif);
    list-style-position:inside;
}
.li2{
    list-style-image:url(images/bj_01new.gif);
    list-style-position:outside;
}
</style>
</head>
<body>
<h2> 网页中应用 CSS 样式的方法 </h2>
<ul>
```

    `<li>` 行内样式表。在某个元素内，使用其 style 属性进行样式的定义，属性值可以包含 CSS 规则声明，但不包含选择器。`</li><br>`

    `<li class="li1">` 嵌入样式表。可以将样式信息作为文档的一部分用于 HTML 文档，嵌入 CSS 样式只对所在的网页有效，使用 style 标记进行样式的定义。`</li><br>`

    `<li class="li2">` 链接外部样式表。外部样式表主要就是指将 CSS 样式规则保存为一个以 CSS 为后缀的文件中，网页需要引用该样式文件时，在网页的 head 区使用 link 标记调用该样式文件即可。`</li><br>`

    `<li>` 导入接外部样式表。需要放置在 HTML 文档 head 区中的 style 标记内，使用的代码语句形式是 "@import url"。`</li>`

```
</ul>
</body>
</html>
```

    分析：本例在 li 标记选择器中设置 list-style-type 属性，定义无序列表的项目符号显示为空心圆点；在 li1 和 li2 类选择器中分别设置 list-style-image 属性，通过 url 加载作为项目符号的图像，再分别设置 list-style-position 属性为 inside 和 outside。如图 3-25 所示，第一个和最后一个列表项目 li 元素由于只应用 li 标记选择器的样式，所以项目符号显示为空心圆点；第二个列表项目 li 元素同时应用 li 标记选择器和 li1 类选择器的样式，由于类选择器的优先级高于标记选择器，所以项目符号显示为图像，同时图像符号放置在文本以内且环绕文本根据图像符号对齐；第三个列表项目 li 元素也是优先采用 li2 类选择器的样式，所以项目符号显示为图像，同时图像符号放置在文本以外且环绕文本不根据图像符号对齐。

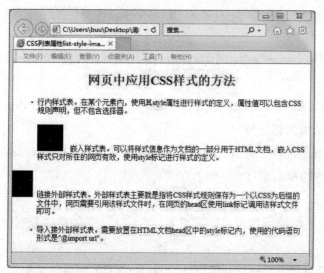

拓展案例 3-9
CSS 列 表 属 性
list-style 设置

案 例 分 析

图 3-25 CSS 列表属性 list-style-image 和 list-style-position 设置

4. list-style 属性

list-style 属性是复合属性，用于一次性设置关于列表的所有属性，需要按照 list-style-type、list-style-position、list-style-image 的顺序进行属性设置。

▶ 任务 3.2.3 设置 CSS 边框和表格属性

使用 CSS 边框属性可以为元素创建出效果出色的边框；通过改变表格的边框、内边距、文本对齐方式及颜色等，使用 CSS 表格属性可以使 HTML 表格更加美观。对网页中的元素进行 CSS 边框和表格属性的设置，可以起到美化网页的作用。因此，在本任务中，我们将学习 CSS 常用边框属性、表格属性的设置方法。

一、设置 CSS 边框属性

border 属性可以设置元素边框的宽度、颜色和样式，主要有 border-width、border-color、border-style、border、border-radius、border-image 等边框属性。

1. border-width 属性

border-width 属性用于设置边框的宽度，可以按照上、右、下、左的顺序分别设置各边框的宽度。该属性取值主要有关键词 medium（默认值）、thin（小于默认宽度）、thick（大于默认宽度）或长度数值，关键词所对应的实际宽度取决于所使用的浏览器。

border-width 属性可以设置多个值，具体情况如下：

（1）设置 1 个数值。例如：border-width:10px，表示上、右、下、左 4 个边框的宽度均为 10px。

（2）设置 2 个数值。例如：border-width: 10px thin，表示上、下边框宽度为 10px，左、右边框的宽度为细边框。

（3）设置 3 个数值。例如：border-width: 10px thin 5px，表示上边框 10px、左右边框为细边框、下边框 5px。

（4）设置 4 个数值。例如：border-width: 10px thin 5px thick，表示上边框 10px、右边框为细边框、下边框 5px、左边框为粗边框。

可以使用单边框宽度属性 border-left-width、border-right-width、border-top-width、border-bottom-width 分别设置各边框的宽度。

2. border-color 属性

border-color 属性用于设置边框的颜色，可以按照上、右、下、左的顺序分别设置各边框的颜色。

border-color 属性可以设置多个值，属性取值规则与 border-width 属性的类似。

可以使用单边框颜色属性 border-left-color、border-right-color、border-top-color、border-bottom-color 分别指定各边框的颜色。

3. border-style 属性

border-style 属性用于设置边框的样式，可以按照上、右、下、左的顺序分别设置各边框的样式。border-style 属性的主要取值及其描述，见表 3-13。

表 3-13　border-style 属性主要取值及其描述

属 性 值	描　　述
none	默认值，表示无边框
dotted	表示边框由点线组成
dashed	表示边框由划线组成
solid	表示边框由实线组成
double	表示边框由双实线组成
groove	表示边框具有 3D 凹槽效果
ridge	表示边框具有山脊状效果
inset 和 outset	表示用修饰元素的颜色描出边框

border-style 属性可以设置多个值，属性取值规则与 border-width 属性的类似。

可以使用单边框样式属性 border-left-style、border-right-style、border-top-style、border-bottom-style 分别指定各边框的样式。

典型案例 3-23：CSS 边框属性设置

典型案例 3-23
视 频 讲 解

```
<!doctype html>
<html>
<head>
<meta charset="utf-8">
<title>CSS 边框属性 </title>
<style>
p{
    border-style:dotted solid double dashed;
    width:360px;
    border-width:5px;
    border-color:#903;
}
</style>
</head>
<body>
<p>CSS 是用于定义网页内容显示样式的一种技术。CSS 不仅可以静态的修饰网页，
还可以配合各种脚本语言动态的对网页各元素进行格式化。CSS 的主要功能就是将某些规
则应用于文档中同一类的元素，这样可以减少页面设计的工作。CSS 可以灵活定制网页元
素风格，方便页面的修改，减少页面的体积，易于统一页面风格。</p>
</body>
</html>
```

分析： 本例在 p 标记选择器中，使用 border-style 属性设置边框样式，4 个值 dotted、solid、double、dashed 分别表示上、右、下、左 4 个边框的样式；使用 border-width 属性设置 4 个边框的宽度均为 5px，使用 border-color 属性设置 4 个边框的颜色。如图 3-26 所示，p 元素的 4 个边框的宽度、颜色相同，但是样式不同，上边框 dotted 点线、右边框 solid 实线、下边框 double 双实线、左边框 dashed 划线。

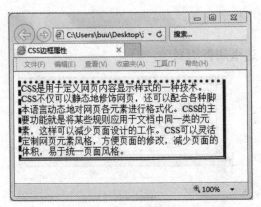

图 3-26　CSS 边框属性设置

4. border 属性

border 属性是复合属性，用于设置一个元素边框的宽度、样式和颜色，可以同时设置 4 个边框的宽度、颜色和样式。设置样式时没有顺序要求，只需要设置 border-width、border-style 和 border-color 属性的参数即可，3 个参数之间需要使用空格进行分隔。

5. 单边框属性

border-top、border-bottom、border-left、border-right 这组单边框属性可以分别用来设置上、下、左、右边框的宽度、样式和颜色。设置单边框样式时没有顺序要求，只需要设置宽度、样式和颜色 3 个参数即可，参数之间需要使用空格进行分隔。例如：

```
h2.border{border-top:thin solid blue; border-bottom:thick
solid yellow;}
```

此语句定义 h2 元素的上边框为蓝色、细实线，下边框为黄色、粗实线。

说明： 在 border 复合属性中能同时设置 4 个边框的宽度、样式和颜色，而单边框属性则只能设置某个边框的宽度、样式和颜色。

6. border-radius 属性

CSS3 提供 border-radius 属性，用于为元素添加圆角边框。其语法结构为

border-radius：水平半径 值 |% [垂直半径 值 |%]

border-radius 属性取值有多种表示方式，具体表示方式如下：

（1）圆角为圆形效果。

1）设置 1 个属性值。例如：border-radius:10px，表示 4 个方向的圆角大小相同，即每个圆角的水平半径和垂直半径都是 10px，如图 3-27 左侧第一张图所示。

2）设置 2 个属性值。例如：border-radius:10px 30px，2 个数值分别表示左上角和右下角的圆角大小为 10px、右上角和左下角的圆角大小为 30px，如图 3-27 左侧第二张图所示。

3）设置 3 个属性值。例如：border-radius:10px 30px 50px，3 个属性值分别表示左上角

的圆角大小为 10px、右上角和左下角（对角）的圆角大小为 30px、右下角的圆角大小为 50px，如图 3-27 左侧第三张图所示。

4）设置 4 个属性值。例如：border-radius:10px 20px 30px 40px，4 个属性值分别表示左上角的圆角大小为 10px、右上角的圆角大小为 20px、右下角的圆角大小为 30px、左下角的圆角大小为 40px（顺时针方向），如图 3-27 右侧第一张图所示。

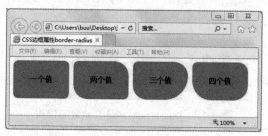

图 3-27　CSS 边框属性 border-radius 取值

（2）圆角为椭圆效果。使用 border-radius 属性设置圆角为椭圆效果，需要设置两组半径值，第一组值表示水平半径，第二组值表示垂直半径，两组值之间使用斜杠（/）分隔。每组值也可以同时设置 1 ~ 4 个值，规则与上面介绍的圆角为圆形效果的相同。

拓展案例3-10
CSS 边框属性
border-radius
设置

案　例　分　析

7. border-image 属性

border-style 属性设置的边框样式比较简单，CSS3 提供了可以为边框添加背景图像的 border-image 属性。border-image 属性是复合属性，包括以下属性。

（1）border-image-source 属性：设置边框图像的路径。

（2）border-image-slice 属性：设置切割图像的位置，通常由 4 个值决定，按照上、右、下、左的顺序进行分割，也可以有省略值。属性值可以使用百分比或数字（不能添加单位）。

（3）border-image-width 属性：设置图像边框的宽度（不能添加单位）。

（4）border-image-outset 属性：设置边框图像区域超出边框的量。

（5）border-image-repeat 属性：设置图像在边框水平方向和竖直方向的重复方式。border-image-repeat 属性的主要取值及其描述，见表 3-14。

表 3-14　border-image-repeat 属性的主要取值及其描述

属 性 值	描 述
stretch	默认值，设置图像拉伸以填充整个边框
repeat	设置图像平铺以填充整个边框
round	设置图像平铺以填充整个边框，如果平铺之后的切片数目与区域不匹配，就会对图像进行相应的缩放
space	设置图像平铺以填充整个边框，如果平铺之后的切片数目与区域不匹配，就会调整图像之间的间距以空白填充

8. box-shadow 属性

拓展案例3-11
CSS 边框属性
border-image
设置
案 例 分 析

CSS3 提供 text-shadow 和 box-shadow 属性，其中 text-shadow 属性用于为文本设置阴影，box-shadow 属性用于为块级元素添加阴影。box-shadow 属性的语法结构为

```
box-shadow:h-shadow v-shadow [blur][spread][color]
[inset]
```

box-shadow 属性各参数的作用，见表 3-15。参数 h-shadow、v-shadow、blur 的单位主要是 px、em、百分比等。

表 3-15　box-shadow 属性参数的作用

属 性 参 数	作 用
h-shadow	表示水平阴影的偏移距离。取值为正，表示阴影向元素右侧偏移；取值为负，表示阴影向元素左侧偏移
v-shadow	表示垂直阴影的偏移距离。取值为正，表示阴影向元素下端偏移；取值为负，表示阴影向元素上端偏移
blur	可选参数，表示阴影模糊的程度。参数值越大，阴影模糊程度越高。blur 参数取值不能为负值
color	可选参数，表示阴影的颜色。取值主要是颜色英文名称、rgb 代码、十六进制数
spread	可选参数，表示阴影的周长向四周扩展的尺寸。取值为正，表示阴影扩大；取值为负，表示阴影缩小
inset	可选参数，表示将外部阴影改为内部阴影

典型案例 3-24：CSS 边框属性 box-shadow 设置

典型案例3-24
视 频 讲 解

```
<!doctype html>
<html>
<head>
<meta charset="utf-8">
<title>CSS3 边框属性 box-shadow</title>
<style>
div{
    width:360px;
    box-shadow:-10px 10px 15px #FF6633;
    border:#000 2px solid;
    margin:10px auto;
}
```

```
</style>
</head>
<body>
```

CSS 是用于定义网页内容显示样式的一种技术。CSS 不仅可以静态地修饰网页，还可以配合各种脚本语言动态地对网页各元素进行格式化。CSS 的主要功能就是将某些规则应用于文档中同一类的元素，这样可以减少页面设计的工作。CSS 可以灵活定制网页元素风格，方便页面的修改，减少页面的体积，易于统一页面风格。

```
</body>
</html>
```

分析：本例中使用 box-shadow 属性为 div 元素设置边框阴影效果。预览效果如图 3-28 所示，在 div 元素左侧 10px、下方 10px 位置处出现模糊程度为 15px 的红色阴影。

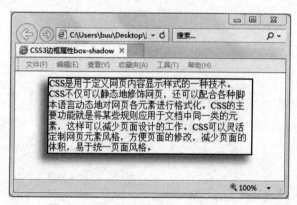

图 3-28 CSS 边框属性 box-shadow 设置

二、设置 CSS 表格属性

使用 CSS 可以改善表格的外观，我们已学习过 border、width、height、text-align、vertical-align 等 CSS 属性。其中，border 属性用于设置表格的边框，width 和 height 属性用于设置表格的宽度和高度，text-align 和 vertical-align 属性用于设置表格中文本水平和垂直对齐的方式，padding 属性用于设置表格中内容与边框的距离。此外，CSS 还提供了 border-collapse、border-spacing、caption-side 等表格属性。

1. border-collapse 属性

border-collapse 属性用于设置表格或单元格边框的线条效果。由于 table、th、td 元素都具有独立的边框，所以表格通常是具有双线条边框的。使用 border-collapse 属性可以折叠边框，将表格或单元格的双线条边框设置为单线条边框。border-collapse 属性的主要取值及其描述，见表 3-16。

表 3-16　border-collapse 属性的主要取值及其描述

属　性　值	描　　　　　述
collapse	设置表格和单元格的边框折叠
separate	默认值，设置分隔表格和单元格的边框
inherit	设置从父元素继承该属性值

典型案例 3-25：CSS 边框属性 border-collapse 设置

```
<!doctype html>
<html>
<head>
<meta charset="utf-8">
<title>CSS 边框属性 border-collapse</title>
<style>
table{
    width:300px;
    margin:auto;
    background-color:#F3F;
    border-collapse:collapse;
}
td,th{
    text-align:center;
    border:1px #000000 solid;
}
</style>
</head>
<body>
<table >
    <caption><h2> 课时安排 </h2></caption>
    <tr><th rowspan="2"> 周次 </th><th colspan="2"> 授课方式 </th>
</tr>
    <tr><th> 讲课 </th><th> 上机 </th></tr>
    <tr><td>1</td><td>2</td><td>2</td></tr>
    <tr><td>2</td><td>2</td><td>2</td></tr>
</table>
```

```
</body>
</html>
```

分析：本例中使用 border-collapse 属性设置表格的边框为单线条边框，如图 3-29b）所示，如图 3-29a）所示为未设置 border-collapse: collapse 的预览效果，表格的边框显示为双线条边框。

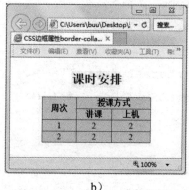

a)　　　　　　　　　　　b)

图 3-29　CSS 表格属性 border-collapse 设置

2. border-spacing 属性

border-spacing 属性用于设置相邻单元格边框之间的距离，可以使用 px、cm 等单位，该属性在 border-collapse 属性取值 separate 时才有效。border-spacing 属性值为 1 个数值时，用于定义水平间距和垂直间距；属性值为 2 个数值时，第一个数值定义水平间距，第二个数值定义垂直间距。

在典型案例 3-25 的 table 标记选择器样式中增加以下内容，定义表格中相邻单元格边框之间的距离为 10px，如图 3-30 所示。

```
table{border-spacing:10px;}
```

图 3-30　CSS 表格属性 border-spacing 设置

3. caption-side 属性

caption-side 属性用于设置表格标题的位置，属性取值主要有 top（默认值，设置表格标题在表格之上）、bottom（设置表格标题在表格之下）、inherit（设置从父元素继承 caption-side 属性值）。

典型案例 3-26：CSS 表格属性设置

```
<!doctype html>
<html>
<head>
<meta charset="utf-8">
<title>CSS 表格属性 </title>
<style>
#tb{
    width:100%;
    border-collapse:collapse;
    text-align:center;
}
#tb td,#tb th{
    font-size:1em;
    border:2px solid #98bf21;
    padding:3px 7px 2px 7px;
}
caption{caption-side:bottom;}
#tb tr.alt td{
    color:#000000;
    background-color:#EAF2D3;
}
</style>
</head>
<body>
<table id="tb">
    <caption><h2> 特色专业一览表 </h2></caption>
    <tr><th> 序号 </th><th> 专业名称 </th><th> 所属单位 </th></tr>
    <tr><td>1</td><td> 国际经济与贸易 </td><td> 商务学院 </td></tr>
```

```
    <tr class="alt"><td>2</td><td> 电子商务 </td><td> 管理学院
</td></tr>
    <tr><td>3</td><td> 旅游管理 </td><td> 旅游学院 </td></tr>
    <tr class="alt"><td>4</td><td> 心理学 </td><td style="border:
2px solid blue; font-weight:600;"> 师范学院 </td></tr>
    <tr><td>5</td><td> 工程管理 </td><td> 生化学院 </td></tr>
  </table>
  </body>
  </html>
```

分析：本例中定义了 id 选择器 tb 的样式，设置 width、border-collapse 等属性；定义了 id 选择器中 td 单元格和 th 表头的样式，设置字体大小、边框及内边距属性；定义 alt 类样式的背景颜色和字体颜色。body 区中使用 table 标记定义表格、caption 标记定义表格的标题；使用 6 个 tr 标记定义表格的 6 行；使用 th 或 td 定义表格中的各列，第一行的单元格使用 th 标记定义表头行单元格，内容将加粗显示，其他行中的单元格使用 td 标记进行定义。table 元素应用 id 选择器样式 tb；第三行、第五行应用 alt 类样式，目的是使两行中的背景颜色发生改变；"师范学院" 单元格 td 使用行内样式定义边框和字体加粗的样式。如图 3-31 所示，表格显示为单线条边框，第三行和第五行单元格的背景颜色发生变化，"师范学院" 单元格的边框只显示右边框和下边框的样式设置。

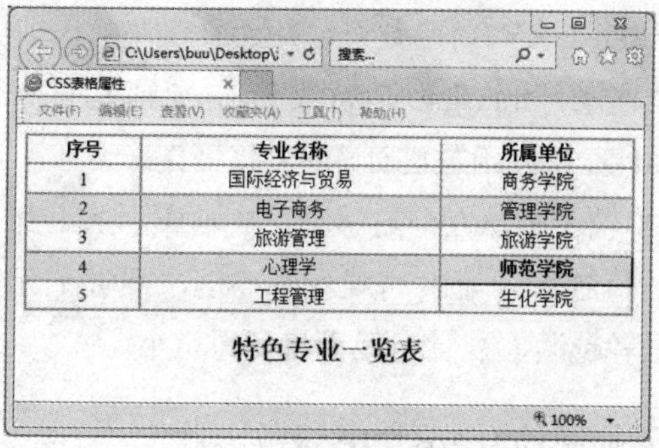

图 3-31　CSS 表格属性设置

▶ **任务 3.2.4　应用 CSS3 效果**

本任务中，我们将学习 CSS3 提供的转换属性、过渡属性及多列属性。其中，transform 转换属性可以进行平移、缩放、旋转、倾斜等操作，transition 过渡属性可以为元素转变样式时添加效果，columns 多列属性可以为文本设置多列布局效果。

一、设置 CSS 转换属性

转换是使元素改变形状、尺寸和位置的一种效果。通过 CSS3 转换可以对元素进行移动、缩放、转动或拉伸等操作，也可以对元素进行 2D 或 3D 的转换效果。实现元素转换效果的属性是 transform，语法结构为

```
transform:none | 转换函数
```

其中，CSS3 2D transform 转换属性常用的函数，见表 3-17。

表 3-17　CSS3 2D transform 转换属性常用的函数

转换方法	转换方式	实　　例	描　　述
translate()	平移	transform: translate(100px,100px)	将元素向右移动 100px，向下移动 100px
scale()	缩放	transform: scale(2,4)	将元素的宽度变为原来的 2 倍，高度变为原来的 4 倍
rotate()	旋转	transform: rotate(90deg)	将元素顺时针旋转 90 度
skew()	倾斜	transform: skew(30deg,10deg)	将元素围绕 X 轴翻转 30 度，围绕 Y 轴翻转 10 度
matrix()	矩阵变换	transform: matrix(1, 0, 0, 1, 20, 5)	可以实现平移变换 translate(20px, 5px)

1. translate 函数

translate (x, y) 函数的作用是根据给定的位置参数 X 坐标、Y 坐标移动指定的元素。

利用 translateX (x) 和 translateY (y) 函数可以使元素仅在单一轴上进行移动。translateX (x) 表示在 X 轴水平方向上移动，translateY (y) 表示在 Y 轴垂直方向上移动。还可以使用 translateZ (z) 和 translate3d (x, y, z) 函数进行 3D 位移操作。

translate() 函数中的 X 轴表示从左向右移动；Y 轴表示从上到下移动；Z 轴表示以方框中心为原点变大，Z 轴的值越大，元素离观看者越近，视觉上元素将变得更大，反之，Z 轴的值越小，元素离观看者越远，视觉上元素将变得更小。

典型案例 3-27：CSS 转换属性 translate 函数

```
<!doctype html>
<html>
<head>
<meta charset="utf-8">
<title>CSS 转换属性 -translate 函数 </title>
<style>
img{
```

典型案例 3-27

视 频 讲 解

```
        width:200px;
        height:150px;
    }
    div{
        transform:translate(100px,50px);     /* 定义平移效果 */
        width:200px;
    }
    </style>
    </head>
    <body>
    <div><img src="images/qie.jpg"></div>
    </body>
    </html>
```

分析：本例为 div 标记设置 transform 转换属性的 translate() 函数，X 轴取值 100px，Y 轴取值 50px。如图 3-32b）所示，div 元素向右移动 100px，向下移动 50px，图 3-32a）为 div 元素的原始位置。

a)　　　　　　　　　　　　　b)

图 3-32　CSS3 2D 位移

2. rotate 函数

rotate(deg) 函数的作用是通过指定的角度参数对元素进行旋转变换，正值表示顺时针旋转，负值表示逆时针旋转。

在三维转换中，可以使用 rotateX(deg)、rotateY(deg) 和 rotateZ(deg) 函数对元素在单一轴上旋转。rotateX(deg) 函数表示元素围绕 X 轴旋转，rotateY(deg) 函数表示元素围绕 Y 轴旋转，rotateZ(deg) 函数表示元素围绕 Z 轴旋转。

典型案例 3-28：CSS 转换属性 rotate 函数

```
<!doctype html>
<html>
<head>
<meta charset="utf-8">
<title>CSS 转换属性 -rotate 函数 </title>
<style>
body{
    background-color:#CCC;
    padding:25px;
}
img{
    border:5px solid #FFF;
    border-bottom:10px solid #FFF;
    width:200px;
    height:150px;
}
.box{width:210px;}
.box a{
    display:block;
    transform:rotate(10deg);            /* 定义顺时针旋转 10 度 */
    box-shadow:2px 2px 3px #000000;     /* 定义阴影效果 */
}
.box a:hover{transform:rotate(0deg);} /* 定义顺时针旋转 0 度 */
</style>
</head>
<body>
<div class="box">
    <a href="#"><img src="images/qie.jpg"></a>
</div>
</body>
</html>
```

分析：本例在 box 类样式的超链接 a 标记中设置元素顺时针旋转 10 度，同时为超链接的悬停状态设置旋转 0 度。body 区中的 div 元素应用 box 类样式，div 元素中插入图像并设置空链接。如图 3-33 所示，开始预览时图像顺时针旋转 10 度，如 a）所示；当鼠标放置在图像上时图像恢复正常，无旋转效果，如 b）所示。

a)   b)

图 3-33   CSS3 2D 旋转

3. scale 函数

scale(x, y) 函数的作用是根据给定的宽度和高度的参数改变元素的尺寸，参数 x 表示元素宽度的缩放倍数，参数 y 表示元素高度的缩放倍数。参数 x 和 y 取值为 1，是元素的默认尺寸，取值小于 1 表示元素变小，取值大于 1 表示元素变大；取值为负，表示元素反转。

利用 scaleX(x) 和 scaleY(y) 函数可以使元素单独在水平方向或垂直方向上缩放，scaleX(x) 表示元素在宽度上缩放，scaleY(y) 表示元素在高度上缩放，它们有相同的缩放中心点和基数，中心点是元素的中心位置，缩放基数为 1。

典型案例 3-29：CSS 转换属性 scale 函数

```
<!doctype html>
<html>
<head>
<meta charset="utf-8">
<title>CSS 转换属性 -scale 函数 </title>
<style>
```

典型案例 3-29

视 频 讲 解

```
*{
    margin:0;
    padding:0;
}
.div1{
    width:200px;
    border:2px solid #999;
    height:150px;
    padding:1px;
    margin:20px;
}
.div2,.div2 img{
    width:200px;
    height:150px;
}
.div2:hover{transform:scale(0.8,0.8);}    /*  定义宽度、高度上均缩小
0.8 倍 */
</style>
</head>
<body>
<div class="div1">
    <div class="div2">
        <img src="images/qie.jpg">
    </div>
</div>
</body>
</html>
```

分析：本例为 div 元素的悬停状态设置 transform 转换属性的 scale() 函数。如图 3-34b）所示，当鼠标放置在 div 元素上时，div 元素的宽度和高度均缩小为原来的 0.8 倍，a）为原始图像。

a)   b)

图 3-34   CSS3 2D 缩放

4. skew 函数

skew (x, y) 函数的作用是根据水平和垂直的参数将元素倾斜给定的角度，参数 x 和 y 分别表示沿 Y 轴和 X 轴倾斜的角度。x 取值为正，表示 X 轴不动（宽度不变），Y 轴顺时针倾斜；x 取值为负，表示 X 轴不动（宽度不变），Y 轴逆时针倾斜。y 取值为正，表示 Y 轴不动（高度不变），x 轴顺时针倾斜；x 取值为负，表示 Y 轴不动（高度不变），X 轴逆时针倾斜。

利用 skew X(x) 和 skew Y(y) 函数可以使元素单独在水平方向或垂直方向上倾斜，skew X(x) 表示元素在水平方向上倾斜，skew Y(y) 表示元素在垂直方向上倾斜。

典型案例 3-30：CSS 转换属性 skew 函数

```
<!doctype html>
<html>
<head>
<meta charset="utf-8">
<title>CSS3 转换属性 -skew 属性 </title>
<style>
img{
    width:200px;
    height:150px;
}
div{
    width:200px;
```

典型案例3-30

视 频 讲 解

```
        height:150px;
        transform:skew(30deg,10deg);  /* 定义元素水平方向倾斜 30 度、垂直
方向倾斜 10 度 */
        margin:20px auto;
    }
    </style>
    </head>
    <body>
    <div>
        <img src="images/qie.jpg">
    </div>
    </body>
    </html>
```

分析：本例为 div 元素设置 transform 转换属性中的 skew() 函数。如图 3-35b）所示，div 元素在水平方向上倾斜 30 度，围绕在垂直方向上倾斜 10 度，a）为原始图像。

a)   b)

图 3-35　CSS3 2D 倾斜

二、设置 CSS3 过渡属性

使用 CSS3 transition 过渡属性可以为元素转变样式时添加效果，实现元素从一种样式逐渐转变为另一种样式的效果，为此需要指定要添加效果的 CSS 属性及效果的持续时间。transition 属性的语法结构为

```
transition:property  duration  timing-function  delay
```

transition 是复合属性，用于一次性设置 4 个过渡属性，transition 属性的参数及其描述，见表 3-18。

表 3-18　transition 属性的参数及其描述

属 性 参 数	描　　述
transition-property	设置过渡效果的 CSS 属性名称
transition-duration	设置完成过渡效果需要的时间，默认是 0
transition-timing-function	设置过渡效果的时间曲线，默认是 ease
transition-delay	设置过渡效果开始的时间，默认是 0

1. transition-property 属性

transition-property 属性用于设置过渡效果的 CSS 属性名称，即指定在元素的哪个属性上发生改变时执行的过渡效果。transition-property 属性的主要取值及其描述，见表 3-19。

表 3-19　transition-property 属性的主要取值及其描述

属 性 值	描　　述
none	无属性发生改变
all	默认值，所有属性都发生改变
property	设置应用过渡效果的 CSS 属性名称列表，列表以逗号进行分隔

例如：transition-property:width,height。

此语句表示在宽度和高度属性上发生改变时执行的过渡效果。

2. transition-duration 属性

transition-duration 属性用于设置元素过渡效果的持续时间，单位为秒（s）或毫秒（ms）。要实现过渡效果，仅指定要添加效果的 transition-property 属性还不行，至少还需要指定过渡时间。transition-duration 默认值为 0，如果未指定持续时间，则 transition 属性将无任何效果。

3. transition-timing-function 属性

transition-timing-function 属性用于指定切换效果的变换速率，属性的主要取值及其描述，见表 3-20。

表 3-20　transition-timing-function 属性的主要取值及其描述

属　　性	描　　述
linear	设置以相同速度从开始至结束的过渡效果（匀速过渡效果）
ease	设置慢速开始、变快、慢速结束的过渡效果（逐渐变慢过渡效果）
ease-in	设置以慢速开始的过渡效果（加速过渡效果）
ease-out	设置以慢速结束的过渡效果（减速过渡效果）
ease-in-out	设置以慢速开始和结束的过渡效果（加速后减速过渡效果）
cubic-bezier(n,n,n,n)	在 cubic-bezier 函数中定义自己的值，可能的值在 0 ～ 1

4. transition-delay 属性

transition-delay 属性用于指定过渡效果开始前的等待时间，单位为秒（s）或毫秒（ms）。transition-delay 属性默认值为 0，表示过渡效果立即执行，无延迟。

transition-duration 属性和 transition-delay 属性的值都是时间，在 transition 属性中连写时需要注意区分两者，通常浏览器会根据时间的先后顺序决定，第一个时间为 transition-duration 属性的时间，第二个为 transition-delay 属性的时间。

典型案例 3-31：CSS 过渡属性 transition 设置

```
<!doctype html>
<html>
<head>
<meta charset="utf-8">
<title>CSS 过渡属性 </title>
<style>
div{
    width:100px;
    height:100px;
    background:red;
    line-height:100px;
    transition:width 1s linear 2s;              /* 定义过渡效果 */
    -moz-transition:width 1s linear 2s;         /* Firefox 4 */
    -webkit-transition:width 1s linear 2s;      /* Safari */
    -o-transition:width 1s linear 2s;           /* Opera */
}
div:hover{
    width:200px;
    transform:rotate(180deg);
}
</style>
</head>
<body>
<div>CSS 过渡属性 </div>
<p> 请把鼠标指针放到红色的 div 元素上查看过渡效果。</p>
<p><b> 注释：</b> 这个过渡效果会在开始之前等待两秒。</p>
```

```
  </body>
  </html>
```

分析： 本例在 div 标记选择器中设置 transition 属性，定义在宽度方向进行匀速的过渡变化，持续时间为 1s，延迟时间为 2s。为 div 标记的悬停状态设置宽度 200px、顺时针旋转 180 度。如图 3-36 所示，当鼠标悬停在 div 元素时，先顺时针旋转 180 度，2s 后 div 元素的宽度在 1s 内由 100px 匀速变化到 200px。

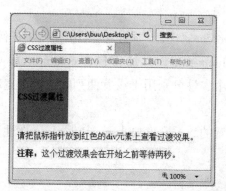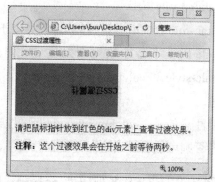

图 3-36　CSS3 过渡属性

三、设置 CSS3 多列属性

使用 CSS3 多列属性可以为文本设置多列布局，常用的 CSS3 多列属性，见表 3-21。

表 3-21　CSS3 多列属性及其描述

属　　性	描　　述
column-count	设置元素被分割的列数
column-fill	设置如何填充列
column-gap	设置两列间的间距
column-rule	所有 column-rule-* 属性的简写
column-rule-color	设置两列间边框的颜色
column-rule-style	设置两列间边框的样式
column-rule-width	设置两列间边框的宽度
column-span	设置元素要跨越多少列
column-width	设置列的宽度
columns	设置 column-width 和 column-count 的简写

拓展案例 3-12
CSS transition
过 渡 属 性 应
用——手风琴图
片滑动效果

案　例　分　析

1. column-count、column-width、column 属性

column-count 属性用于设置文本显示的列数；column-width 属性用于设置列的宽度，默认值为 auto，列宽将根据 column-count 属性指定的列数自动计算；columns 属性是复合

属性，用于设置列宽和列数。

2. column-gap 属性

column-gap 属性用于设置列之间的间距。默认情况下，浏览器根据 column-count 列数和 column-width 列宽来计算列间距，但在实际应用中，经常需要使用 column-gap 属性指定列间距，默认值为 normal（相当于 1em）。

需要注意的是：如果 column-gap 与 column-width 属性取值之和大于总宽度，将无法显示 column-count 属性指定的列数，浏览器会自动调整列数和列宽。

3. column-rule 属性

column-rule 属性用于设置列边框，类似于 border 属性，不同的是列边框不占用任何空间，column-rule 属性不会导致列宽发生变化。column-rule 属性通常包含 column-rule-width、column-rule-style 和 column-rule-color 属性，3 个属性分别用于设置两列间边框的宽度、样式和颜色。

需要注意的是：column-rule-width 属性设置的边框宽度要小于 column-gap 属性设置的列间距，否则可能会导致边框覆盖部分文字。

典型案例 3-32：CSS 多列属性 column 设置

```
<!doctype html>
<html>
<head>
<meta charset="utf-8">
<title>CSS3 多列属性 </title>
<style>
div{
    width:800px;
    margin:auto;
    text-align:justify;
    border:1px solid #666;
    font-size:12px;
    line-height:18px;
    padding:5px;
    -moz-column-count:3;
    -webkit-column-count:3;
    column-count:3;                        /* 定义列数 */
```

```
    -moz-column-gap:30px;
    -webkit-column-gap:30px;
    column-gap:30px;                          /* 定义列间距 */
    -moz-column-rule: 5px solid #090;
    -webkit-column-rule: 5px solid #090;
    column-rule: 5px solid #090;              /* 定义列边框 */
}
</style>
</head>
<body>
```

<div>CSS 为 HTML 标记语言提供了一种样式描述，定义了元素的显示方式。CSS 在 Web 设计领域是一个突破，利用它可以实现修改一个小的样式更新与之相关的所有页面元素。总体来说，CSS 具有以下特点：

（1）丰富的样式定义

CSS 提供了丰富的文档样式外观，以及设置文本和背景属性的能力；允许为任何元素创建边框，以及元素边框与其他元素间的距离，以及元素边框与元素内容间的距离；允许随意改变文本的大小写方式、修饰方式以及其他页面效果。

......

（5）页面压缩

在使用 HTML 定义页面效果的网站中，往往需要大量或重复的表格和 font 元素形成各种规格的文字样式，这样做的后果就是会产生大量的 HTML 标签，从而使页面文件的大小增加。而将样式的声明单独放到 CSS 样式表中，可以大大地减小页面的体积，这样在加载页面时使用的时间也会大大地减少。

```
</div>
</body>
</html>
```

分析： 本例在 div 标记选择器中，使用 column-count、column-gap 和 column-rule 属性分别设置列数、列间距和列边框样式。如图 3-37 所示，div 元素中的文本内容被分为 3 列，每列间隔 30px，列边框为 5px 的绿色实线。

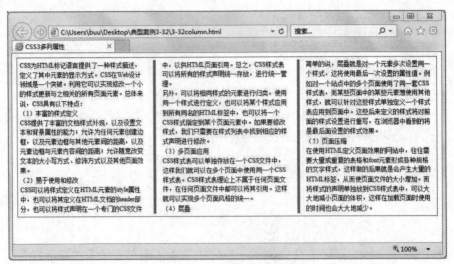

图 3-37　CSS3 多列属性

4. column-span 属性

column-span 属性用于设置标题跨越多列，属性取值主要有 none（默认值，表示标题不跨列）、all（表示标题跨越所有列）。

例如：在典型案例 3-32 的 div 元素中增加一个 h2 元素"<h2>CSS 的特点 </h2>"，设置样式为"h2{text-align:center; column-span:all;}"，如图 3-38 所示。

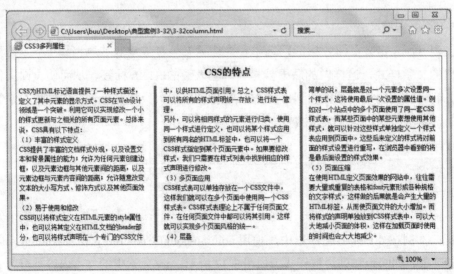

图 3-38　设置标题跨越多列

5. column-fill 属性

column-fill 属性用于设置所有列的高度是否统一。默认值为 auto，各列高度根据内容自动调整；取值 balance 时，表示所有列的高度都为最高的列高。

需要注意的是：目前主流浏览器都不支持 column-fill 属性。

在 CSS3 过渡属性及多列属性中，我们都使用到了开发商前缀。开发商前缀和各大浏览器的开发商相关，是各大浏览器用来标识自身的一种特殊标记，用于支持替代的 CSS3 新属性。各开发商浏览器及其前缀之间的对应关系见表 3-22。

表 3-22　开发商浏览器及其前缀之间的对应关系

前　　缀	浏　览　器
-moz-	Firefox
-webkit-	Safari、最新版 Opera
-ms-	IE
-o-	旧版 Opera

综合应用

在完成本学习任务的基础上，对"动物天地"网站首页各部分内容的样式进行具体设计。其中，典型内容的样式设计过程如下：

综合应用 3-2

案 例 分 析

1. 导航栏样式的设计。使用 list-style:none 去除项目符号，float:left 设置浮动定位，可将上下排列的内容转换为左右并排排列；超链接的样式设计主要是去除下划线并修改文字颜色。注意：超链接是行内元素，可使用 display:block 属性设置为块级元素显示。

2. Banner 区图像样式的设计。主要是设置 Banner 图像的宽度和高度。

3. 主要内容区样式的设计。主要是设置 h2 标记和 p 标记的样式，为 h2 标记设置下边框样式 border-bottom:#390 2px solid。为实现图文混排的效果，需要将图像设置浮动 float:left 及块级元素显示 display:block。

4. 相关内容中表格样式及其内容样式的设计。分别设置 table 标记、td 标记及其超链接普通状态 a:link、悬停状态 a:hover 的样式。

5. 滚动效果区 iframe 标记样式的设计。iframe 默认为行内元素，需要设置为块级元素显示，并设置宽度、高度及水平居中显示。

6. 页脚区域样式的设计。设置字号、行高等属性。

"动物天地"网站首页 style 标记中的样式定义内容，扫描二维码。

说明： 在样式设计中使用各类选择器时，需要注意选择器的优先级。对于 id 选择器，需要使用元素的 id 属性进行样式应用，而类选择器则需要使用元素的 class 属性进行样式应用。

网站首页内容样式设计完成后的预览效果如图 3-39 所示，主要内容区域已正确应用了设计的样式。目前我们只是完成了主要内容的样式设计工作，还未对页面元素进行精确定位。下一步我们将进行定位网站页面元素的任务学习。

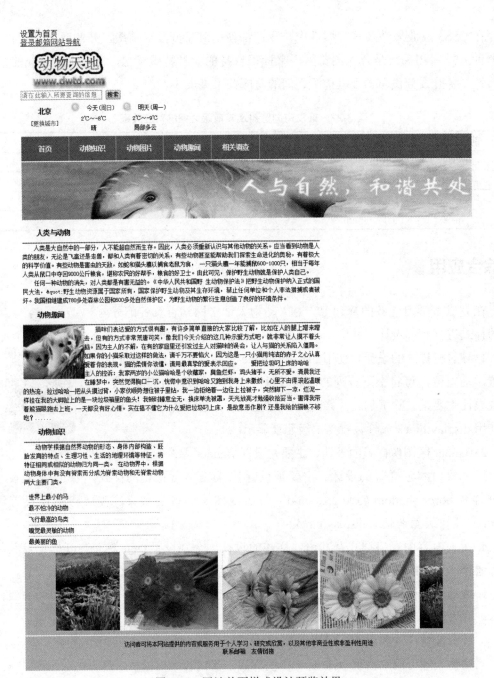

图 3-39　网站首页样式设计预览效果

▌学习任务小结▊

本任务主要学习了在网页中设置 CSS 字体属性、文本属性、颜色与背景属性、列表属性、边框属性、表格属性、CSS3 效果的方法。着重学习了 font-family、font-style、font-weight、font-size、font 等字体属性，letter-spacing、text-transform、word-spacing、color、text-align、line-heigh、text-indent、text-decoration、vertical-align 等文本属性，background-color、background-image、background-repeat、background-attachment、background-position、background、background-size、background-origin 等背景属性，list-style-type、list-style-position、list-style-image、list-style 等列表属性，border、border-style、border-width、border-color、border-radius、border-image 等边框属性，border-collapse、border-spacing、caption-side 等表格属性，transform 转换属性、transition 过渡属性、column 多列属性等 CSS 效果的设置方法。运用这些 CSS 属性可以美化页面。

▌技能与训练◣

1. 选择题

（1）能够将表格的边框设置为单线条边框的 CSS 属性是（　　）。

A. border B. border-radius C. border-style D. border-collapse

（2）设置文本缩进的 CSS 属性是（　　）。

A. text-align B. text-indent C. text-decoration D. text-transform

（3）使用 CSS 设置 div 的左边框为 2px、红色、实线，以下设置正确的是（　　）。

A. style="border-left: #ff0000 2px dashed;"

B. style="border-left: 2px, #ff0000, solid;"

C. style="border-left: 2px #ff0000 solid;"

D. style="border-left: 2px, #ff0000, dashed;"

（4）对于 CSS 样式代码：h1{color:red; font-family: 宋体 }，描述错误的是（　　）。

A. 此段代码是一个 HTML 选择器

B. 选择器定义的样式内容是背景颜色为红色，字体为宋体

C. {} 部分的样式属性将作为 h1 元素的默认样式

D. "red" 和 "宋体" 都是值

（5）以下不属于 CSS3 提供的新属性的是（　　）。

A. transform 属性 B. text-shadow 属性

C. background-position 属性 D. transition 属性

2. 简答题

（1）为什么要初始化 CSS 样式？如何初始化 CSS 样式？

（2）如何设置表格的边框为单线条边框？

（3）如何设置单行文本和多行文本垂直居中对齐？

（4）如何为元素添加多幅背景图像？

（5）如何为元素添加圆角效果？

（6）transform 转换属性可以实现哪些功能？

（7）background-origin 属性主要有哪些取值？

3. 操作题

在完成本学习任务的基础上，对自建网站首页的主要内容进行样式设计。具体要求如下：

（1）需要使用各类选择器，如标记、类、ID、伪类、交集、并集、通用、后代等选择器。

（2）内容样式设置：导航栏的样式，搜索栏的样式，主要内容区段落文字首行缩进、图文混排的样式、页脚内容的样式等。

学习任务 3 　定位网站页面元素

页面版面布局是指在页面中合理地安排各种素材和信息，将标题、导航栏、主要内容、页脚等页面区域，以及文本、图像、音频、视频等页面元素进行合理排版。使用 CSS 布局定位属性可以对网页中的元素进行精确定位，掌握流布局、浮动布局、定位布局等定位方式及层级关系对网页布局至关重要。因此，本学习任务中，我们将学习 CSS 盒子模型及 CSS 布局定位的相关知识和操作，学习任务完成后，应完成网站首页中页面元素的布局定位并进一步完善网站首页的设计。

学习目标

知识目标

1. 能够描述盒子模型结构及其构成要素的作用。

2. 能够描述流布局、浮动布局、相对定位布局、绝对定位布局、移动端页面布局设计的要点。

3. 能够分析流布局、浮动布局、相对定位布局、绝对定位布局的区别。

4. 能够进行流布局、浮动布局、相对定位布局、绝对定位布局的设置。

技能目标

1. 能够对网页中的元素进行精确定位。

2. 能够设计及制作简单的移动端页面。

素质目标

能够遵守网络信息发布与传播基本规范和相关法律法规（如网络信息内容治理规定等）。

▌学习任务结构图▌

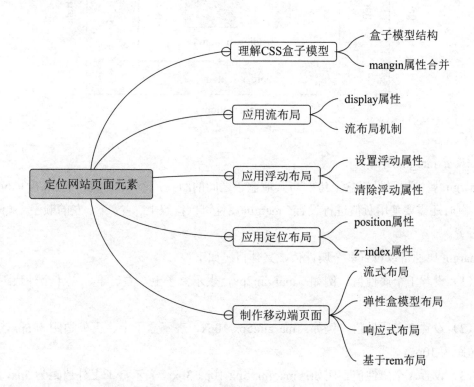

▶ **任务 3.3.1　理解 CSS 盒子模型**

盒子模型是 CSS 的基石之一，用于指定元素如何显示及如何交互形成 CSS 的基本布局。盒子模型关系到网页设计中排版定位的关键问题，网页就是由许多个盒子通过上下排列、并列排列、嵌套排列堆积而成的。本任务中，我们将学习盒子模型结构、margin 属性合并、默认属性值的相关内容。

一、盒子模型结构

网页中的每个元素都被浏览器看成一个矩形的盒子，由元素的内容（content）、边框（border）、内边距（padding）、外边距（margin）组成，如图 3-40 所示。盒子内部用于存放内容的区域称为 content；盒子的壁厚称为 border；盒子的边框和内容之间的距离称为 padding；盒子与盒子之间的距离称为 margin。

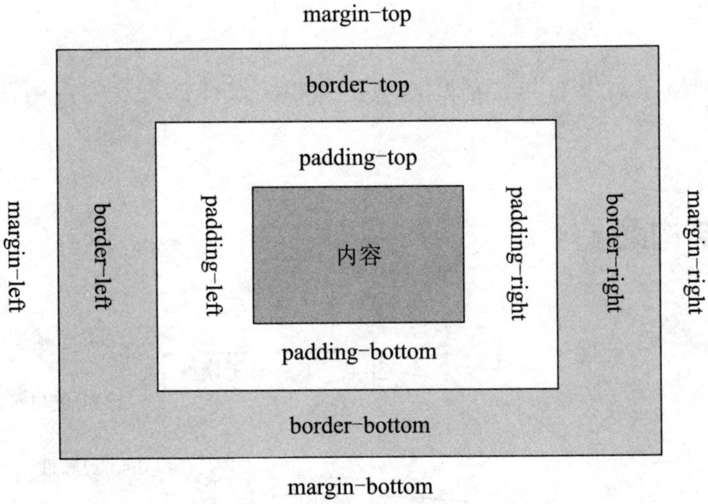

图 3-40 盒子模型结构图

1. 设置 margin 属性

margin 属性用于设置盒子边框与其他盒子之间的距离，该属性接受任何长度单位或百分比，有时还需要使用负值进行设置。margin 属性可以按照上、右、下、左的顺序（顺时针）分别设置。

margin 属性可以设置多个属性值，具体情况如下：

（1）设置 1 个属性值。例如：margin:2px，表示盒子上、右、下、左 4 个外边距均为 2px。

（2）设置 2 个属性值。例如：margin:5px 10px，表示盒子上、下外边距为 5px，左、右外边距为 10px。

（3）设置 3 个属性值。例如：margin: 5px 10px 3px，表示盒子上外边距为 5px，左、右外边距为 10px，下外边距为 3px。

（4）设置 4 个属性值。例如：margin: 5px 10px 3px 8px，表示盒子上外边距为 5px，右外边距为 10px，下外边距为 3px，左外边距为 8px。

通过 margin-top、margin-right、margin-bottom、margin-left 单独的外边距属性可以分别设置盒子上、右、下、左各边的外边距。

2. padding 属性

padding 属性用于设置盒子边框到内容之间的距离。如果 padding 属性值为 0，则盒子的边框会紧挨着内容。如果对盒子设置背景颜色或背景图像，背景会覆盖 padding 和内容组成的范围；默认情况下，背景图像是以 padding 的左上角为基准点在盒子中进行平铺。

padding 属性可以按照上、右、下、左的顺序分别设置盒子的 4 个内边距属性。padding 属性的取值规则与 margin 属性类似，但属性值不能为负值。

通过 padding-top、padding-right、padding-bottom、padding-left 这 4 个内边距属性可以

分别设置盒子上、右、下、左各边的内边距。

3. 默认属性值

默认情况下，多数元素的外边距、边框、内边距、宽度都为 0，盒子背景透明，所以盒子是不可见的。通过 CSS 重新定义元素样式，可以分别设置盒子的 margin、padding、border 属性及背景等美化页面元素。

（1）大部分 HTML 元素的 margin、padding 属性值默认为 0，也有少数元素的 margin、padding 属性值默认不为 0，如 body、p、ul、li、form 等元素，为此有时需要先设置元素的 margin 和 padding 属性值为 0。

（2）表单中大部分 input 元素控件如文本输入框、按钮等，其 border 边框属性值默认不为 0，可以通过设置边框属性值为 0 美化表单控件。

典型案例 3-33：搜索栏制作

```html
<!doctype html>
<html>
<head>
<meta charset="utf-8">
<title>搜索栏</title>
<style>
*{
    margin:0;
    padding:0;
}
#search {
    width:380px;
    margin:20px auto;
}
#search.ipt{                            /* 定义搜索框的样式 */
    width:300px;
    border:1px #666 solid;
    height:38px;
    border-top-left-radius:5px;
    border-bottom-left-radius:5px;
}
#search.btn{                            /* 定义搜索按钮的样式 */
```

```
        width:75px;
        height:40px;
        border:none;
        line-height:40px;
        background-color:#F90;
        margin-left:-6px;
    }
    </style>
    </head>
    <body>
    <div id="search">
        <form method="post" action="">
            <input class="ipt" type="text" name="sousuo" id="sousuo"
placeholder=" 请在此输入搜索的关键词 ">
            <input class="btn" type="submit" value=" 搜索 ">
        </form>
    </div>
    </body>
    </html>
```

分析: 本例在 body 区中创建一个表单，其中插入单行文本框和提交按钮 2 个控件。如图 3-41a）所示，文本框和提交按钮控件都带有边框（border 属性值默认不为 0），且两者之间存在着间隙。可以通过 CSS 样式美化表单控件元素，设置按钮控件无边框 border:none、单行文本框控件左侧边框的 2 个角分别为圆角 border-top-left-radius:5px 和 border-bottom-left-radius:5px，设置按钮控件的左外边距为负值 margin-left:-6px，使得搜索框和按钮之间不出现缝隙如图 3-41b）所示。

a）

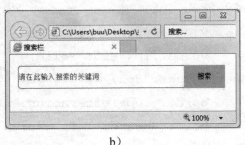
b）

图 3-41　搜索栏的制作

4. 应用盒子模型时需要注意的问题

（1）margin 外边距的属性值可以为负值，padding 内边距的属性值则不可以为负值。元素 border 边框属性值默认为 0，表示该元素不显示。

拓展案例3-13
盒子的显示

案 例 分 析

（2）行内元素的盒子只能在浏览器中占据一行高度的空间，可使用 line-height 属性设置行高；若未设置行高则是元素在浏览器中默认的行高；对行内元素设置为 width 和 height 不会起作用，通常将行内元素转换为块级元素再设置盒子属性。

（3）对于无内容的盒子，设置高度和宽度为百分比，且未设置 border、padding、margin 等属性，则盒子不显示且不占据浏览器的空间；若对无内容的盒子设置高度和宽度的单位是具体的单位数值，则盒子将会占据浏览器的空间。

拓展案例3-14
计算 div 元素的宽度

案 例 分 析

5. 盒子宽度的计算

网页就是由许多个盒子通过不同的排列方式堆积而成的。在网页设计中使用盒子模型排版，有时候一个像素都不能差。因此，理解元素盒子宽度的计算方法是非常重要的。

元素盒子的宽度 = 左、右外边距 + 左、右边框 + 左、右内边距 + 内容宽度

二、margin 属性合并

margin 属性合并是指当 2 个盒子的上下（垂直）外边距 margin 属性相遇时将合并形成 1 个外边距，合并后的外边距属性取值为两者合并的外边距数值中较大者。

1. 相邻盒子外边距合并

相邻元素的左、右 margin 属性不发生合并，合并通常是指元素垂直外边距发生合并，如图 3-42 所示。上端元素的下外边距 margin-bottom 属性值为 20px，下端元素的上外边距 margin-top 属性值为 10px，2 个元素的垂直外边距将发生合并形成 1 个外边距，合并时取两者的较大值 margin-bottom:20px。

2. 父子盒子外边距合并

父子元素的垂直 margin 属性也会发生合并。当一个元素包含在另一个元素中，它们的上外边距和下外边距将发生合并，如图 3-43 所示，外边距合并后形成 1 个外边距。

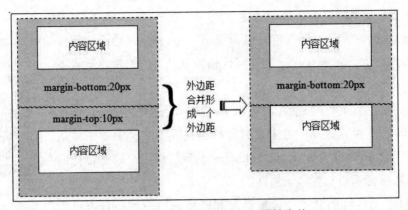

图 3-42　相邻盒子上下 margin 属性合并

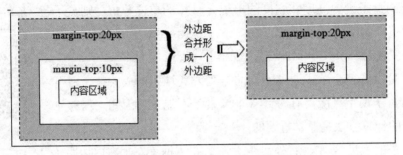

图 3-43　父子元素垂直 margin 属性合并

▶ 任务 3.3.2　应用流布局

CSS 布局定位的方式主要有流布局、浮动布局、定位布局等，掌握各种定位方式及层级关系对网页布局至关重要。在流布局中，块级元素都是上下排列的，行内元素都是左右排列的。本任务中，我们将学习 display 属性、流布局机制的相关内容。

一、display 属性

display 属性用于控制页面元素显示的方式，display 属性的主要取值及其描述，见表 3-23。通常，行内元素设置为 display:inline，块级元素设置为 display:block。

表 3-23　display 属性的主要取值及其描述

属　性　值	描　　　　述
none	设置元素不被显示
block	设置元素显示为块级元素
inline	默认值，设置元素被显示为内联元素
inline-block	设置元素显示为行内块元素

属 性 值	描　　述
list-item	设置元素作为列表显示
inherit	设置从父元素继承 display 属性的值
table	设置元素作为块级表格显示
table-cell	设置元素作为表格的单元格显示

典型案例 3-34：display:block 属性的应用

典型案例 3-34

视 频 讲 解

```
<!doctype html>
<html>
<head>
<meta charset="utf-8">
<title> 导航栏 </title>
<style>
*{
    margin:0;
    padding:0;
}
.main{
    width:100px;
    margin:2px auto;
}
nav{width:100px;}
nav ul{list-style:none;}
nav ul li{
    width:100px;
    height:50px;
    line-height:50px;
    text-align:center;
    font-size:14px;
    border-bottom:1px solid #CCC;
    background:#390;
}
nav ul li a{
```

```
    text-decoration:none;
    color:#FFF;
    font-weight:600;
    display:block;
}
nav ul li a:hover{
    background-color:#FFF;
    color:#000;
}
</style>
</head>
<body>
<div class="main">
    <nav>
        <ul>
            <li><a href="#"> 首页 </a></li>
            <li><a href="pages/zhishi.html"> 动物知识 </a></li>
            <li><a href="#"> 动物图片 </a></li>
            <li><a href="pages/quwen.html"> 动物趣闻 </a></li>
            <li><a href="pages/wenjuan.html"> 相关调查 </a></li>
        </ul>
    </nav>
</div>
</body>
</html>
```

分析：本例是"动物天地"网站首页的主要栏目使用 ul 和 li 标记编辑内容。无序列表项目会自动带有列表项目符号，通过设置 list-style:none 可去除其项目符号；为各列表项目中的内容设置超链接，超链接通常默认带有下划线，通过设置 text-decoration:none 可去除下划线；为列表项目中的超链接设置 display:block，当鼠标移动到列表项目上时，悬停状态的白色背景将充满整个列表项目 li 元素的宽度和高度，如图 3-44a）所示；如果未设置 display:block，当光标放置到列表项目上时，悬停状态的背景只在能容纳超链接内容的高度、宽度范围内进行颜色的变化，如图 3-44b）所示。

a) b)

图 3-44 display:block 属性的应用

二、流布局机制

流布局是默认布局方式，除非专门指定，否则所有元素都在标准流（Normal Flow）或静态流（Static Flow）中布局定位。

在标准流中，行内元素（inline）在同一行内从左到右并排排列，只有当浏览器窗口容纳不下时元素才会转到下一行；而块级元素（block）占据浏览器一整行的位置，块级元素之间自动换行，从上到下排列。

块级元素可以包含行内元素和其他块级元素；行内元素不能包含块级元素，只能容纳文本或者其他行内元素。

行内元素与块级元素可以互相转换，通过设置 display 属性可以实现块级元素和行内元素显示方式的改变。

利用流布局可以排列组合不同类型的元素以达到想要的布局效果，但是元素的布局只是基于二维平面的。如果想在页面布局中有遮挡、重叠等更为丰富的效果，就需要使用浮动或定位的相关知识。

▶ **任务 3.3.3　应用浮动布局**

在流布局中，块级元素上下排列，行内元素左右并排排列。如果仅仅是按照流布局的方式进行排列，页面布局缺乏灵活性。CSS 提供了以浮动和定位方式排列盒子的功能，从而提高了网页布局的灵活性。本任务中，我们将学习设置浮动 float 属性、清除浮动 clear 属性的相关内容。

一、设置浮动属性

float 属性用于设置元素的浮动情况，属性的主要取值及其描述，见表 3-24。浮动的盒子可以向左侧或右侧移动，直到其外边缘碰到包含的盒子或者另一个浮动的盒子为止。

表 3-24　float 属性的主要取值及其描述

属　性　值	描　　　述
none	默认值，盒子不浮动，保持在标准流中的位置
left	盒子浮动到包含元素的左侧，而包含元素的其他内容浮动至其右侧
right	盒子浮动到包含元素的右侧，而包含元素的其他内容浮动至其左侧
inherit	从父元素继承 float 属性的值

1. 单个盒子的浮动

（1）设置 float 属性的元素会向父元素的左侧或右侧靠近，浮动后的盒子将以块级元素显示，在未设置宽度时，盒子的宽度不再伸展，会根据盒子中的内容确定宽度。

（2）浮动的盒子将脱离标准流，不再占据浏览器原来分配的位置。未浮动的盒子将占据浮动盒子原有的位置，同时未浮动盒子的内容会环绕浮动后的盒子。

2. 多个盒子的浮动

（1）多个盒子浮动后会产生块级元素水平排列的效果。多个浮动元素不会相互覆盖，一个浮动元素的外边缘碰到另一个浮动元素的外边缘后就会停止运动。

典型案例 3-35：多个盒子的浮动

```
<!doctype html>
<html>
<head>
<meta charset="utf-8">
<title> 多个盒子的浮动布局 </title>
<style>
.div{
    width:75px;
    height:50px;
    border:1px solid #000;
}
.fd{float:left;}
```

```
.zong{
    width:250px;
    height:160px;
    border:2px dotted #666;
}
</style>
</head>
<body>
<div class="zong">
    <div class="div fd">框 1</div>
    <div class="div fd">框 2</div>
    <div class="div fd">框 3</div>
</div>
</body>
</html>
```

分析： 本例在样式区中创建 fd 类样式，设置 float:left 向左侧浮动。body 区中有 4 个 div 元素，其中框 1、框 2、框 3 嵌入在 div 框 zong 中。如图 3-45a）所示，div 元素是块级元素，所以框 1、框 2、框 3 上下排列。先为 div 元素框 1 应用 fd 类样式，框 1 将脱离标准流且向左侧移动，直到左边缘碰到包含框 zong 的左边缘，因为其不再处于标准流中，所以不再占据原有空间；而 div 元素框 2 将占据 div 元素框 1 原有的空间，就出现了框 1 覆盖框 2 的现象，使框 2 从图中消失，如图 3-45b）所示。再将 div 元素框 2 和框 3 都应用 fd 类样式，使其都向左侧浮动，框 1 向左侧浮动直到碰到包含框，框 2 和框 3 向左侧浮动时直到碰到前一个浮动框。多个盒子浮动后就产生了块级元素水平排列的效果，如图 3-45c）所示。

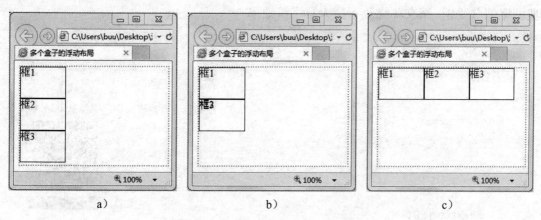

图 3-45　多个盒子的浮动——水平排列

227

（2）多个盒子浮动时，如果包含的容器宽度偏窄，无法容纳水平排列的多个浮动盒子，则最后的浮动盒子会向下移动，直到有足够的空间。但如果浮动盒子的高度不同，浮动盒子向下移动就会被其他的盒子卡住。

将典型案例 3-35 中 zong 类样式的宽度调整为 200px。单个 div 元素的宽度为 75px，3 个 div 元素的宽度则为 225px；而包含框的宽度仅为 200px，无法容纳水平排列的 3 个 div 元素，则最后的 div 元素框 3 会向下移动，如图 3-46a）所示。

继续调整典型案例 3-35 中的相应内容，在 div 元素框 1 中使用 style 属性设置高度为 75px（原高 50px），语句内容为

```
<div class="div fd" style="height:75px;">框 1</div>
```

框 3 在向下移动时，由于框 1、框 2 的高度不同，出现了卡住现象，如图 3-46b）所示。

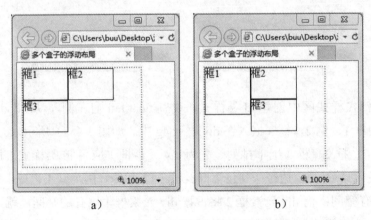

a）　　　　　　　　　　　b）

图 3-46　多个盒子的浮动——下移及卡住

3. float 属性应用

float 属性常用于实现图文环绕、下拉大写字母、横向导航栏等效果。

典型案例 3-36：图文环绕及下拉大写字符效果

```
<!doctype html>
<html>
<head>
<meta charset="utf-8">
<title>图文环绕效果</title>
<style>
*{
    padding:0;
```

典型案例 3-36

视　频　讲　解

```
        margin:0;
    }
    img{
        float:left;
        margin:10px 10px 10px 0px;
        width:98px;
        height:80px;
    }
    .firstletter{
        font-size:2em;
        float:left;
    }
    p{
        font-size:14px;
        line-height:1.5;
    }
</style>
</head>
<body>
<img src="images/shuixian.jpg" alt=" 水仙图片 ">
<p><span class="firstletter"> 姚 </span> 姥住在长离桥，十一月夜半大寒，
她梦见观星坠地，化为水仙花一丛，甚香美，摘食之，醒来生下一个女儿。《花史》说：
谢公睡梦中见一仙女手持一束水仙，此日妻生一女，长大聪慧善诗。后来人们因此称水仙
为 "姚女花" 或 "谢女花"。舜帝的两个妻子娥皇、女英跟舜南巡到湘水，舜死于苍梧山，
两个妻子痛不欲生，眼泪洒在竹子上，成为泪迹斑斑的斑竹，楚地人就称这种竹子为湘妃竹。
娥皇、女英投身湘江以身殉情。她们的魂魄化为江边的水仙花。 </p>
</body>
</html>
```

分析： 本例在样式区中为图像 img 标记选择器设置 float:left，定义向左侧浮动，图像
之后的内容将环绕浮动的图像；在 firstletter 类样式中设置 float:left，定义左侧浮动，设置
font-size:2em，定义字体大小为原来的 2 倍。在 body 区中，文字 "姚" 应用 firstletter 类样式。
如图 3-47 所示，图像浮动到左侧，而文字在右侧进行环绕；同时 "姚" 字出现下拉大写字
符的效果。

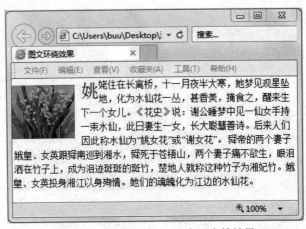

图 3-47　图文环绕及下拉大写字符效果

典型案例 3-34 中设置的网站首页导航栏为纵向导航栏，使用 float 属性可以将其转变为横向导航栏。需要将 main 类选择器和 nav 标记选择器样式中的 width 设置为 510px，然后再为 li 标记选择器样式设置浮动属性，原有的 border-bottom 修改为 border-right 属性，语句具体内容如下：

```
nav ul li{ float:left; width:100px; height:50px; line-
height:50px; text-align:center; font-size:14px; border-right:1px
solid #ccc; background-color:#390;}
```

语句中的 float:left 属性定义 li 元素将脱离标准流向左侧进行浮动，则 5 个 li 元素将由原来的上下排列变为左右并排排列，如图 3-48 所示。

图 3-48　横向导航栏

二、清除浮动属性

clear 属性用于设置是否允许浮动元素在其旁边位置出现，clear 属性的主要取值及其描述，见表 3-25。

表 3-25　clear 属性的主要取值及其描述

属 性 值	描　　　述
none	默认值，允许浮动元素出现在两侧
left	设置元素的左侧不能有任何内容的浮动元素
right	设置元素的右侧不能有任何内容的浮动元素
both	设置元素的左右两侧都不能有任何内容的浮动元素，该元素将在浏览器中另起一行显示

清除浮动是清除其他盒子浮动对该元素的影响，而设置浮动则是让元素自身浮动，两者并不矛盾，因此，可以同时设置元素的清除浮动和浮动属性。浮动只对后面的内容有影响，对前边的内容没有影响。

如果一个容器中的元素都是浮动方式的，则容器的高度不会自动伸展；如果要想自动伸展，可以增加一个标准流下的 div 元素且要清除容器对其的影响。

典型案例 3-37：clear 属性的应用

典型案例 3-37

视 频 讲 解

```
<!doctype html>
<html>
<head>
<meta charset="utf-8">
<title> 浮动布局 -clear 属性应用 </title>
<style>
.div{
    width:75px;
    height:50px;
    border:1px solid #000;
}
.fd{float:left;}
.zong{
    background-color:#0C6;
    border:2px dotted #666;
}
.clear{clear:both;}
</style>
</head>
<body>
<div class="zong">
```

```
    <div class="div fd">框 1</div>
    <div class="div fd">框 2</div>
    <div class="div fd">框 3</div>
    <div class="clear"></div>
</div>
</body>
</html>
```

分析：本例主要区别是定义了 clear 类样式，设置 clear:both 两侧不允许出现浮动元素；在 zong 类样式中设置绿色背景、边框样式，未设置宽度和高度属性。框 zong 中插入 4 个 div 元素，其中 div 元素框 1、框 2 和框 3 都应用左侧浮动样式，最后一个 div 元素应用 clear 类样式。如图 3-49a）所示，框 zong 容器的高度自动伸展，显示绿色背景颜色及点线边框；如果删除 body 区中的最后一个 div 元素，则框 zong 容器的高度不会自动伸展，也就不会显示绿色背景和点线边框，如图 3-49b）所示。

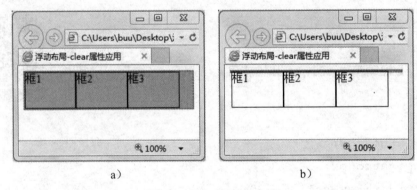

图 3-49 clear 属性的应用

说明：只有在标准流布局的情况下，盒子上下 margin 属性值会进行合并叠加；而浮动布局方式下，盒子的任何 margin 属性都不会叠加，所以可以设置盒子浮动并清除浮动，上下盒子的 margin 属性值并不会叠加。

▶ 任务 3.3.4 应用定位布局

使用浮动属性定位虽然能够使元素浮动，形成图文混排或者块级元素水平排列的效果，但其定位功能还是不够灵活。CSS 提供了 position 定位属性，使用定位属性能使元素通过设置偏移量定位到页面或包含框中的任何位置，定位方式更为灵活。本任务中，我们将学习页面元素的相对定位、绝对定位及 z-index 属性的设置方法。

一、position 属性

position 属性用于设置元素在网页上定位的方式，position 属性的主要取值及其描述，见表 3-26。

表 3-26　position 属性的主要取值及其描述

值	描　　述
static	默认值，表示不使用定位属性定位，元素按照流布局方式布局
relative	表示采用相对定位，通过 left、top、right、bottom 属性设置其在标准流中的偏移量
absolute	表示采用绝对定位，通过 left、top、right、bottom 属性设置绝对位置，通过 z-index 属性定义层叠关系
fixed	表示采用固定定位，总是以浏览器窗口为基准进行定位，通过 left、top、right、bottom 属性设置其位置

top、left、bottom、right 属性用于设置定位元素与其他元素之间的距离。当 position 属性值为 relative、absolute、fixed 时，使用 top、left、bottom、right 属性可以设置定位元素的偏移量，见表 3-27。

表 3-27　位移属性及其描述

属 性 值	描　　述
top	设置定位元素的上外边距与其包含块上边界之间的偏移量
left	设置定位元素的左外边距与其包含块左边界之间的偏移量
bottom	设置定位元素的下外边距与其包含块下边界之间的偏移量
right	设置定位元素的右外边距与其包含块右边界之间的偏移量

top、left、bottom、right 属性值的单位可以是 auto、长度值、百分比。

在实际应用中，position 属性多用于相对定位 relative 和绝对定位 absolute。

1. 相对定位

相对定位（position:relative）是指相对元素本身进行偏移，不会使元素脱离标准流，元素的初始位置占据的空间会被保留。相对定位主要有以下两种使用情况：

（1）元素相对于原来的位置发生偏移，同时不释放原来占据的位置。相对定位是指相对于流布局进行定位，原本所占的空间仍保留，如图 3-50 所示。设置相对定位的元素不脱离标准流，在设置 margin、padding 等属性值时，原来的位置依然被占用，因此，移动元素将会覆盖其他元素。

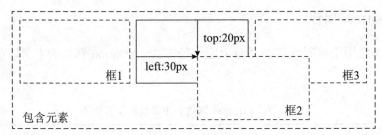

图 3-50　相对定位示意图

在设置相对定位时，通过 top、left、bottom、right 属性可以设置元素的垂直或水平偏移量，使该元素相对于原始位置进行移动。

在图 3-48 所示的横向菜单栏中，为 li 元素中超链接的悬停状态设置 position 属性为 relative，top 偏移 10px，left 偏移 5px。当光标放置在列表项目上时，其悬停状态会发生位置偏移，li 元素相对于原来的位置发生偏移。如图 3-51 所示，当光标移动到超链接上时，超链接的位置向右偏移 5px、向下偏移 10px。此时 li 元素中超链接悬停状态的样式设置为

```
nav ul li a:hover{
    background-color:#FFF;
    color:#000;
    position:relative;        /* 定义元素相对定位 */
    top:10px;                 /* 定义元素向下偏移量 */
    left:5px;                 /* 定义元素向右偏移量 */
}
```

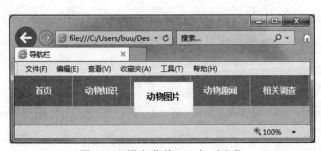

图 3-51　横向菜单——相对定位

（2）使元素的子元素以该元素为基准进行定位，同时保持其位置不变。相对定位的元素成为包含框，一般是为了帮助该元素中的子元素进行绝对定位。

拓展案例3-16
相对定位的应用

案 例 分 析

2.绝对定位

绝对定位（position:absolute）是以距离其最近的设置了 position

属性的父元素为基准，元素将脱离标准流浮在网页之上，不再占据网页中的位置。

如图 3-52 所示，设置框 2 为绝对定位，框 2 将从标准流中完全删除，并相对于包含框定位，包含框可能是文档中的另一个元素或是初始包含框。元素原先在标准流中所占的空间会关闭，就好像该元素原来不存在一样。绝对定位使得元素的位置与标准流无关，元素不再占据空间。

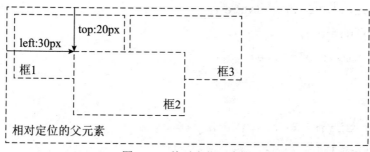

图 3-52　绝对定位示意图

（1）绝对定位具有以下特点。

1）设置元素为绝对定位时，如果未设置 top、right、bottom、left 属性，该元素将以父元素的左上角为基准定位；若没有父元素，则该元素相对于浏览器窗口的左上角进行定位。

2）设置元素为绝对定位时，如果设置 top、right、bottom、left 属性，父元素未设置 position 属性，则该元素以浏览器窗口的左上角为基准定位，left 和 right 属性用于设置元素左、右的偏移量，top 和 bottom 属性用于设置元素上、下的偏移量。

3）设置元素为绝对定位时，如果设置 top、right、bottom、left 属性，且父元素设置 position 属性，则该元素以父元素的左上角为基准进行定位，left 和 right 属性用于设置元素左、右的偏移量，top 和 bottom 属性用于设置元素上、下的偏移量。

4）如果要把一个 position:absolute 元素定位于其父元素内，需要设置该元素的 top、right、bottom 和 left 属性，以及父元素的 position 属性。

典型案例 3-38：绝对定位的应用——文字阴影效果

```
<!doctype html>
<html>
<head>
<meta charset="utf-8">
<title> 文字阴影效果 </title>
<style>
*{
    padding:0;
```

典型案例 3-38

视 频 讲 解

```
        margin:0;
    }
    .kuang{
        width:300px;
        height:100px;
        border:#000 2px dotted;
        margin:auto;
        position:relative;
    }
    p{
        font-size:28px;
        font-weight:600;
        width:230px;
    }
    .text1{
        position:absolute;
        top:15px;
        left:0px;
    }
    .text2{
        position:absolute;
        top:30px;
        left:20px;
        color:#C00;
    }
    .text3{
        position:absolute;
        top:45px;
        left:40px;
        color:#693;
    }
    </style>
    </head>
    <body>
```

```
<div class="kuang">
    <p class="text1">Web 前端设计基础 </p>
    <p class="text2">Web 前端设计基础 </p>
    <p class="text3">Web 前端设计基础 </p>
</div>
</body>
</html>
```

分析: 本例中分别为 3 个 p 元素设置绝对定位、top 和 left 属性,为 div 元素设置相对定位,div 元素是 3 个 p 元素的父元素。由于 p 元素设置了 top 和 left 值,且 div 父元素设置了 position 属性,所以 3 个 p 元素将分别以 div 父元素的左上角为基准进行定位,具体位置由 top、left 属性值决定,如图 3-53a) 所示。如果删除 kuang 类样式中的 position:relative 设置,p 元素的 div 父元素未设置 position 属性,则 3 个 p 元素将以浏览器的左上角为基准定位,具体位置由 top、left 属性值决定,如图 3-53b) 所示。

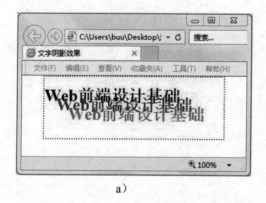 

图 3-53   绝对定位——文字阴影效果

(2) 绝对定位主要有以下作用。

1) 绝对定位脱离了标准流,所以不占据网页中的位置,而是浮在网页之上。利用绝对定位的这个特点可以制作漂浮广告、弹出菜单等效果。

典型案例 3-39: 绝对定位的应用——横向二级菜单制作

```
<!doctype html>
<html>
<head>
<meta charset="utf-8">
<title> 导航栏 </title>
```

典型案例 3-39

视 频 讲 解

```
<style>
*{
    margin:0;
    padding:0;
}
nav{
    text-align:center;
    height:50px;
    line-height:50px;
    font-size:14px;
    background-color:#390;
}
nav ul{list-style:none;}                      /* 定义一级菜单样式 */
nav ul li{
    float:left;
    width:100px;
    font-weight:600;
    border-right:#CCC 1px solid;
    position:relative;
}
nav ul li a{
    text-decoration:none;
    color:#FFF;
    display:block;
}
nav ul li a:hover{
    color:#000;
    background-color:#FFF;
}
nav ul li ul{                                 /* 定义二级级菜单样式 */
    display:none;
    position:absolute;
}
nav ul li ul li{
```

```
        background:#390;
        border-bottom:1px solid #CCC;
        height:40px;
        line-height:40px;
        border-right:none;
    }
    nav ul li:hover ul{display:block;}
    </style>
    </head>
    <body>
    <nav>
        <ul>
            <li><a href="#"> 首页 </a></li>
            <li><a href="pages/zhishi.html"> 动物知识 </a>
                <ul>
                    <li><a href="#"> 海洋动物 </a></li>
                    <li><a href="#"> 哺乳动物 </a></li>
                    <li><a href="#"> 爬行动物 </a></li>
                    <li><a href="#"> 鸟类 </a></li>
                </ul>
            </li>
            <li><a href="#"> 动物图片 </a></li>
            <li><a href="pages/quwen.html"> 动物趣闻 </a></li>
            <li><a href="pages/wenjuan.html"> 相关调查 </a></li>
        </ul>
    </nav>
    </body>
    </html>
```

分析： 本例制作横向二级菜单，其中在动物知识一级菜单下弹出二级菜单，如图 3-54 所示。二级菜单 ul 元素默认为显示状态，需要先将其隐藏，当鼠标滑过一级菜单 li 元素上时二级菜单 ul 元素才显示，为此需要进行 2 个样式的设置：一是设置二级菜单 ul 元素不显示，定义 display 属性值为 none；二是设置一级菜单的 li 元素悬停状态时 ul 元素才显示，定义 display 属性值为 block。样式语句内容为

```
nav ul li ul{display:none; }
nav ul li:hover ul{display:block;}
```

如果当前菜单下有页面内容，二级菜单的显示可能会遇到问题，此时需要将二级菜单 ul 元素的定位方式设置为绝对定位，样式语句内容为

```
nav ul li ul{display:none; position:absolute;}
```

二级菜单 li 元素鼠标悬停时还继承了一级菜单 li 元素的样式，可以修改显示效果。

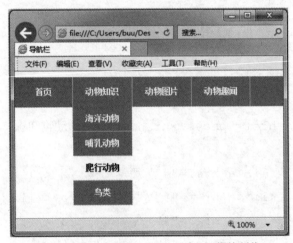

图 3-54　绝对定位的应用——二级菜单制作

2）如果需要绝对定位元素以其父元素为定位基准，则需要对父元素设置定位属性（一般设置为相对定位），使父元素成为包含框。

典型案例 3-40：定位应用——小提示窗口

```
<!doctype html>
<html>
<head>
<meta charset="utf-8">
<title> 小提示窗口 </title>
<style>
a.tip{
    color:red;
    text-decoration:none;
    position:relative;                    /* 定义相对定位 */
```

典型案例3-40

视　频　讲　解

```
        }
    a.tip span{display:none;}
    a.tip:hover{z-index:999;}
    a.tip:hover .popbox{
        display:block;
        position:absolute;                      /* 定义绝对定位 */
        top:20px;
        left:-30px;
        width:100px;
        background-color:#424242;
        color:#fff;
        padding:10px;
    }
    span{font-size:14px;}
    </style>
    </head>
    <body>
        <p>Web 前台技术：<a href="#" class="tip">Ajax<span
class="popbox">Ajax 是一种浏览器无刷新就能和 web 服务器交换数据的技术
</span></a> 技术和
        <a href="#" class="tip">CSS<span class="popbox">Cascading
Style Sheets 层叠样式表</span></a> 的关系 </p>
    </body>
    </html>
```

分析： 本例在 a.tip 样式中设置 position 属性为相对定位，在弹出框的 popbox 类样式中设置 position 属性为绝对定位。body 区 span 元素的内容分别是 2 个关键词的解释信息，span 元素应用 popbox 类样式，其定位是以超链接 a.tip 样式所定义的位置为基准的。如图 3-55 所示，当光标放置在关键词"Ajax"上时，a 元素中 span 元素的内容将以"Ajax"为基准定位显示；当光标放置在关键词"CSS"上时，a 元素中 span 元素的内容将以"CSS"为基准定位显示。

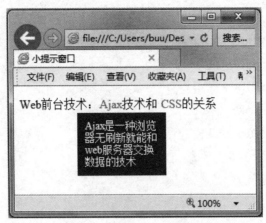

图 3-55　制作小提示窗口效果

3）在 CSS 布局中，position 属性发挥着非常重要的作用，很多元素的定位都是使用 position 属性完成的。相对定位允许元素在相对于流布局的原始位置上进行偏移，绝对定位允许元素与原始的流布局分离且任意定位。

在进行页面布局时，建议以 float 定位为主、position 定位为辅。如果使用 position 属性定位元素，通常设置父元素的 position 属性为 relative，而定位于父元素内部某个位置的子元素建议设置 position 属性为 absolute，这样子元素将不受父元素属性的影响。

3. 绝对定位与相对定位的比较

主要从定位基准及其原有位置两方面进行相对定位和绝对定位的比较。

（1）定位基准。相对定位的元素以其原有位置为定位基准；而绝对定位的元素以距离其最近的设置了定位属性的父元素为定位基准，若所有的父元素都未设置定位属性，则将以浏览器窗口为定位基准。

（2）原有位置。相对定位的元素还保留原有的位置，未脱离标准流；而绝对定位的元素不占用原来的位置，已经脱离了标准流，其他元素就当其不存在一样。

二、z-index 属性

z-index 属性用于设置定位时重叠元素之间的上下位置。与其名称一样，想象页面为 X、Y 轴，垂直于页面的方向就是 Z 轴。使用绝对定位和相对定位的元素可能会与其他元素发生重叠，重叠时默认第一个元素位于后来元素之上。

z-index 属性用于指定重叠部分的上下层级关系，z-index 属性值大的元素位于属性值小的元素上方。通过设置 z-index 属性值可以改变重叠次序，值越大层级越高，z-index 属性值默认为 0。

当两个元素的 z-index 属性值一样时，则保持原有的高低重叠关系。z-index 属性和偏移量属性一样，只对设置了定位属性的元素才有效，position 属性需要设置为 relative、absolute 或 fixed。

典型案例 3-41：z-index 属性

```
<!doctype html>
<html>
<head>
<meta charset="utf-8">
<title>z-index 属性 </title>
<style>
h2{text-align:center;}
div{
    width:250px;
    height:120px;
    float:left;
    margin-right:10px;
    border:#999 1px solid;
    position:relative;          /* 定义元素相对定位 */
}
img.a{
    width:100px;
    position:absolute;          /* 定义元素绝对定位 */
    left:0px;
    top:5px;
    z-index:1;                  /* 定义层叠顺序 */
}
img.b{
    width:100px;
    position:absolute;          /* 定义元素绝对定位 */
    left:150px;
    top:5px;
    z-index:-1;                 /* 定义层叠顺序 */
}
```

```
</style>
</head>
<body>
<h2>z-index 属性 </h2>
<div>
    <p>z-index 属性用来指定重叠部分的上下层关系。z-index 值大的元素位于
值小的元素上方，默认的 z-index 值为 0。</p>
    <img class="a" src="images/tu3.jpg">
</div>
<div>
    <p>z-index 属性就用来指定重叠部分的上下层关系。z-index 值大的元素位
于值小的元素上方，默认的 z-index 值为 0。</p>
    <img class="b" src="images/niao7.jpg">
</div>
</body>
</html>
```

分析：本例 body 区的 2 个 div 元素中分别嵌入 p 元素和 img 元素，设置 2 个 div 元素的定位方式为相对定位，2 个 img 元素的定位方式为绝对定位，并设置 img 元素的偏移位置和 z-index 层叠属性。2 个 p 元素的 z-index 属性值默认为 0，第一个 div 元素中 img 元素的 z-index 属性值设置为 1，第二个 div 元素中 img 元素的 z-index 属性值设置为 -1。如图 3-56 所示，第一个 div 框中 img 元素的 z-index 属性值为 1，大于 p 元素的 z-index 属性值为 0，所以图像显示在文字的上方；第二个 div 框中 img 元素的 z-index 属性值为 -1，小于 p 元素的 z-index 属性值为 0，所以图像显示在文字的下方。

图 3-56　z-index 属性

▶ 任务 3.3.5　制作移动端页面

移动互联网继承了 PC 互联网开放式、互动式的特征，同时又具有实时性、隐私保护、便携性、准确性、可定位等特点。但由于终端绝大部分是手机接入，具有屏幕较小但交互性强的特点，因此要求移动终端页面简单易用、要求使用最精练的表达完成内容的表述。移动端页面制作的主要技术仍然是 HTML、CSS 和 JavaScript。本任务中，我们将学习移动端页面布局设计的方法，主要包括流式布局、弹性盒模型布局、响应式布局和基于 rem 的布局等。

一、流式布局

流式布局是移动 Web 开发中常用的布局方式，主要使用百分比设置元素的宽度，按实际高度设置元素的高度，页面元素的宽度按照屏幕分辨率进行适配调整，但整体布局不变。

1. 流式布局的要点

流式布局主要使用百分比布局。按百分比设置元素的宽度，使得元素根据屏幕的宽度进行伸缩，不受固定像素的限制。在进行流式布局时，需要注意以下要点。

（1）网页中主要划分区域的宽度使用百分比，再搭配 min、max 等属性进行使用，控制尺寸以免过大或过小。例如：设置网页主体的宽度为 80%，需要设置 min-width 取值为 950px。

（2）图像的宽度使用百分比。例如：设置图像的宽度为 100%，往往还需要设置 max-width 为图像本身的尺寸，以防止图像被拉伸而失真。

（3）各区块设置为浮动定位，其位置不是固定不变的。例如：在某个区域中又将分为左、右两部分，在进行样式定义时宽度需要设置为百分比，同时定位要设置为 float 浮动定位。

（4）在网页代码的头部需要加入 viewport 元数据。viewport 元数据是当前移动端开发最常用的元数据，主要使用 meta 标记中的 name 属性进行定义，具体语句内容为

```
<meta name="viewport" content="width=device-width,initial-scale=1.0,minimum-scale=1.0,maximum-scale=1.0,user-scalable=no">
```

viewport 元数据属性中各参数的作用，见表 3-28。

表 3-28　viewport 元数据属性中各参数的作用

属性参数	作　　用
width	设置 viewport 的宽度，是个正整数。width-device 表示宽度为设备屏幕的宽度
initial-scale	设置页面的初始缩放值，可以是个带小数的数字，1.0 表示占网页的 100%

续表

属 性 参 数	作　　用
minimum-scale	设置最小的缩放比例
maximum-scale	设置最大的缩放比例
user-scalable	设置用户是否可以调整缩放比例，值为 no（禁止缩放）或 yes（允许缩放）

2. 手机页面制作

我们将采用流式布局方式进行手机端页面的制作，如图 3-57 所示。布局中主要包括页面头部区域、导航区域、Banner 广告区，中间是主要内容区域，下端是页脚区域，制作好的手机端页面如图 3-58 所示。

图 3-57　手机端页面布局示意图

图 3-58　手机端页面

手机端页面制作的过程如下：

（1）新建一个 HTML5 文档，设置 meta 标记，在 meta 标记中使用 name 属性定义 viewport 元数据。

（2）样式设计。在手机页面的样式设计中，对于 header、nav、#section、footer 及 #banner 等区域的元素宽度都设置为 100%，采用百分比单位；图像的宽度设置为百分比，而高度设置为图像的实际高度，采用像素单位进行设置。另外对于一些区块的定位采用浮动布局定位。手机端页面的样式内容见拓展案例 3-18。

（3）填充内容。样式设计完成后，就要为 body 区添加内容。

说明： 采用流式布局方式进行页面布局时，主体布局及图像的宽度需要使用百分比进行设置，各个区块采用浮动定位设置。如果想要打开网页时自动以原始的比例显示，且不允许用户进行修改，使用

meta 标记中的 name 属性可以定义 viewport 元数据。

二、弹性盒模型布局

CSS 弹性盒是一整套布局规范，是一种当页面需要适应不同的屏幕大小及设备类型时，确保元素拥有恰当行为的布局方式。引入 CSS 弹性盒布局模型的目的是提供一种更加有效的方式，对容器中的子元素进行排列、对齐和分配空白空间。

1. 定义弹性容器

CSS 弹性盒通常由弹性容器（Flex Container）和弹性子元素（Flex Item）组成。采用 display:flex 布局的元素称为弹性容器，弹性容器内的子元素称为弹性子元素，弹性容器内可以包含一个或多个弹性子元素。定义弹性容器的语句为

拓展案例 3-19
使用弹性盒实现
div 元素上下左右
居中效果

案 例 分 析

.box{display:flex;}

CSS 弹性盒只能定义弹性子元素在弹性容器内的布局，弹性子元素通常在 CSS 弹性盒的一行中显示，默认情况下每个弹性容器只有一行。设置为 Flex 布局后，弹性子元素的 float、clear 和 vertical-align 属性将失效。

采用弹性盒 display:flex 进行布局，适应性和灵活性都很好，目前在移动端应用比较广泛，但需要编写较多的兼容代码。

2. 弹性盒布局的常用属性

CSS 弹性盒的布局属性主要包括弹性容器属性和弹性子元素属性两类。其中，弹性容器主要包括以下属性：

（1）flex-direction 属性。用于设置弹性子元素的排列方式，flex-direction 属性的主要取值及其描述，见表 3-29。

表 3-29　flex-direction 属性的主要取值及其描述

属　性　值	描　　　　述
row	默认值，弹性子元素水平方向显示，起点为左端
row-reverse	弹性子元素水平方向显示，起点为右端
column	弹性子元素垂直方向显示，起点为上端
column-reverse	弹性子元素垂直方向显示，起点为下端

flex-direction 属性值显示效果，如图 3-59 所示。

| 弹性子元素1 | 弹性子元素2 | 弹性子元素3 | | 弹性子元素3 | 弹性子元素2 | 弹性子元素1 |

flex-direction:row   flex-direction:row-reverse

| 弹性子元素1 |
| 弹性子元素2 |
| 弹性子元素3 |

| 弹性子元素3 |
| 弹性子元素2 |
| 弹性子元素1 |

flex-direction:column   flex-direction:column-reverse

图 3-59　flex-direction 属性值显示效果

（2）flex-wrap 属性。用于设置弹性容器的换行方式，flex-wrap 属性的主要取值及其描述，见表 3-30。

表 3-30　flex-wrap 属性的主要取值及其描述

属　性　值	描　　述
nowrap	默认值，不换行，弹性容器为单行，弹性子元素可能会溢出弹性容器
wrap	换行，弹性容器为多行，弹性子元素溢出的部分会新起一行，第一行在上方
wrap-reverse	换行，弹性容器为多行，弹性子元素溢出的部分会新起一行，第一行在下方

（3）flex-flow 属性。复合属性，用于同时设置 flex-direction 和 flex-wrap 属性，默认值为 row nowrap。

（4）justify-content 属性。用于设置弹性子元素在水平方向的对齐方式，justify-content 属性的主要取值及其描述，见表 3-31。

表 3-31　justify-content 属性及其描述

属　性　值	描　　述
flex-start	默认值，左对齐
flex-end	右对齐
center	居中对齐
space-between	两端对齐，弹性子元素之间的间隔都相等
space-around	每个弹性子元素两侧的间隔相等，所以弹性子元素之间的间隔比子元素与边框的间隔大 1 倍

（5）align-items 属性。用于设置弹性子元素在垂直方向的对齐方式，align-items 属性的主要取值及其描述，见表 3-32。

表 3-32　align-items 属性的主要取值及其描述

属　性　值	描　　述
flex-start	弹性子元素位于弹性容器的开头
flex-end	弹性子元素位于弹性容器的结尾

续表

属 性 值	描 述
center	弹性子元素位于弹性容器的中心
baseline	弹性子元素位于弹性容器第一行文字的基线上
stretch	默认值，如果弹性子元素未设置高度或设为 auto，其将被拉伸以占满整个容器的高度

3. 弹性子元素的属性

（1）order 属性。用于设置弹性子元素排列的顺序，按照 order 属性值从小到大的顺序进行排列。order 属性值默认为 0，可以是负值。

（2）flex-grow 属性。用于设置弹性子元素的放大比例，默认值为 0，如果存在空白部分，也不会放大。

（3）flex-shrink 属性。用于设置弹性子元素的缩小比例，默认值为 1。弹性子元素仅在默认宽度之和大于弹性容器的宽度时才会缩小。

（4）flex-basis 属性。用于设置弹性容器的伸缩基准值。默认值为 auto，弹性容器的宽度等于弹性子元素的长度。如果弹性子元素为指定长度，则长度将根据内容决定。flex-basis 属性值通常是长度单位或百分比。

（5）flex 属性。复合属性，是 flex-grow、flex-shrink 和 flex-basis 属性的简写形式，默认值为 "0 1 auto"，flex-shrink 和 flex-basis 属性是可选属性。

（6）align-self 属性。用于设置单个弹性子元素拥有与其他弹性子元素不一样的对齐方式，可覆盖 align-items 属性。默认值为 auto，表示继承父元素的 align-items 属性。如果没有父元素，则等同于 align-items:stretch。

典型案例 3-42：使用弹性盒布局手机页面

```
<!doctype html>
<html>
<head>
<meta charset="utf-8">
<title> 弹性盒布局 - 手机页面 </title>
<style>
header,footer,nav{
    width:100%;
    margin:2px auto;
    clear:both;
    border:1px #999 solid;
```

典型案例3-42

视 频 讲 解

```
    text-align:center;
}
#main{
    display:flex;
    margin:2px auto;
}
#main .left,#main .right {
    border:1px #999 solid;
    line-height:300px;
    text-align:center;
}
.left{
    flex:2;
    margin-right:1px;
}
.right{flex:3;}
.clear{clear:both;}
</style>
</head>
<body>
<header> 页面头部 </header>
<nav> 导航区域 </nav>
<div id="main">
    <div class="left"> 左侧内容区 </div>
    <div class="right"> 右侧内容区 </div>
</div>
<footer> 页面尾部 </footer>
</body>
</html>
```

分析：本例中使用弹性盒布局的方式进行手机页面布局，主要包括页面头部区域、导航区域、主要内容区域和页面尾部区域，其中主要内容区域又分为左侧内容区和右侧内容区两部分。布局时设置左侧内容区和右侧内容区的父元素 display:flex 属性，子元素宽度使用 flex 属性定义，左侧内容区设置 flex:2，右侧内容区设置 flex:3，这样进行页面同行排列布局比较方便，如图 3-60 所示。

| 页面头部 |
| 导航区域 |
| 左侧内容区 | 右侧内容区 |
| 页面尾部 |

图 3-60　弹性盒布局手机页面

三、响应式布局

响应式布局是指同一个网页在不同的终端上的显示效果不同，浏览器会根据终端的不同选择不同的渲染方式。响应式布局可以使用媒体查询的方式，通过查询浏览器宽度，不同的宽度适应不同的样式块，每个样式块对应的是该宽度下的布局方式，从而实现响应式布局。响应式布局的页面可以适配多种终端屏幕，如 pc、平板、手机等。

典型案例 3-43：响应式布局设计

```
<!doctype html>
<html>
<head>
<meta charset="utf-8">
<title> 响应式布局 </title>
<style>
.box{
    border:1px solid #000;
    width:250px;
    height:120px;
    text-align:center;
```

```
        line-height:120px;
    }
@media only screen and (min-width:400px) and (max-width:640px){
    .box{border-radius:15px;}
    }
@media only screen and (min-width:640px){
    .box{box-shadow:10px 5px 8px #f30;}
    }
@media only screen and (max-width:300px) {
    .box{border:5px dashed #000;}
    }
</style>
</head>
<body>
    <div class="box"> 响应式布局——边框样式的改变 </div>
</body>
</html>
```

分析： 本例为 body 区中的 div 元素设置样式，浏览器将根据终端宽度的不同为 div 元素的边框选择不同的样式，默认的边框样式是 1px、黑色、实线边框。当浏览器窗口的宽度小于 300px 时，边框显示为黑色、5px、划线样式，如图 3-61a）所示；当浏览器窗口的宽度大于 400px 且小于 640px 时，边框的 4 个角将变为 15px 的圆角，如图 3-61b）所示；当浏览器窗口的宽度大于 640px 时，边框的右侧 10px、下方 5px 处会出现模糊程度为 8px 的红色阴影效果，如图 3-61c）所示。

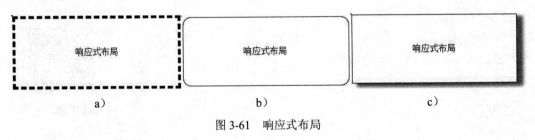

图 3-61　响应式布局

四、基于 rem 布局

基于 rem 布局是通过根元素进行适配的，页面的根元素是指 HTML，通过设置 HTML

的 font-size 大小控制 rem 的大小，从而控制整个 HTML 文档内的字体大小、元素宽度和高度、内边距和外边距等。包含文字的各元素的尺寸通常采用 rem 作单位，而页面的主要划分区域的尺寸仍使用百分比或 px 为单位。

典型案例 3-44：基于 rem 的布局

```
<!doctype html>
<html>
<head>
<meta charset="utf-8">
<title>基于 rem 的布局 </title>
<style>
html{font-size:10px; }
div{
    margin:auto;
    font-size:1.6rem;
    width: 30rem;
    height:12rem;
    border:2px dashed #999;
    line-height:12rem;
    text-align:center;
    }
  </style>
</head>
<body>
    <div>div 元素宽度高度是 300*120px</div>
</body>
</html>
```

分析： 本例中设置 html 标记的 font-size:10px 属性，然后采用相对单位 rem 进行 div 元素宽度、高度、行距、字体大小等属性的设置。设置 div 元素的宽度为 30rem，即 300px；高度为 12rem，即 120px；行距为 12rem，即 120px，字体大小 1.6rem，即 16px，如图 3-62 所示。

图 3-62　基于 rem 的布局

综合应用

在完成本项目学习任务 2 的基础上，使用 CSS 定位属性对"动物天地"网站首页各部分内容进行精确定位。其中，页面 head 区、logo 区、content 区及图片滚动效果区的元素定位设置如下：

1. 页面 head 区布局定位。创建 pleft 和 pright 类样式选择器，分别定义顶部区域中左端文字左侧浮动、右端文字右侧浮动。然后在body 区中分别为左侧文字和右侧文字添加 div 标记并分别应用类样式，类样式需要使用 class 属性进行应用。再设置 header 标记的高度、背景及垂直居中对齐等。

综合应用 3-3

2. logo 区布局定位。先在 body 区中插入 3 个 div 标记，然后在样式区定义 id 选择器 logo_left、logo_center、logo_right 左侧浮动 float:left，3 个 div 元素应用样式后可以实现左右并排排列的效果。

为搜索框和按钮设置 .ipt 和 .btn 类样式，使用 class 属性进行应用。搜索框和按钮之间的缝隙可以使用 margin-left:-6px 进行设置。

3. content 区布局定位。设置 section 中的 div 元素及 aside 中的 div 元素左侧浮动。

4. 图片滚动效果区域布局定位。在 id 选择器 imgscroll 中设置 padding-top:10px，实现滚动图片垂直居中的效果。

5. 进一步完善相关样式的设置。如 h2 元素设置 padding:0 30px，p 元素设置margin:10px 5px 5px，页脚区域删除 height 设置，使内容垂直居中显示等。

说明： 在进行网页设计与制作时，需要遵守先大后小、先简单后复杂的原则。在制作网页时，先设计好大的结构，然后再逐步完善小的结构设计；先设计出简单的内容，然后再设计复杂的内容，以便出现问题时便于修改。

网站首页内容布局定位完成后，我们已基本完成了页面内容的布局定位，但是页面还缺少交互功能，下一步我们将进行应用 JavaScript 的任务学习。

学习任务小结

本任务主要学习了在网页中设置页面元素布局定位的方法，着重学习了盒子模型结构，display 属性及流布局，float 属性、clear 属性及浮动布局，position 属性、z-index 属性、相对定位及绝对定位等定位布局，流式布局、弹性盒模型布局、响应式布局、基于 rem 布局等移动端页面设计方法。运用所学知识能够对网页中的各种元素进行精确定位，使得页面布局符合网民的视觉习惯。

技能与训练

1. 选择题

（1）以下样式定义中，可以设置行内元素宽度和高度的是（　　）。

A. display:inline　　　B. display:none　　　C. display:block　　　D. display:inherit

（2）以下不会使 div 元素脱离标准流属性的是（　　）。

A. position:absolute;　　　　　　　　B. position:fixed;

C. position:relative;　　　　　　　　D. float:left;

（3）以下有关 CSS 中 position 属性值的描述，说法错误的是（　　）。

A. static：没有定位，元素出现在正常的流中

B. fixed：生成绝对定位的元素，相对于父元素进行定位

C. relative：生成相对定位的元素，相对于元素本身的正常位置进行定位

D. absolute：生成绝对定位的元素，相对于 static 定位以外的第一个父元素进行定位

（4）能够将块级元素转换为行内元素显示的属性是（　　）。

A. padding　　　　　B. margin　　　　　C. position　　　　　D. display

（5）以下不属于 float 属性设置的是（　　）。

A. float:left　　　B. float:center　　　C. float:right　　　D. float:none

2. 简答题

（1）盒子模型的组成要素有哪些？各有什么作用？

（2）什么是 CSS3 的 flexbox（弹性盒布局模型）？有哪些适用场景？

（3）什么是设置浮动和清除浮动？清除浮动的方式有哪些？

（4）display 属性有哪些主要取值？举例说明各属性值的作用？

（5）position 属性有哪些取值？举例说明各属性值的作用？

（6）margin 属性的合并有哪几种情况？

（7）相对定位与绝对定位有什么区别？

（8）移动端页面布局设计的方法有哪些？各有什么特点？

3. 操作题

在完成本项目学习任务 2 的基础上，采用 CSS 定位属性对自建网站的页面元素进行布局定位。具体要求如下：

（1）综合使用 float、position 属性进行相对定位和绝对定位。布局定位时以 float 属性定位为主、position 属性定位为辅。

（2）设计及制作一个移动端（手机）页面。

项目 **4**

应用Web网页特效——JavaScript

▌项目分析 ▌

JavaScript 是 Web 开发者必学的三种语言之一。三种语言中，HTML 用于定义网页的内容，CSS 用于美化网页，而 JavaScript 则用于响应用户操作，为网页增添功能性或动态特效内容。在项目 2 和项目 3 中我们已经学习了使用 HTML 创建及编辑网页内容，使用 CSS 样式进行页面布局定位及美化网页。本项目中，我们将学习 JavaScript 的语言基础和程序设计的相关内容，学习 jQuery 框架，并给出典型案例。

▌项目分解 ▌

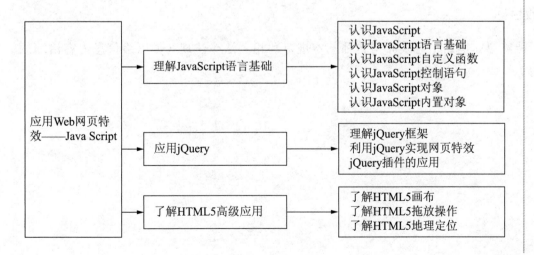

学习任务 1　理解 JavaScript 语言基础

任何一门计算机语言都有一套自己的语法规则和语言规范，只有掌握这些语言基础，才能更好地进行程序设计。JavaScript 是面向对象的，其基本语言元素除包括数据类型、常量、变量、运算符、表达式和函数等外，还包括对象、对象的属性与方法、事件等面向对象的内容。

本学习任务中，我们将学习 JavaScript 的基本语言元素及数组、对象、方法、属性、事件等相关知识，为程序设计打好基础。本学习任务完成后，可以为网页增添一些实用功能。

学习目标

知识目标

1. 能够解释数据类型、常量、变量、数组、内置函数等的概念和用途。
2. 能够解释对象、属性、方法、事件等的概念和用途。
3. 能够正确地将数组、内置函数等运用于页面程序设计。
4. 能够正确地将对象、对象的属性和方法、事件等运用于页面程序设计。

技能目标

能够综合运用数组、各类函数、对象的方法和属性与 HTML、CSS 结合进行页面程序设计。

思政目标

能够遵守网络信息发布与传播基本规范和相关法律法规（如网络信息内容治理规定等）。

▌学习任务结构图◤

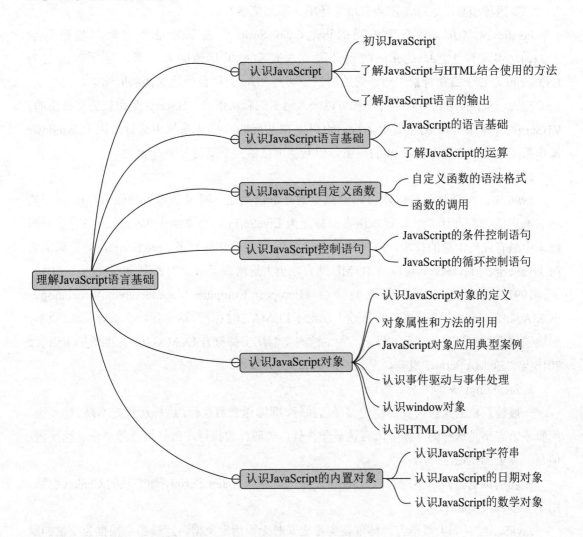

▶ 任务 4.1.1　认识 JavaScript

在网页设计中，有时需要页面根据用户操作的情况，动态地显示某些内容，如日历，希望它会随时间的变化而变化。再如，用户输入表单时，如果输入错误，浏览器会显示错误提示信息等。这些都可以借助我们将要学习的 JavaScript 实现。JavaScript 可以直接嵌入到页面中，把静态页面转变成支持交互等响应的动态页面，使网页具有功能性。

一、初识 JavaScript

1. JavaScript 是脚本语言

JavaScript 是可以用于 Web 页面中的一种脚本语言，是一种轻量级的编程语言。

JavaScript 插入 HTML 页面后，可由所有的现代浏览器执行。用 JavaScript 编写的代码不能脱离浏览器环境独立运行，需要有宿主环境（即浏览器）。

JavaScript 与 Java 是完全不同的语言，JavaScript 中的部分语法与命名规范借鉴于 Java，但实际上，JavaScript 的设计原则大量参考了其他脚本语言，之所以命名为 JavaScript 是缘于商业背景，是当时的网景公司与 SUN 公司合作达成协议的结果。

与 JavaScript 功能类似的另一种可以嵌入网页的脚本语言 VBScript 是微软公司推出的。VBScript 既可以在 IE 浏览器中运行，也可以在 Windows 操作系统中运行，因为 Windows 操作系统也可以作为 VBScript 的宿主，但其他浏览器并不支持 VBScript。

2. JavaScript 的历史

1996 年，网景公司与微软公司的浏览器之争白热化，网景公司为增强 HTML 页面的动态响应能力，设计了一款脚本语言，称之为 LiveScript。后来由于 Java 成为当时互联网技术中最有发展前景的技术，网景公司遂与 SUN 公司合作修订了 Live Script，并重新命名为 JavaScript。JavaScript 可以与 HTML 结合，极大地增强了页面的表现力。

1997 年，欧洲计算机制造商协会（European Computer Manufacturers Association，ECMA）在 JavaScript 语言规范的基础上制定了 ECMA-262 标准，这是第一个 JavaScript 版本，形成了网页脚本语言的规范。目前，各主流浏览器均支持符合 ECMA-262 标准的脚本语言。2016 年，ECMA Script7 发布，是最新的 JavaScript 版本。

3. JavaScript 语言特点

一般计算机的高级语言都是先编译后执行，即编译完后执行，这样运行效率高、速度快。而脚本语言不是这样的，脚本语言是解释执行，边解释边执行，虽然运行效率低、速度慢，但是开发更加简便。

不同的浏览器采用不同的 JavaScript 引擎来解释执行 JavaScript，如微软的 Chakra 引擎，用于 Internet Explorer 9。

JavaScript 是弱类型语言。体现在变量定义时无需指定类型，解释器会根据为变量的赋值自动判断变量的类型。

JavaScript 在设计时通过限制代码的功能达到其安全性。JavaScript 代码会随着 HTML 页面下载到客户的电脑中通过浏览器执行，保证 JavaScript 不会对客户端造成破坏或盗取，因此保护客户隐私是非常重要的。JavaScript 语言本身没有设计访问客户端的硬盘、打印机、网络等设备的功能。

二、了解 JavaScript 与 HTML 结合使用的方法

JavaScript 代码可以通过一对 <script></script> 标记嵌入到 HTML 页面中，<body> 部分和 <head> 部分均可放置 JavaScript 脚本，也可以将脚本部分单独保存为扩展名为 .js 的文件，然后再通过 <script> 标记引入到网页中。嵌入 JavaScript 代码的语法格式为

```
<script>JavaScript 代码
</script>
```

1. HTML、CSS、JavaScript 三者结合的典型案例

本例要求在页面中以 1 号红色标题字输出字符串"Hello world!"。在页面的 <head> 部分加入 CSS 代码控制字符串显示格式；在页面的主体 <body> 部分加入 JavaScript 代码实现字符串的显示。

典型案例 4-1：在页面中以 1 号红色标题字输出字符串"Hello world!"

```
<!DOCTYPE HTML>
<html>
<head>
<title> 输出格式化文字 </title>
<style>
h1{color:#F00;}
</style>
</head>
<body>
<script>
    document.write（"<h1>Hello world!</h1>"）;
</script>
</body>
</html>
```

分析：本例在 <body> 中用 <script> 对命令嵌入了 JavaScript 代码，document.write 用于输出 HTML 标签的运行结果，CSS 代码用于元素格式控制，定义 h1 文字颜色为红色，如图 4-1 所示。

图 4-1 输出格式化文字运行效果

脚本命令不仅可以直接嵌入到 HTML 文档中，还可以编辑为一个扩展名为 .js 的单独文件，独立存放，在需要时再以链接的方式引用。

假设有一个事先编辑好的名为 4-2j.js 的 js 文件，引用该 js 文件的 HTML 文件只需包含代码 `<script src="4-2j.js"></script>` 即可。js 文件可用记事本或 Dreamweaver 软件编辑。

2. 了解 JavaScript 程序编程规范

要编写出优秀的 JavaScript 程序，必须要了解 JavaScript 基本语法，并养成良好的编程习惯。JavaScript 代码在编写时必须要遵守以下规范：

（1）声明变量必须加上 var 关键字。变量是弱类型的，因此在定义变量时，只使用 var 关键字就可以将变量初始化为任意值。

（2）一条语句结束要加上分号结尾，表示语句的结束。

（3）使用大括号标记代码段，被封装在大括号内的语句将按顺序执行。

（4）注意代码的缩进。每个代码块都要相对父级代码缩进，缩进的方式是用 Tab 键。

（5）编写 JavaScript 代码时一定要注意，所有的标点符号都应该是英文状态下的。

（6）JavaScript 代码是区分大小写的，如变量 xh 与变量 Xh 是两个不同的变量。

（7）JavaScript 语言支持单行注释和多行注释。单行注释符号为"//"，其后的内容为注释内容。多行注释符号为"/*···*/"。注意，不能在 JavaScript 内部使用 HTML 语言中的 `<!- - 注释信息 - ->` 注释。

三、了解 JavaScript 语言的输出

程序运行时，经常需要将运行结果输出到浏览器显示。JavaScript 可以通过以下四种方式来输出内容：

（1）使用 window.alert() 以弹出警告框的形式输出。

（2）使用 document.write() 方法输出信息。

（3）使用 innerHTML 写入到 HTML 元素输出。

（4）使用 console.log() 写入到浏览器的控制台输出。

document.write() 方法输出的例子前面已经讲过。window.alert() 是 window 对象的方法，将在后面讲解。第三种输出方法使用 innerHTML 属性，也将在后续任务中讲解。

▶ 任务 4.1.2　认识 JavaScript 语言基础

一、JavaScript 的语言基础

与其他语言一样，JavaScript 有自己的数据类型、运算符和流程控制语句，这些都是学

习 JavaScript 语言的基础。

1. 认识 JavaScript 的数据类型

JavaScript 常用的数据类型，见表 4-1。

表 4-1　JavaScript 常用的数据类型

类　　型	含　　义	说　　明	示　　例
Int	整型	整数，可以为正数、负数或 0	32，-46，0
float	浮点型	浮点数，可以使用实数的普通形式或科学计数法表示	43.128479
string	字符串类型	可以存储字符串，是用单引号或双引号括起来的一个或多个字符	'123'，" 中国国家博物馆 "
boolean	布尔型	只有 true 或 false 两个值	true，false
object	对象类型	表示一个对象	
null	空类型	没有任何值	
undefined	未定义类型	变量被创建但未赋值时所具有的值	

2. 认识 JavaScript 的变量

（1）变量的概念。变量是在程序运行过程中被命名的存储单元，可以用来存储程序运行过程中用户输入的内容或运行中产生的中间值或终值。变量是用于存储信息的"容器"。

（2）变量的定义。JavaScript 支持变量未经定义（或称声明）直接使用，但推荐进行变量定义。JavaScript 使用 var 关键字来声明变量，一条语句可以声明多个变量，使用逗号分隔变量即可。语法格式为

var num;　　　　　// 声明一个名为 num 的变量。

var a,b,c;　　　　　// 同时声明 a，b，c 三个变量。

在定义变量的同时也可以对变量进行赋值，语法格式为

var num=10;

由于 JavaScript 采用弱类型的变量形式，所以在定义变量时，不需要指定变量的类型，变量的类型将根据变量赋值来确定。例如：

var num=123,str1="JavaScript 脚本语言 ";　　　　　// 经本语句赋值后，变量 num 为数值型，变量 str1 为字符串类型

（3）变量命名规则。变量命名必须遵循以下规则：

1）必须以字母或下划线开头，中间可以是数字、字母或下划线，但是不能有空格或加号、减号等符号。注意区分大小写。

2）虽然 JavaScript 的变量可以任意命名，但是在实际编程时，最好使用有意义、便于记忆的名称，以增加程序的可读性，否则以后就难以区分了。

3）变量的名字不能使用 JavaScript 中的保留字（关键字）。JavaScript 的保留字（关键字）见表 4-2。

表 4-2　JavaScript 的保留字（关键字）

abstract	continue	finally	instanceof	private	this
boolean	default	float	int	public	throw
break	do	for	interface	return	typeof
byte	double	function	long	short	true
case	else	goto	native	static	var
catch	extends	implements	new	super	void
char	false	import	null	switch	while
class	final	in	package	synchronized	with

拓展案例 4-2
定义变量并为变量赋值

案　例　分　析

注意关键字同样不可用做函数名、对象名及自定义的方法名等。

（4）定义数组变量。数组变量是一组变量，可以包含一个或多个类型相同或不同的变量。数组下标是基于零的，所以第一个元素下标是 [0]，第二个是 [1]，依次类推。

例如：创建名为 ar 的数组三种代码形式：

```
var ar=new Array(); ar[0]="12"; ar[1]=" 北 京 ";
ar[2]="20/01/01";
```

　　或

```
var ar=new Array("12"," 北京 ","20/01/01");
```

或

```
var ar=["12"," 北京 ","20/01/01"];
```

二、了解 JavaScript 的运算符及运算

JavaScript 中提供了赋值运算符、算术运算符、逻辑运算符、比较运算符、条件运算符和字符串运算符 6 种常用的运算符，下面分别进行介绍。

1. 赋值运算符

最基本的赋值运算符是等于号 "="，用于对变量进行赋值，而其他运算符可以和赋值运算符 "=" 联合使用，构成组合赋值运算符。JavaScript 常用赋值运算符的使用说明，见表 4-3。

表 4-3　JavaScript 常用赋值运算符的使用说明

运算符	范　　例	说　　明
=	bianhao="A001"	将运算符右边表达式的值赋给左边的变量
+=	x+=y	与 x=x+y 等同。将运算符左边的变量加上右边表达式的值后赋给左边的变量
-=	x-=y	与 x=x-y 等同。将运算符左边的变量减去右边表达式的值后赋给左边的变量
*=	x*=y	与 x=x*y 等同。将运算符左边的变量乘以右边表达式的值后赋给左边的变量
/=	x/=y	与 x=x/y 等同。将运算符左边的变量除以右边表达式的值后赋给左边的变量
%=	x%=y	与 x=x%y 等同（x 除以 y，把余数赋值给 x）。将运算符左边的变量用右边表达式的值取模后，将结果赋给左边的变量
&=	x&=y	与 x=x&y 等同。将运算符左边的变量与右边表达式的值进行逻辑"与"运算，并将结果赋给左边的变量
|=	x|=y	与 x=x|y 等同。将运算符左边的变量与右边表达式的值进行逻辑"或"运算，并将结果赋给左边的变量
^=	x^=y	与 x=x^y 等同。将运算符左边的变量与右边表达式的值进行逻辑"异或"运算，并将结果赋给左边的变量

2．算术运算符

算术运算符等同于数学运算符，即在程序中进行加、减、乘、除等运算。JavaScript 常用算术运算符的使用说明，见表 4-4。

表 4-4　JavaScript 常用算术运算符的使用说明

运算符	范　　例	说　　明
+	1+2 　//返回值为 3	加
-	10-5 　//返回值为 5	减
*	4*6 　//返回值为 24	乘
/	10/5 　//返回值为 2	除。注意：除法运算，0 不能作为除数。如果 0 作为除数，返回结果则为 Infinity
%	12%5 　//返回值为 2	取模

++	i=1；j=i++ //j 的值为 1，i 值为 2
	i=1；j=++i //j 的值为 2，i 值为 2
		一元自加。把操作数加 1。该运算符有两种情况：一是 i++，在使用 i 之后，使 i 的值加 1；二是 ++i，在使用 i 之前，先使 i 的值加 1

--	i=7；j=i-- 　//j 的值为 7，i 值为 6 i=7；j=--i 　//j 的值为 6，i 值为 6	一元自减。把操作数减 1。该运算符有两种情况：一是 i--，在使用 i 之后，使 i 的值减 1；二是 --i，在使用 i 之前，先使 i 的值减 1

3．逻辑运算符

逻辑运算的结果是返回一个布尔值，true 或 false。逻辑运算符常常和比较运算符一起使用，组合成复杂的比较运算，用作 if、while 或 for 等语句中的条件。JavaScript 常用逻辑运算符的使用说明，见表 4-5。

表 4-5   JavaScript 常用逻辑运算符的使用说明

拓展案例 4-3
算术运算符应用
案　例　分　析

运算符	范例	说　　明
&&	A&&B	逻辑与。当操作符两边表达式的值均为 true 时，结果为 true
||	A||B	逻辑或。A 和 B 中有一个的值为 true 时，则结果为 true；若 A 和 B 的值都为 false，则结果为 false
!	!A	逻辑非。若 A 的值为 true，则结果为 false；若 A 的值为 false，则结果为 true

4.比较运算符

比较运算是对比较运算符两边的操作数作比较，结果返回一个布尔值，true 或 false。JavaScript 常用比较运算符的使用说明，见表 4-6。

表 4-6   JavaScript 常用比较运算符的使用说明

运算符	范例	说　　明
==	A==B	相等比较。如果变量 A 和 B 相等，则结果为 true；否则，结果为 false
!=	A!=B	不相等比较。如果变量 A 和 B 不相等，则结果为 true；否则，结果为 false
>	A>B	大于比较。如果变量 A 大于 B，则结果为 true；否则，结果为 false
<	A<B	小于比较。如果变量 A 小于 B，则结果为 true；否则，结果为 false
>=	A>=B	大于等于比较。如果变量 A 大于等于 B，则结果为 true；否则，结果为 false
<=	A<=B	小于等于比较。如果变量 A 小于等于 B，则结果为 true；否则，结果为 false

5.条件运算符

拓展案例 4-4
条件运算应用
案　例　分　析

条件（三元）运算符是 JavaScript 仅有的使用三个操作数的运算符。语法结构为

（条件）? 值 1 : 值 2

说明：一个条件后面跟一个问号，问号后面有两个值（或表达式），用冒号隔开。如果条件为真，则返回值 1（或第一个表达式被执行），否则返回值 2（或第二个表达式被执行）。条件运算符经常作为 if 语句的简捷形式来使用。

例如：result = (score <60)? " 没通过，请继续努力！ ":" 恭喜，通过！ ";

分析：假设 score 可以通过表单获得，则本语句将根据用户输入的值是否小于 60 给出"没通过，请继续努力！"还是"恭喜，通过！"的判断，并将判断结果赋值一个变量 result。

6.字符串连接运算符

JavaScript 只有一个字符串运算符 "+"。使用字符串运算符可以把几个字符串连接在一起。例如，" 中国 "+" 北京 " 的返回值是 " 中国北京 "。

▶ 任务 4.1.3　认识 JavaScript 自定义函数

为使某些执行特定任务的代码可以重用，JavaScript 提供了自定义函数。函数是封装在程序中可以被多次使用的代码块。函数一般有参数，每次调用时传递的参数不同运行的结果就会不同。函数必须先定义后使用。

一、自定义函数的语法格式

在 JavaScript 中使用自定义函数时，常常把自定义函数放在 HTML 文档的 <head> 模块中，然后在 HTML 文档的主体 <body> 模块中进行调用，这是由于 HTML 文档加载时浏览器先执行 HTML 文档中的 <head> 模块所致。

JavaScript 函数通过 function 关键词进行定义，其语法格式为

```
function 函数名（参数）{
        要执行的代码
}
```

其中：函数名的命名规则与变量相同，可包含字母、数字、下划线和美元符号。函数名后面的圆括号内放置参数，一个函数可以有多个参数。若有多个参数，则参数间用逗号分隔。这里的参数被称为形式参数，调用该函数时传递的参数称为实际参数，实际参数将替代形式参数在代码段中运行。实际参数和形式参数的个数必须相同，且一一对应。函数的代码段写在大括号 {} 中。

注意：函数中的参数是局部变量，只在函数内有效。

二、函数的调用

函数在调用时才执行。调用函数的方法有三种：①与事件配合，当事件发生时（如用户单击事件）激活函数。②在代码中作为表达式的一部分去调用使用。③自调用。函数被调用后将返回运行结果给调用者，当遇到 return 语句时，函数将停止执行。

典型案例 4-2：自定义函数及调用

```
<!DOCTYPE HTML>
<html>
<body>
<h2>JavaScript 函数定义及调用典型案例 </h2>
<p id="disp2"></p>
<script>
```

典型案例 4-2

视 频 讲 解

```
function xiangjia(p1,p2) {      //定义名为xiangjia的函数(带两个参数)
    return p1+p2;               // 函数代码段,作两数相加运算,返回结果
}
  document.getElementById("disp2").innerHTML=xiangjia(2,8); //
调用函数,将函数的运行结果给 id="disp2" 的标签元素作内容。
</script>
</body>
</html>
```

分析: 本例运行结果在页面上输出函数运行结果 10。本例定义了一个进行两数相加运算的函数 xiangjia(p1,p2),其有两个参数,p1 和 p2。调用函数 xiangjia(2,8) 将实际参数 2 传递给 p1、8 传递给 p2,进入函数体进行相加运算。运算的结果作为 id="disp2" 的 HTML 标签元素 <p> 的内容输出。document.getElementById("disp2").innerHTML 语句将在后面学习。

▶ 任务 4.1.4　认识 JavaScript 控制语句

一般情况下,VBScript 脚本总是按代码书写的先后顺序来执行的。但在很多情况下,希望根据条件来判断某些代码段是否执行,这就需要用到控制语句。在 JavaScript 中有以下两种控制语句。

一、JavaScript 的条件控制语句

条件控制语句是程序设计中最常见的一种语句,根据条件判断某代码段是否被执行,除包括简单条件判断语句外,还包括分支条件语句、嵌套条件语句和多路分支语句。

（1）分支条件语句。分支条件语句也称 if 条件判断语句,执行时对变量或表达式进行判定,并根据判断结果进行相应的处理。if 条件判断语句的语法格式为

```
if( 条件表达式 ) {
    语句序列 1      //如果条件为 true,执行语句序列 1
}Else{
    语句序列 2      //如果条件为 false,执行语句序列 2
}
```

这是最典型的二路分支语句。执行时,首先判断"条件表达式"的值,如果为 true,就执行"语句序列 1",否则执行"语句序列 2"。注意:在 JavaScript 中,if 要小写,使用大写字母（IF）会生成错误。

典型案例 4-3：使用 if 条件判断语句判断获得的数据是奇数还是偶数

典型案例 4-3

视 频 讲 解

```
<!DOCTYPE HTML>
<html>
<head><title> 根据数据判断 </title>
<script>
    var  num=23  // 为了简洁直接赋值，实际上应从表单中获
得或从数据库中读取
    x=num%2      // 对 2 做取模运算，结果为 0 或 1
    if(x){                // 判断条件是否为真，为 1 则为真，否则为假
        y=" 奇数！";        // 为真则执行
    }else{                   // 为假则
        y=" 偶数！";
    }
    alert(y);                // 弹出对话框，显示变量 y 的值
</script>
</head>
<body></body>
</html>
```

分析：本例中 if 条件判断语句在使用中有时不需要处理条件为 false 的情况，这时条件语句就转变成了简单条件语句，其语法格式为

```
if( 条件表达式 ) {
   语句序列
}
```

（2）嵌套条件语句。只有条件为 true，才执行语句序列。如果"语句序列"为单一语句时，其两边的大括号可以省略。

if 条件判断语句还可以嵌套，嵌套条件语句的语法结构为

```
if( 条件表达式 1){
    语句序列 1      //如果条件表达式 1 为 true，则执行语句序列 1
}Else if ( 条件表达式 2) {       // 否则
    语句序列 2      //如果条件表达式 2 为 true，则执行语句序列 2
...
```

```
}else{                              // 否则
    语句序列 n    //如果条件表达式 1 和条件表达式 2 都为 false，执行语句序列 n
}
```

典型案例 4-4：嵌套条件语句的应用：根据分数段给出判断

```
<!DOCTYPE HTML>
<html>
<head><title> 根据分数段给出判断 </title>
<script>
var score=89 // 为了简洁直接赋值，实际上应从表单中获得或从数据库中读取
  if(score<60){            // 判断条件是否为真
    x=" 未通过 ";          // 为真则执行
   }else if(score>=60 && score<85){// 为假则再判断
是否在 60 ~ 85
    x=" 合格 ";
   }else if(score>=85 && score<101){
    x=" 优秀 ";
   }else{
    x=" 错误的分数 ";
}
    alert(x);               // 弹出对话框，显示变量 x 的值
</script>
</head>
<body></body>
</html>
```

分析：本例使用嵌套 if 条件判断语句，对获得的分数值进行判断。若分数小于 60，即条件一结果为真，则显示"未通过"，否则再判断分数是否介于 60 ~ 85，如果是，即条件二结果为真，则显示"合格"，否则，再判断分数是否大于等于 85 并小于等于 101，如果是，即条件三为真，则显示"优秀"。如果以上三个条件都不符合，那么，分数一定不在 0 ~ 100，肯定是个错误的分数，则显示"错误的分数"。

如果嵌套的层次太多，程序会显得复杂，这种情况下可以使用 switch 多路分支语句替代。

（3）多路分支语句。switch 多路分支语句的语法结构为

```
switch(n)                    // 先计算条件 n 的值
{   case 1:                  // 如果 n 的结果符合 case 的值
        执行代码块 1
        break;      // 退出 switch 语句
        case 2:
        执行代码块 2
        break;
        default:
        与 case 1 和 case 2 不同时执行的代码
    }
```

典型案例 4-5：根据给定的学号判断学生所属学院

```
<!DOCTYPE HTML>
<html>
<head><title>switch 语句应用典型案例</title>
<script>
var str="2019040335";   // 这里直接给出学号，实际上应从交互或数据库中
获得
var xy=str.slice(5,6);   // 提取字符串，第 6 位，赋值给变量 xy
switch (xy)              // 使用多路分支语句，根据变量 xy 的值判断
{ case "1":                      // 如果 xy 的值为 "1"
        x=" 管理学院 ";
        break;
case "2":
        x=" 金融学院 ";
        break;
case "3":
        x=" 智慧学院 ";
        break;
case "4":
        x=" 师范学院 ";
        break;
```

典型案例 4-5

视 频 讲 解

```
default:                              // 如果都不符合以上结果
        x=" 学号有误 ";
 }
alert(x);
</script>
</head>
<body></body>
</html>
```

分析：本例首先使用字符串对象的提取子字符串的方法 slice 方法，提取学号字符串中的第 6 位，slice 方法有两个参数，分别是提取字符串的起始位置和截止位置（但不包括该位置）。然后使用多路分支语句 switch，对提取出结果进行比对。如果结果是字符"1"，即符合第一个分支，则将字符串"管理学院"赋值给变量 x，然后退出此 switch 语句；如果字符是"2"，即符合第二个分支，则将字符串"金融学院"赋值给变量 x；以此类推。如果以上所有分支都不符合，那么，给出的学号一定是错误的，则将字符串"学号有误"赋值给变量 x。

二、JavaScript 的循环控制语句

当某些代码需要重复执行多次，并且每次的值都不同时，使用循环控制语句比较方便。JavaScript 支持不同类型的循环，for 循环、while 循环、do…while 循环等语句。

1. for 循环语句

for 循环语句是 JavaScript 语言中应用比较广泛的控制语句。for 循环语句通常使用一个变量作为计数器来控制执行循环的次数，这个变量就称为循环变量。

for 循环语句的语法结构为

for（循环变量赋初值；循环条件；循环变量增值） { 循环体; }

其中，循环变量赋初值是一条初始化语句，用来对循环变量赋初值。循环条件是一个包含比较运算符的表达式，用来限定循环变量的边界。如果循环变量超过了该边界，则停止该循环语句的执行。循环变量增值用来指定循环变量的步长。

for 循环语句可以使用 break 语句来终止循环语句的执行。break 语句默认情况下是终止当前的循环语句。

典型案例 4-6：利用 for 循环语句依次输出数组元素值

典型案例 4-6

视 频 讲 解

```
<!DOCTYPE HTML>
<html>
<body>
<script>
var i;
var arr=["12"," 北京 ","20/01/01"];      // 创建名为
arr 包含三个元素的数组
   for (i=0;i<arr.length;i++){     // 循环变量 i 初值为 0，循环条件是循环变
量的值小于数组元素数，即数组长度，每循环一次，循环变量 +1
   document.write(arr[i]+"<p>"); // 显示第 i 个数组元素，然后另起一段
   }
</script>
</body>
</html>
```

分析： 本例运行结果依次输出了 arr 数组的三个元素，每个元素在一个段落。Length 是数组的属性，arr.length 可以计算 arr 数组的长度，即数组变量的个数。i++ 相当于 i=i+1。<p> 是 HTML 段落命令，直接执行，所以，后面的内容另起一段。

对于数组这样的集合，还可以使用 for…in 循环。对于不知道有多少个元素的集合，可以使用 for…in 循环语句，依次对集合内的元素进行操作。

2. while 循环语句

while 循环语句是另一种基本的循环语句，while 循环会在指定条件为真时重复执行代码块。while 循环语句的语法结构为

```
while（条件表达式）{
    循环体
}
```

使用 whie 循环语句时，必须先声明循环变量，并且在循环体中指定循环变量的步幅，否则 while 语句将成为一个死循环。

273

典型案例 4-7：利用 while 循环语句输出 10 排 "*"，每排 10 颗

```
<!DOCTYPE HTML>
<html>
<head>
<meta charset="gb2312">
<title>while 循环语句典型案例 </title>
</head>
<body>
<script>
    var i=1,j=1;
    while (i<=100)           // 循环条件，若 i<=100 则执行循环体代码
      {
        document.write("*");              // 在页面上输出一颗 "*"
        if(j>9)     // 如果循环 10 次，则将 j 赋值为 0，再开始下一行计数
          {
            document.write("<br>");                // 执行回车
            j=0;                        // 变量 j 初始化
          }
        i++;
        j++;
      }
</script>
</body>
</html>
```

分析：本例运行效果如图 4-2 所示。本例 i 作为循环变量，从 1 到 100，循环 100 次；j 作为每行计数器，累加到 10 次后，即一行 10 颗星显示完毕，if 条件判断语句被激活，输出回车，另起一行，将 j 赋值为 0，再开始显示 "*"，j 再开始累加，直至 i 大于 100，循环结束。

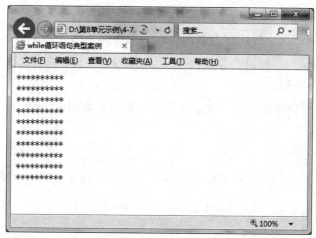

图 4-2　while 循环语句示例运行效果

3. do…while 循环语句

do…while 循环是 while 循环的变体。该循环会在检查条件是否为真之前执行一次代码块，如果条件为真，就会重复这个循环，这样就保证了循环体至少被执行一次。

拓展案例 4-5
do…while 循环应用

do…while 循环语句的语法结构为

```
Do{
    循环体
} while(条件表达式)
```

4. 强制退出语句

（1）break 语句。用于退出循环或者退出一个 switch 语句，通常用在 for、while、do…while 或 switch 语句中。

（2）continue 语句。continue 语句和 break 语句类似，所不同的是，continue 语句用于终止本次循环，并开始下一次循环。continue 语句只能应用在 while、for 或 do…while 循环语句中。

▶ 任务 4.1.5　认识 JavaScript 对象

一、认识 JavaScript 对象的定义

JavaScript 是基于对象的。对象是对具有相同特性的实体的抽象描述，对象实体是具有这些特征的单个实体。对象包含属性（properties）和方法（methods）两种成分。属性是对象静态特性的描述，方法是对象动态特性的描述。

举一个生活中的例子。在真实生活中，汽车是一个对象，这个对象有一些可描述的特性，如颜色、材质、重量、尺寸等，这些静态特性的描述就是汽车这个对象的属性；而汽车还可以有启动、移动、停止等动作，这些动态特性称为汽车这个对象的方法，一辆汽车就是汽车这个对象的一个实例。

JavaScript 有内建对象和自定义对象两大类。使用对象需先定义一个对象，然后创建该对象的实例。

1. 定义对象

在 JavaScript 中应用 function 关键字创建用户自定义对象，其语法结构为

```
function 对象名称 ( 属性列表 ) {
    this. 属性 1= 参数 1
    this. 属性 2= 参数 2
    ......
    this. 方法 1= 函数名 1
    this. 方法 2= 函数名 2
    ......
}
```

例如：学生对象的定义

```
function student(sid,name,sex,address){
    this.sid=sid
    this.name=name
    this.sex=sex
    this.address=address
    this.display=student_display
}
```

其中，this 关键字表示对当前对象的引用。

2. 创建对象的实例

可以用 new 关键字定义对象的实例，其语法结构为

```
对象实例名 =new 对象名称 ( 属性值列表 )
```

例如：

```
stu=new student("202001","Wang Xiaoming"," 男 "," 海淀区花园路甲 6
号 ")
```

本语句创建了一个以 **student** 为对象的实例，实例名为 **stu**。

实际使用中，也可以将对象和对象的实例一起创建，可以采用键值对的写法。键值对的通常写法为

```
name:value  （键与值以冒号分割）
```

可以这样说，**JavaScript** 对象是键值对的容器。

例如：

```
var student={sid:"2020010501",name:"Wang Xiaoming", sex:
" 男 ", address:" 北京市海淀区花园路甲 6 号 "}
```

二、对象属性和方法的引用

创建对象实例后，该实例就可以引用该对象的所有的方法和属性。对象属性的引用可以有两种方式。

1. 使用（.）运算符引用对象的属性

语法结构为

对象实例名 . 属性成员名

例如：stu.Name="Wang Xiaoming"

　　　stu.address=" 海淀区花园路甲 6 号 "

2. 通过对象实例的下标引用

语法结构为

对象实例名 [n]

其中 n 又有两种形式：一是使用元素下标，从 0 开始；二是使用元素名。例如：

```
stu.[0]="202001"
stu.[1]="Wang Xiaoming"
stu.[2]=" 男 "
stu.[3]=" 海淀区花园路甲 6 号 "
```

或

```
stu.[sid]="202001"
stu.[name]="Wang Xiaoming"
stu.[sex]=" 男 "
stu.[address]=" 海淀区花园路甲 6 号 "
```

3. 对象方法的引用

使用（.）运算符引用对象的方法。

语法结构为

对象实例名 . 方法名称 ()

例如：

```
stu.display()
```

三、JavaScript 对象应用典型案例

典型案例 4-8

视 频 讲 解

典型案例 4-8：JavaScript 对象的定义和使用方法

```
<!DOCTYPE HTML>
<html>
<head><title>JavaScript 对象创建 </title>
<script>
function student(sid,name,sex,address){      // 创建 student 对象
this.sid=sid
this.name=name
this.sex=sex
this.address=address
this.display=student_display
}
function student_display(){// 定义 student 对象的 display() 方法
  document.writeln(" 学号: "+this["sid"]+"<p>")      // 显示学号
  document.writeln(" 姓名: "+this["name"]+"<p>")
  document.writeln(" 性别: "+this["sex"]+"<p>")
  document.writeln(" 联系地址: "+this["address"]+"<p>")
};
```

```
stu=new  student("2020010501","Wang  Xiaoming"," 男 "," 北京市海淀区
花园路甲 6 号 ")                          // 创建对象实例
stu.display()                          // 调用 display() 方法
</script>
</head>
<body>
</body>
</html>
```

分析：如图 4-3 所示，本例定义了一个对象 student，并为其定义了一个方法 display()，该方法用于在页面上输出 student 对象的四个属性 sid、name、sex、address 的值。然后通过 new 关键字创建了一个 student 对象的实例 stu，stu 就可以使用 stu.display() 语句调用 student 对象的 display() 方法了。

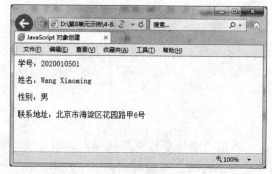

图 4-3　JavaScrip 对象创建及使用

四、认识事件驱动与事件处理

JavaScript 是基于对象的，采用事件驱动机制。事件的产生源于对页面的操作，如文本框内容的变化、鼠标的单击或键盘键的按下等都是事件，事件是用户与 Web 页面的交互操作产生的。事件产生触发的一连串的动作称为事件驱动，被触发的程序称为事件处理程序。JavaScript 常用的事件，见表 4-7。同理，"字体变蓝色"。

表 4-7　JavaScript 常用的事件

属　　性	说　　明
onchange	文本域等内容被改变时触发
onclick	鼠标左键单击页面对象时触发
onfocus	元素获得焦点时触发
onkeydown	键盘上某按键被按下时触发

续表

属　　性	说　　明
onload	一个页面或一幅图像完成加载时触发
onmouseout	鼠标从某元素移开时触发
onmouseover	鼠标移到某元素之上时触发
onsubmit	确认按钮被点击时触发

典型案例 4-9：对页面文字运用事件实现单击按钮时改变文字颜色

```
<!DOCTYPE HTML>
<html>
<body>
<h1 id="mytitle"> 单击按钮变色 </h1>
<button type="button" onclick="document.
getElementById('mytitle').style.color='red'"> 字体变
红色 </button>
<button type="button" onclick="document.getElementById
('mytitle').style.color='blue'"> 字体变蓝色 </button>
</body>
</html>
```

分析：如图 4-4 所示，单击"字体变红色"按钮时，页面文字变为红色，单击"字体
变蓝色"按钮时，页面文字变为蓝色。本例分别定义了两个按钮，为每个按钮定义了一个
单击（onclick）事件。单击"字体变红色"按钮，则激活代码，查找 id="mytitle" 的
页面元素，将它的颜色属性变为 "red"，即红色。

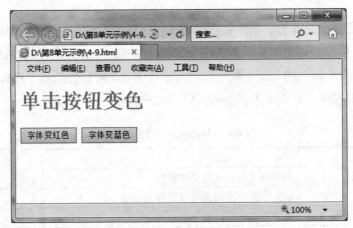

图 4-4　单击按钮变色

五、认识 window 对象

window 对象是系统提供的内建对象，并且是内建对象的最顶层对象，是指浏览器窗口对象。document 对象是其最主要的下层对象，即 HTML 文档对象。

（1）window 对象的属性。window 对象的属性及其使用说明，见表 4-8。

表 4-8　window 对象的属性及其使用说明

属 性 名 称	说　　明	范　　例
name	当前窗口的名字	window.name
parent	当前窗口的父窗口	parent.name
self	当前打开的窗口	self. Status=" 你好 "
status	设置当前窗口状态栏的显示数据	self. Status="VIP"

（2）window 对象的主要方法。window 对象的主要方法和使用说明，见表 4-9。

表 4-9　window 对象的主要方法和使用说明

方 法 名 称	说　　明	范　　例
alert(提示)	创建一个带"确定"按钮的警告框，括号中的内容为提示信息，"提示"是可选项，是在警告框中输出的内容	window. alert(" 用户名错 !")
confirm(提示)	显示一个确认框，等待用户选择按钮，"提示"是可选项，是在确认框中输出的内容，用户可以根据提示选择"确定"或"取消"按钮	window. Confirm(" 信息是否正确 ?")
close()	关闭当前打开的浏览器窗口	window.close()
open()	打开一个新的浏览器窗口	window.open(URL," 新窗口名 "，新窗口设置)
prompt(提示，默认值)	显示一个提示框，等待输入文本，如果选择"确定"按钮，返回用户输入的文本框中的内容，选择"取消"按钮则返回空字符串	window. prompt(" 请输入姓名 ")
setTimeout()	设置一个时间控制器	window.setTimeout("clear TimeOut()", 3000)
clear Timeout()	清除原来时间控制器内的时间设置	window. clear Timeout()

window 对象方法中的 alert()、prompt() 和 confirm() 方法，用作 JavaScript 的接口元素，用来显示用户的输入，并完成用户和程序的对话过程。

六、认识 document 对象

document 对象是指 HTML 文档，当浏览器载入 HTML 文档时，它就会成为 document 对象。document 对象是 HTML 文档的根节点，document 对象使我们可以从脚本中对

HTML 页面中的所有元素进行访问。每个对象都有自己的方法和属性，调用不同的方法和属性，能够实现大量的功能。

document 对象的属性可以用来设置 Web 页面的特性，如标题、前景色、背景色和超链接颜色等。

document 对象的方法主要用于打开或关闭文档，或者向当前文档写入数据等。

如果需要查找文档中的一个特定的元素，那么最有效的方法是使用 getElementById() 方法。查找 HTML 元素的方法不止一种，表 4-10 给出了 document 对象常用的属性和方法。

表 4-10　document 对象常用的属性和方法

属性 / 方法	描述
innerHTML	该属性可用于获取或替换 HTML 元素的内容
document.getElementById()	该方法返回对拥有指定 id 的第一个对象的引用
document.getElementsByName()	该方法返回带有指定名称的对象集合
document.getElementsByTagName()	该方法返回带有指定标签名的对象集合
document.write()	该方法向文档写 HTML 表达式 或 JavaScript 代码

在编写 HTML 文档时，最好给每个元素设置一个 id 属性、一个 name 属性，并且在一个文档中是唯一的。设置 HTML 文档页面元素时先要查找要修改的页面元素，查找方法有以下三种：

（1）通过 id 找到 HTML 元素。

（2）通过标签名找到 HTML 元素。

（3）通过类名找到 HTML 元素。

修改 HTML 文档内容最简单的方法是使用 innerHTML 属性。innerHTML 属性用来设置或获取 HTML 指定标签的内容。几乎所有的 HTML 元素都有 innerHTML 属性。注意：innerHTML 不可写为 innerHtml 或是其他形式，大小写要严格遵守语法约定，不然无法获取或者设置数据。

innerHTML 属性常常与 document 对象的 getElementById() 方法一起使用，其语法结构为

document.getElementById(id).innerHTML = new text

将 new text 的内容作为页面元素中 id 属性值为 id 的元素的内容。

典型案例 4-10：使用 innerHTML 属性为 HTML 元素赋予内容并输出

```
<!DOCTYPE HTML>

<html>

<body>

<h2> 使用 innerHTML 属性为 HTML 元素赋予内容并输出典型案例 </h2>
```

```
<p> 这是第一个段落 </p>
<p id="example"></p>
<script>
       document.getElementById("example").
innerHTML=123+456;
</script>
</body>
</html>
```

典型案例 4-10

视　频　讲　解

分析：如图 4-5 所示，此 HTML 文档中，除标题标记外，有两个 `<p>` 段落标记，第一个段落显示一个字符串"这是第一个段落"，第二个段落没有放置显示内容，只定义了标记的 id 为 "example"。

document.getElementById("example").innerHTML = 123 + 456 语 句 的 意 思 是 在 id="example" 的 HTML 元素中输出 123 + 456 的运算结果，所以第二个段落的内容就是 123 + 456 运算的结果 579。

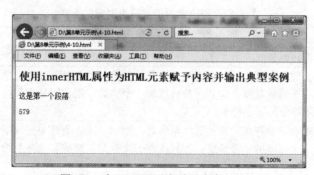

图 4-5　为 HTML 元素赋予内容并输出

▶ 任务 4.1.6　认识 JavaScript 内置对象

一、认识 JavaScript 字符串

JavaScript 字符串用于存储文本，字符串由零个到多个字符组成。在 JavaScript 中，字符串要放在定界符中，可以使用双引号或单引号作为定界符。字符串常用的操作如下。

1. 通过索引位置来访问字符串中的每个字符

例如：`var str="student";`
　　`var str1=str[3];`

运行后 str1 的结果为"d"。字符串的索引从 0 开始,意味着第一个字符的索引值为 [0],第二个为 [1],依次类推。

2. 通过内建属性 length 计算字符串的长度

内建属性 length 可返回字符串的长度。例如:

```
var str="student";
var str2=str.length;
```

运行后 str2 的结果为 7。

3. 字符串对象

原始值字符串,如"student",没有属性和方法,因为它不是对象。要想对字符串进行操作,如查找字符串、合并字符串、改变大小写等操作,就必须使该字符串成为一个对象。成为对象后使用字符串方法可以完成以上操作。部分常用的字符串对象的方法,见表 4-11。

使用 new 关键字可以将字符串定义为一个对象。

例如:var strname = new String("student"),就是利用 new 关键字为字符串"student"创建了一个名为 strname 的对象。

表 4-11　部分常用的字符串对象的方法

方　　法	描　　述
concat()	连接两个或多个字符串,返回连接后的字符串
slice()	提取子字符串,若放置两个参数,则第一个参数是要提取字符串的起始位置,第二个参数是截止位置;若只放置一个参数,则截取从参数指定的位置开始到字符串结尾的子字符串
substr()	提取子字符串,若放置两个参数,则第一个参数是要提取字符串的起始位置,第二个提取的字符长度;若只放置一个参数,则截取从参数指定的位置开始到字符串结尾的子字符串
substring()	提取字符串中两个指定的索引号之间的字符
toLowerCase()	把字符串全部转换为小写
toUpperCase()	把字符串全部转换为大写
trim()	删除字符串首尾的空格

4. 字符串对象的应用

典型案例 4-11:JavaScript 字符串方法与属性的应用

```
<!DOCTYPE HTML>
<html>
<body>
<h3>JavaScript 字符串方法与属性应用练习 </h3>
<script>
```

典型案例 4-11

视 频 讲 解

```
var str="student";
var str1=str[3];                       // 下标从 0 开始
var str2=str.length;                   // 计算字符串长度
var strname=new String(str)            // 创建字符串对象
x1=strname.slice(3,4)                  // 取子字符串，从第 4 位，截止到第 5 位
x2=strname.slice(3)                    // 取子字符串，从第 4 位，到结尾
x3=strname.substr(3,3)                 // 取子字符串，从第 4 位，取 3 位
x4=strname.toUpperCase()               // 将字符串全部变为大写
x5=strname.substring(2,5)              // 提取字符串第 3 位到第 5 位的内容
document.write(" 原始字符串为 "+str+"<p>");
document.write(" 按索引号 str[3] 为 "+str1+"<p>");
document.write(" 字符串长度为 "+str2+"<p>");
document.write("x1="+x1+"<p>");
document.write("x2="+x2+"<p>");
document.write("x3="+x3+"<p>");
document.write("x4="+x4+"<p>");
document.write("x5="+x5+"<p>");
</script>
</body>
</html>
```

分析：本例运行效果，如图 4-6 所示。

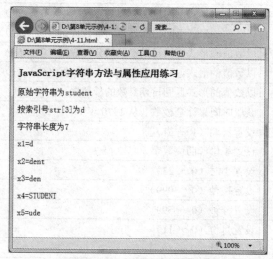

图 4-6　字符串方法与属性应用

二、认识 JavaScript 的 Date 对象

JavaScript 的 Date 对象用于处理日期和时间信息，如获取程序运行时的日期和时间、提取日期或时间的部分内容、对日期和时间进行运算等。只有创建了 Date 对象，才可以使用 Date 对象的属性和方法。

1. Date 对象的创建

Date 对象通过 new 关键词来创建，其语法结构为

日期对象实例名=new Date()

例如：var d = new Date()，表示获取这句代码运行时的时间和日期并创建一个日期时间对象的实例，实例名为 d。注意：如果没有特别指定日期时间，将把系统当前日期时间放入实例 d。实例被创建后，就可以使用日期和时间对象的方法和属性了。如果指定日期，如 var d = new Date(2020,04,06,10,40,30,0)，表示用指定的日期和时间创建一个日期时间对象的实例。7 个数字分别指年、月、日、小时、分钟、秒和毫秒。注意：JavaScript 从 0 到 11 计算月份，一月是 0，十二月是 11。如果创建时只给了三个数字，则是年、月、日。

2. Date 对象的方法

Date 对象的方法非常多，常用的获取或设置方法见表 4-12。

表 4-12　部分常用的 Date 对象的方法

方　　法	描　　述
getDate()	以数值的形式返回日期参数的天数据（1～31）
getDay()	以数值的形式返回日期参数的星期数据（0～6）
getFullYear()	以四位数值的形式返回日期参数的年份数据（yyyy）
getHours()	以数值的形式返回日期参数的小时数据（0～23）
getMilliseconds()	以数值的形式返回日期参数的毫秒数据（0～999）
getMinutes()	以数值的形式返回日期参数的分钟数据（0～59）
getMonth()	以数值的形式返回日期参数的月份数据（0～11）
getSeconds()	以数值的形式返回日期参数的秒数据（0～59）
getTime()	获取时间累计毫秒数（从 1970 年 1 月 1 日至今）
setDate()	设置日期（1～31）
setFullYear()	设置年份（四位数字）
setHours()	设置小时（0～23）
setMilliseconds()	设置毫秒（0～999）
setMinutes()	设置分钟（0～59）
setMonth()	设置月份（0～11）
setSeconds()	设置秒钟（0～59）
setTime()	setTime() 方法以毫秒设置 Date 对象

3. Date 对象应用典型案例

典型案例 4-12：JavaScript 日期时间对象方法与属性的应用

典型案例 4-12

视 频 讲 解

```
<!DOCTYPE HTML>
<html>
<body>
<h3>JavaScript 日期时间对象方法与属性应用练习 </h3>
<script>
var d = new Date();    // 用运行时的日期时间创建一个日期时间对象的实例 d
x1=d.getTime();            // 返回自 1970 年 1 月 1 日以来的毫秒数
x2=d.getFullYear();         // 获取年份信息，注意，返回四位数字
x3=d.getMonth();           // 获取月份信息，注意，是 0 ~ 11
x4=d.getDate();            // 获取日信息，注意，是 0 ~ 31
x5=d.getHours();           // 获取小时信息，注意，是 0 ~ 23
x6=d.getDay();            // 获取星期信息，注意，是 0 ~ 6
document.write("现在的日期和时间是： " +d+"<p>" );
document.write(" 从 1970 年 1 月 1 日至今共 "+x1+" 秒 "+"<p>");
document.write(" 今年是" +x2+" 年 "+"<p>");
document.write(" 现在是" +x3+" 月 "+"<p>");
document.write(" 今天是" +x4+" 号 "+"<p>");
document.write(" 现在的时间是 "+x5+" 点 "+"<p>");
document.write(" 今天是星期 "+x6+"<p>");
</script>
</body>
</html>
```

分析：本例运行效果如图 4-7 所示。注意两点：①d 输出的是全日期格式。②返回信息从 0 开始计数，如 1 月的返回值是 0。

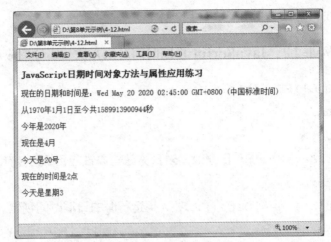

图 4-7　日期时间对象方法应用

拓展案例 4-6
日期时间对象在
程序设计中的应用

案例分析

三、认识 JavaScript 的数学对象

JavaScript 的数学对象即 Math 对象，包括常用函数和运算，如三角函数、对数函数和指数函数等。Math 对象是一个静态对象，不需要创建具体实例即可使用。

1. Math 对象部分常用的属性与方法。

Math 对象部分常用的属性，见表 4-13。

表 4-13　Math 对象部分常用的属性

属　　性	描　　述	范　　例
PI	返回圆周率（PI）	Math.PI=3.141…
SQRT2	返回 2 的平方根	Math.SQRT2=1.414…

Math 对象部分常用的方法，见表 4-14。

表 4-14　Math 对象部分常用的方法

拓展案例 4-7
Math 对象属性
与方法的应用

案例分析

方　　法	描　　述
random()	返回 0～1 的随机数
round(x)	把 x 四舍五入为最接近的整数

2. Math 对象的应用

Math 对象计算随机数的方法非常有用，下面给出应用示例。

典型案例 4-13：编程实现页面自动刷新，图片随机轮换显示

```
<!DOCTYPE HTML>
<html>
```

```
<head>
<meta http-equiv="refresh" content="2">
<title> 图片随机轮换显示 </title>
<script>
document.write("<center><h3>5 张图片随机轮换显示 </h3><hr>");
  var i=0;
  i=Math.round(Math.random()*4)+1;      // 计算 1 到 5 之间的一个随机数
  document.write("<img width=640 height=443 src="+i+".jpg>");
</script>
</head>
<body>
</body>
</html>
```

典型案例4-13

视 频 讲 解

分析：如图 4-8 所示，事先将要轮换显示的图片进行编号，图片的文件名为 1.jpg ～ 5.jpg。<Meta Http-equiv="Refresh" Content="2"> 定义页面每 2 秒钟刷新一次。由于 random() 只能出现 0 ～ 1 的一个随机数，所以放大处理。放大 4 倍后，再用 Math.round() 把放大后的随机数四舍五入为最接近的整数，后再加 1。每次得到随机数即是要显示的图片的编号，连接上 ".jpg" 字符串即是图片的文件名。

图 4-8　图片随机轮转显示

综合应用

请利用 JavaScript 为"动物天地"网站首页增添适当的功能。

1. 在首页适当位置增添 8 张图片自动轮转显示功能。

2. 在首页适当位置增添用鼠标左键单击图片则换图显示，松开鼠标则换回原图显示功能。

3. 单击某段文字后变色的功能。

4. 打开首页时显示日期和时间的功能。（非实时变化，每次刷新网页变化即可）

学习任务小结

本任务主要学习了基于对象的 JavaScript 脚本语言的基础知识和相关概念，着重学习了 JavaScript 的基本语言元素，如数据类型、常量、变量、运算符、表达式、函数等以及对象、对象的属性与方法、事件等。围绕各知识点的相关应用案例的学习能起到开拓思路、举一反三的作用。将 JavaScript 应用于网页设计，将为网页增添很多实用功能。

技能与训练

1. 选择题

（1）若有字符串"201904367582"，strname 为字符串对象的实例名，则语句 strname. slice(3,4) 输出的结果是（   ）。

A. 1904　　　　　　　B. 9043　　　　　　　C. 1　　　　　　　D. 9

（2）若 var i=0，则 i++ 的结果是（   ）。

A. 0　　　　　　　　　　　　　　　　B. 1

C. 2　　　　　　　　　　　　　　　　D. 语句错误，没有结果

（3）若 var x=10; var y=20; 则 x>y?" 今天去打球 ":" 今天去露营 "; 的返回值是（   ）。

A. " 今天去打球 "

B. " 今天去露营 "

C. x>y?" 今天去打球 ":" 今天去露营 ";

D. 语法错，返回错误信息

（4）若 d 为日期对象的一个实例，则以下哪项能获得程序运行时的日期值（   ）。

A. d.getTime();　　　　　　　　　　　B. d.getDate();

C. d.getFullYear();　　　　　　　　　　D. d.getDay();

（5）以下（   ）不是提取子字符串的方法。

A. slice()　　　　　　B. substr()　　　　　　C. substring()　　　　　　D. indexOf()

2. 简答题

（1）什么是数组？

（2）什么是对象？什么是对象的方法与属性？

（3）如何引用对象的方法与属性？

（4）如何创建一个对象的实例？

3. 程序设计题

（1）程序运行一次，获取一个 1～100 的随机数。

（2）用事件处理方式编程实现，在首页适当位置增添"当鼠标悬于图片上方时则换图显示，离开则返回原图显示"功能。

学习任务 2　应用 jQuery

jQuery 是一个快速、小型、功能丰富的 JavaScript 库。它使得 HTML 文档遍历和操作、事件处理、动画和 Ajax 等简单得多，可以跨多个浏览器工作。jQuery 结合了多功能性和可扩展性，改变了人们编写 JavaScript 的方式。

本学习任务中，我们将学习 jQuery 下载、安装、引用的方法，以及 jQuery 的基本语法、HTML 文档元素的查找与事件的处理以及利用 jQuery 为网页元素添加显示 / 隐藏、淡入 / 淡出、滑入 / 滑出等动态效果的程序设计方法，最后学习 jQuery 插件的下载、安装、引用方法。学习任务完成后，可以丰富网页的功能，为网页增添一些提高用户体验的动态效果。

学习目标

知识目标

1. 能够解释 jQuery 的特点、作用和用途。

2. 能够解释 jQuery 的基本语法及事件处理机制。

3. 能够解释 jQuery 设置显示 / 隐藏、淡入 / 淡出、滑入 / 滑出等动态效果的方法。

技能目标

1. 能够正确下载、安装、引用 jQuery。

2. 能够按需要正确设计选择器、过滤器，查找 HTML 文档元素，正确设计相应的事件程序。

3．能够为 HTML 文档正确设置显示 / 隐藏、淡入 / 淡出、滑入 / 滑出等动态效果。

4．能够正确下载、安装、引用 jQuery 插件。

思政目标

能够遵守网络信息发布与传播基本规范和相关法律法规（如网络信息内容治理规定等）。

▌学习任务结构图▌

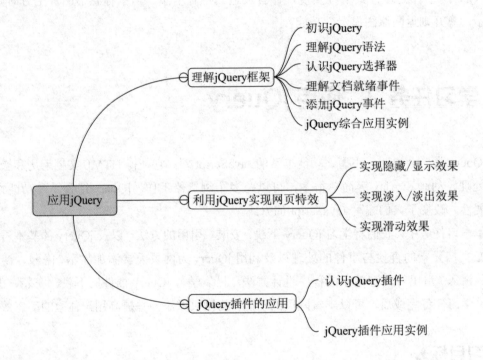

⊙ 任务 4.2.1 理解 jQuery 框架

jQuery 是一个快速、简洁的 JavaScript 框架，它封装 JavaScript 常用的功能代码，提供一种简便的 JavaScript 设计模式，优化了 HTML 文档操作、事件处理、动画设计等，使网页更美观、用户体验更好。

一、初识 jQuery

1. jQuery 是一个 JS 框架

jQuery 是一个 JavaScript 函数库，也被称为是一个 JS 框架，它包含以下功能：HTML 元素选取、HTML 元素操作、CSS 操作、HTML 事件函数、JavaScript 特效和动画、HTML DOM 遍历和修改、AJAX 和 Utilities 等。JQuery 极大地简化了 JavaScript 的编程工作。

2. JavaScript 的历史

jQuery 的第一个版本由 John Resig 于 2006 年发布，其设计的宗旨是以更少的代码完成更多的工作。jQuery 被称为最受欢迎的 JavaScript 库，很多大公司都在使用，如 Microsoft、IBM 等。当今世界上访问量最大的 10000 个网站中，59% 的网站使用了jQuery。jQuery 兼容所有的主流浏览器。

3. 下载与安装 jQuery

可以从网址 https://jquery.com/ 中下载 jQuery，如图 4-9 所示。

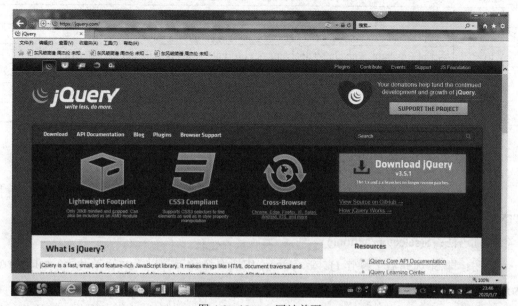

图 4-9 jQuery 网站首页

有两个版本的 jQuery 可供下载，以目前最新的版本为例，一个是 Download the compressed, production jQuery 3.5.1.js，已被精简和压缩的版本，下载到的文件为 jquery-3.5.1.min；另一个是 Download the uncompressed, development jQuery 3.5.1，未被压缩的、用于测试和开发的版本，下载到的文件为 jquery-3.5.1.js。

4. 引用 jQuery

jQuery 库是一个 JavaScript 文件，引用它的方式不止一种。如果将下载的 jquery 文件与使用它的网页文件放在同一台电脑上，则使用 HTML 的 <script> 标签引用 jQuery 的代码如下。以下是在同一目录下的情况。

```
<head>
<script src="jquery-3.5.1.min.js"></script>
</head>
```

如果 jquery 文件与使用它的网页文件不在同一目录下，则应在网页文件的 <script> 标签的 src 属性中加上相对路径。

如果不希望下载并存放 jQuery，那么也可以通过 CDN（内容分发网络）引用它。Staticfile CDN、百度、又拍云、新浪、谷歌和微软等的服务器都存有 jQuery，选择其中一个即可。从这些 CDN 中引用 jQuery 文件的代码，见表 4-15。只需在网页文件的 <head></head> 区中放入这些代码之一即可。

表 4-15　引用 jQuery 文件的代码

CDN	引用 jQuery 文件的代码（放置在 <head> 对命令区中）
Staticfile	<script src="https://cdn.staticfile.org/jquery/1.10.2/jquery.min.js"> </script>
百度	<script src="https://apps.bdimg.com/libs/jquery/2.1.4/jquery.min.js"> </script>
又拍云	<script src="https://upcdn.b0.upaiyun.com/libs/jquery/jquery-2.0.2.min.js"></script>
新浪	<script src="https://lib.sinaapp.com/js/jquery/2.0.2/jquery-2.0.2.min.js"></script>
谷歌	<script src="https://ajax.googleapis.com/ajax/libs/jquery/1.10.2/jquery.min.js"></script>
微软	<script src="https://ajax.aspnetcdn.com/ajax/jquery/jquery-1.9.0.min.js"></script>

二、理解 jQuery 语法

jQuery 经常做两件事：①选取 HTML 元素；②对选取的元素执行某些操作。选择 HTML 元素的语法非常简单，用一个 $() 函数就能完成。

基础语法：$(selector).action()

说明：即 $(选择器). 操作 ()。$，jQuery 中所有选择器都以美元符号开头，selector 意为选择器，即要"查询"和"查找"的 HTML 元素。这个元素，可以是 HTML 标记，也可以是使用了某类名的标记，还可以是标记的 id 等。action 意为动作。因此，该语句的意思是对指定的 HTML 元素执行指定的动作。jQuery 程序使用链接式的方式编写元素的事件，功能之间是使用"."符号链接在一起。例如：

$(this).hide()——隐藏当前的元素，this 表示页面上鼠标当前指向的元素，hide() 表示执行隐藏操作。

$("p").hide()——选择页面上所有的 <p> 元素并隐藏。

$(".test").hide() ——选择页面上所有的 class="test" 的元素并隐藏。

三、认识 jQuery 选择器

jQuery 选择器允许对 HTML 元素组或单个元素进行操作。jQuery 选择器基于元素的 id、类、类型、属性、属性值等查找（或选择）HTML 元素。它基于已经存在的 CSS 选择器，除此之外，它还有一些自定义的选择器。

1. 认识元素选择器

jQuery 元素（或称标签）选择器根据元素名选取元素，以 <div> 元素为例，其语法

结构为

$("div")

表示在页面文档中选取所有 <div> 元素或称选取所有 <div> 标签。

$("div").hide()

表示在页面文档中选取所有 <div> 元素并对其执行隐藏操作。

2. 认识 #id 选择器

jQuery #id 选择器通过 HTML 元素的 id 属性选取指定的元素。在一个页面文件中，标签命令的 id 应该是唯一的，所以在页面中选取唯一元素时可通过 #id 选择器。通过 id 选择器选取元素语法结构为

$("# username ")

表示在页面文档中选取所有属性 id="username" 的元素。

$("# username ").hide()

表示在页面文档中选取所有属性 id="username" 的元素，并对其执行隐藏操作。

3. 认识属性选择器

jQuery 属性选择器可以通过指定的属性查找元素，其语法结构为

$("[href='#']")

表示在页面文档中选取所有带有属性 href 且其值等于 "#" 的元素。

$("[href$='.jpg']")

表示在页面文档中选取所有带有属性 href 且其值以 ".jpg" 结尾的元素。

4. 认识 .class 选择器

jQuery 类选择器可以通过指定的 class 查找元素，以类名为 "intro" 的类型为例，其语法结构为

$(".intro")

表示在页面文档中选取所有引用了 class= "intro" 的元素。

$(".intro").hide()

表示在页面文档中选取所有引用了 class= "intro" 的元素，并对其执行隐藏操作。

5. 认识 CSS 选择器

用于改变 HTML 元素的 CSS 属性，以为段落定义背景色为例，其语法结构为

$("p").css("background-color","red");

表示在页面文档中选取所有 <p> 元素，将其背景色设置为红色。

6. 认识 jQuery 过滤选择器

简单过滤选择器：一般以冒号开头，是过滤器中使用最多的一种，以下为几个典型的过滤选择器示例。

:first：获取第一个元素。

:last：获取一组元素中的最后一个元素。

:not(selector)：获取除给定选择器外的所有元素。

:even：获取所有索引值为偶数的元素，索引值从 0 开始。

:odd：获取所有索引值为奇数的元素，索引值从 0 开始。

:header：所有标题元素 <h1> - <h6>。

:eq(index)：获取指定索引值的元素，索引值从 0 开始。

更多的选择器使用示例，见表 4-16。

表 4-16　选择器使用示例

语　　法	描　　述
$("*")	选取所有元素
$(this)	选取当前 HTML 元素
$("p.intro")	选取 class="intro" 的所有 <p> 元素
$("p:first")	选取第一个 <p> 元素
$("ul li:first")	选取第一个 <ul> 元素的第一个 <li> 元素
$("ul li:first-child")	选取每个 <ul> 元素的第一个 <li> 元素
$("[href]")	选取所有带有 href 属性的元素
$("a[target='_blank']")	选取所有 target 属性值等于 "_blank" 的 <a> 元素
$("a[target!='_blank']")	选取所有 target 属性值不等于 "_blank" 的 <a> 元素
$(":button")	选取所有 type="button" 的 <input> 元素 和 <button> 元素
$("tr:even")	选取表格中为偶数行的 <tr> 元素，索引值从 0 开始
$("tr:odd")	选取表格中为奇数行的 <tr> 元素，索引值从 0 开始
$("ul li:eq(3)")	列表中的第四个元素（index 从 0 开始）

四、理解文档就绪事件

如果在 HTML 文档没有完全加载之前（即未就绪）就运行 jQuery 函数，会导致程序运行出错，如可能会查询不存在的页面元素。为防止出现此类错误，一般在页面文件中，将 jQuery 函数嵌套在一个 document ready 函数中，当 HTML 文档加载完成后才可以对其进行操作。document ready 函数的语法结构为

```
$(document).ready(function(){
    // jQuery 代码
});
```

简洁写法是：

```
$(function(){
    // jQuery 代码
});
```

两种写法效果相同。表示当文档（document）加载完毕后，触发 ready 事件，执行函数里的代码。function() 为无名函数。

五、添加 jQuery 事件

当选择好 HTML 元素后，要给被选中的元素添加要执行的动作，即事件函数。大多数 DOM 事件在 jQuery 中都有一个等效的 jQuery 函数，如 click 鼠标左键单击事件、dblclick 鼠标左键双击事件、keydown 按下键盘某键和 submit 表单提交事件等。

常见的 DOM 事件（见表 4-17），一般包括鼠标事件、键盘事件、表单事件或文档 / 窗口事件。

表 4-17　常见 的 DOM 事件

鼠 标 事 件	键 盘 事 件	表 单 事 件	文档 / 窗口事件
click	keypress	submit	load
dblclick	keydown	change	resize
mouseenter	keyup	focus	scroll
mouseleave		blur	unload
hover			

以单击事件为例，在页面中，为 \<p\> 元素指定一个单击事件的语法结构为
$("p").click();
定义事件触发后执行的代码，可以通过一个事件函数实现：

```
$("p").click(function(){
    // 动作触发后执行的代码！！
});
```

function() 为无名函数。所有的 jQuery 事件函数，对代码的调用都是通过无名函数进行的。下面，我们来看一个简单的示例：

```
$("p").click(function(){
    $(this).hide();
});
```

本例表示，当单击事件在某个 \<p\> 元素上触发时，隐藏当前的 \<p\> 元素。注意：本例单击一下隐藏一个 \<p\> 元素。若想单击一下，页面上所有的 \<p\> 元素都隐藏，则需将 this 改为"p"，注意 this 不带双引号，"p" 必须带。若想单击一下，页面上所有的元素都隐藏，则需将 this 改为"*"，因为"*"代表所有元素。

六、jQuery 综合应用实例

示例一：用 jQuery 查找 HTML 元素并进行隐藏操作

典型案例 4-14：用 jQuery 查找页面文件中的所有 <p> 元素，单击按钮将 <p> 设置的所有段落内容隐藏

```html
<!DOCTYPE html>
<html>
<head>
<meta charset="gb2312">
<title>用 jquery 查找 p 元素并进行隐藏操作</title>
<script src="jquery-3.5.1.min.js"></script>    <!-- 引用 jquery 框架 -->
<script>
$(document).ready(function(){         // 当文档加载完毕激活 ready 事件
  $("button").click(function(){         // 单击按钮激活函数
    $("p").hide();                // 查找文档中的所有 <p> 元素执行隐藏动作
  });
});
</script>
</head>
<body>
<center>
    <h2>小池</h2>                       <!-- 注意本段用 h 元素定义 -->
    <p>泉眼无声惜细流，                  <!-- 注意本段用 p 元素定义 -->
    <p>树阴照水爱晴柔。<p>              <!-- 注意本段用 p 元素定义 -->
    <div>小荷才露尖尖角。<br>          <!-- 注意本段用 div 元素定义 -->
    <br>早有蜻蜓立上头。</div><br>
    <button>单击隐藏前两句诗文</button>      <!-- 定义按钮 -->
</center>
</body>
</html>
```

分析： 如图 4-10 所示，页面上显示了一首诗。单击按钮后，诗的前两句不见了，如图 4-11

所示。这是由于诗的前两句是用 <p> 元素定义的，单击按钮事件激活函数，而函数的内容是：$("p").hide()，表示查找页面上的所有 <p> 元素并隐藏，所以隐藏了，而用 <h2>、<div> 定义的内容仍然显示。

图 4-10　典型案例 4-14 的运行结果　　图 4-11　单击按钮后的运行结果

示例二：文档加载完成后激发 ready 事件为奇数行加背景色

典型案例 4-15：制作一个表格，利用 jQuery 使其奇数行显示粉色背景

```html
<!DOCTYPE html>
<html>
<head>
<meta charset="gb2312">
<script src="jquery-3.5.1.min.js"></script>
<title> 文档加载完成后激发 ready 事件为奇数行加背景色 </title>
<script>
$(document).ready(function(){
    $("tr:odd").css("background-color","pink");//
查找奇数行，设置背景色
});
</script>
</head>
<body>
```

典型案例 4-15

```
<table width="300"border="1">
    <caption><h2>学生名册 </h2></caption>
    <tr><th> 学号 </th><th> 姓名 </th><th> 专业 </th></tr>
    <tr><td>20200501</td><td> 赵晓明 </td><td> 电子商务 </td></tr>
    <tr><td>20200502</td><td> 钱英红 </td><td> 电子商务 </td></tr>
    <tr><td>20200503</td><td> 孙朝洲 </td><td> 电子商务 </td></tr>
    <tr><td>20200504</td><td> 李英博 </td><td> 电子商务 </td></tr>
    <tr><td>20200505</td><td> 周婷婷 </td><td> 电子商务 </td></tr>
</table>
</body>
</html>
```

分析：如图 4-12 所示，可以看到奇数行都变成了粉色背景，偶数行不变。这是由于我们使用了 $("tr:odd") 来查找奇数行元素，然后执行 css("background-color","pink")，即将背景色设置为粉色。注意：索引值是从 0 开始的。

图 4-12　奇数行背景上色运行结果

▶ 任务 4.2.2　利用 jQuery 实现网页特效

jQuery 中有一些方法可以实现元素的动态效果。常用的方法与实现的效果有：show()/hide() 方法，实现显示 / 隐藏效果；fadeIn()/fadeOut() 方法，实现淡入 / 淡出效果；

sildeDown()/slideUp() 方法，实现向下滑动 / 向上滑动效果。

一、实现隐藏 / 显示效果

1. hide() 方法和 show() 方法

通过 jQuery，可以使用 hide() 和 show() 方法来隐藏和显示 HTML 元素。语法结构为

$(selector).hide(speed,callback);

$(selector).show(speed,callback);

其中，speed 参数是可选项，规定隐藏 / 显示的速度，可以取值："slow""fast" 或毫秒；callback 参数也是可选项，参数是隐藏或显示完成后所执行的函数的名称。

下面的例子演示了带有 speed 参数的 hide() 方法。

典型案例 4-16：利用 jQuery 实现文字和背景色隐藏 / 显示效果

```html
<!DOCTYPE html>
<html>
<head>
<meta charset="gb2312">
<script src="jquery-3.5.1.min.js"></script>
<title> 利用 jQuery 的隐藏 / 显示方法实现文字和背景色的效
果 </title>
<style>
div{
    width:260px;
    height:160px;
    padding:20px;
    margin:0px;
    background-color:pink;
}
</style>
<script>
$(document).ready(function(){            // 整个文档加载完毕后执行
  $("#hide").click(function(){ // 当 id="hide" 的元素被单击时激活本函数
    $("div").hide(1000);   // 查找元素 div 以 1000 毫秒的速度执行隐藏操作
    });
$("#show").click(function(){ // 当 id="show" 的元素被单击时激活本函数
```

```
    $("div").show(1000);    // 查找元素 div 以 1000 毫秒的速度执行显示操作
    });
});
</script>
</head>
<body>
<div><center><h2>山行</h2>
        <h4>作者：杜牧    唐代</h4>
    远上寒山石径斜，白云深处有人家。<br>
<br>停车坐爱枫林晚，霜叶红于二月花。</center></div><br>
<button id="hide">隐藏</button>
<button id="show">显示</button>
</body>
</html>
```

分析：如图 4-13 所示，页面上显示了一首诗。单击"隐藏"按钮后，结果如图 4-14 所示，文字和背景色都隐藏了。再单击"显示"按钮，文字和背景色又显示了，回复图 4-13 的状态。这是由于文字是放在 div 元素中，单击"隐藏"按钮激活了函数，函数的内容是 $("div").hide(1000)，即查找页面上所有的 <div> 元素并隐藏；而单击"显示"按钮激活的函数的内容是 $("div").show(1000)，即查找页面上所有的 <div> 元素并显示，所以又显示出来了。

图 4-13　显示运行结果

图 4-14　隐藏运行结果

2. jQuery 的 toggle() 方法

以上是用两个按钮分别来完成显示和隐藏操作，这样的设计有时会让人觉得页面有点儿零乱。如果做成一个切换按钮，界面就会好很多。要实现这个功能并不复杂，jQuery 提

供了 toggle() 方法用来切换 hide() 方法和 show() 方法。语法结构为

$(selector).toggle(speed,callback);

下面利用 toggle() 方法将典型案例 4-16.html 改造一下。

```
< 代码前面略，见典型案例 4-16.html>
<script>
$(document).ready(function(){
  $("button").click(function(){
    $("div").toggle(1000);        // 查找元素 div 以 1000 毫秒的速度执行操作
  });
});
</script>
</head>
<body>
<div><center><h2> 山行 </h2>
     <h4> 作者：杜牧    唐代 </h4>
     远上寒山石径斜，白云深处有人家。<br>
<br> 停车坐爱枫林晚，霜叶红于二月花。</center></div><br>
<button> 隐藏 / 显示 </button>                <!-- 只定义一个按钮即可 -->
< 代码后面略，见典型案例 4-16.html>
```

分析：本例的运行效果与典型案例 4-16.html 基本相同，只是只显示一个按钮，第一次
单击该按钮将隐藏页面内容，再次单击则显示内容。

二、实现淡入 / 淡出效果

通过 jQuery，可以实现元素的淡入 / 淡出效果。淡入 / 淡出方法的语法格式和作用，
见表 4-18 所示。

表 4-18　淡入 / 淡出方法的语法格式和作用

fade 方法	语法格式	作用
fadeIn()	$(selector).fadeIn(speed,callback)	用于淡入已隐藏的元素
fadeOut()	$(selector).fadeOut(speed,callback)	用于淡出可见元素
fadeToggle()	$(selector).fadeToggle(speed,callback)	可以在 fadeIn() 与 fadeOut() 方法之间进行切换
fadeTo()	$(selector).fadeTo(speed,opacity,callback)	允许渐变为给定的不透明度（值介于 0 与 1 之间）

其中，可选项 speed 参数，规定淡入 / 淡出效果时长，可以取值："slow""fast"或毫秒；可选项 callback 参数是淡入 / 淡出或完成后所执行的函数名称。注意区分大小写。

特别需要说明的是，fadeToggle() 方法可以在 fadeIn() 与 fadeOut() 方法之间进行切换。如果元素已淡出，则 fadeToggle() 会对元素添加淡入效果。如果元素已淡入，则 fadeToggle() 会对元素添加淡出效果。

典型案例 4-17：在页面上设置淡出显示效果

```
<!DOCTYPE html>
<html>
<head>
<meta charset="gb2312">
<script src="jquery-3.5.1.min.js"></script>
<title>利用 jQuery 的淡出方法实现图片的淡出效果 </title>
<script>
$(document).ready(function(){        // 当页面文档加载完毕后执行函数
  $("button").click(function(){     // 当元素 button 被单击后执行函数
    $("#img1").fadeOut();           // 查找 id="img1" 元素执行淡出操作
    $("#img2").fadeOut("fast");     // 查找 id="img2" 元素执行快速淡出
    $("#img3").fadeOut("slow");     // 查找 id="img3" 元素执行慢速淡出
    $("#img4").fadeOut(2000);       // 查找 id="img4" 元素执行 2000 毫秒淡出
  });
});
</script>
</head>
<body>
<p> 本实例演示 fadeOut() 使用了不同参数的效果。</p>
<button> 点击按钮实现淡出效果。</button>
<br><br>
<img id="img1" src="1.jpg" width="200" height="120">
<img id="img2" src="2.jpg" width="200" height="120">
<img id="img3" src="3.jpg" width="200" height="120">
<img id="img4" src="4.jpg" width="200" height="120">
</body>
</html>
```

分析：如图 4-15 所示，在页面上显示四幅图片，speed 参数为 fast 的最快淡出消失，其次是没写参数的，即为"空"的，然后是参数为 slow 的，最后完成淡出的是 speed 参数为 2000 毫秒的。从中可以看出 slow 至少小于 2000 毫秒，实际上，它也低于 1000 毫秒。

拓展案例 4-9

图片在淡入 / 淡出间切换显示效果

案　例　分　析

图 4-15　淡出效果运行结果

三、实现滑动效果

通过 jQuery，可以在元素上创建滑动效果。滑动方法的语法格式和作用，见表 4-19。

表 4-19　滑动方法的语法格式和作用

滑 动 方 法	语 法 格 式	作　　用
slideDown()	$(selector).slideDown(speed,callback)	用于向下滑动元素
slideUp()	$(selector).slideUp(speed,callback)	用于向上滑动元素
slideToggle()	$(selector).slideToggle(speed,callback)	可以在 slideDown() 与 slideUp() 方法之间进行切换。

其中，可选项 speed 参数，规定向下滑动 / 向上滑动的速度，可以取值"slow""fast"或毫秒；可选项 callback 参数是向下滑动或向上滑动完成后所执行的函数名称。

特别需要说明的是，slideToggle 方法可以在 slideDown() 与 slideUp() 方法之间进行切换。如果元素是收缩的，则 slideToggle() 执行向下滑动；如果元素是展开的，则 slideToggle() 执行向上滑动。

典型案例 4-18：利用 jQuery 制作滑动效果

```html
<html>
<head>
<meta charset="gb2312">
<script src="jquery-3.5.1.min.js"></script>
<title> 利用 jQuery 的滑动方法实现下拉菜单的伸展与收缩 </title>
<script>
$(document).ready(function(){         // 当页面文档加载完毕后执行函数
  $("#flip").click(function(){        // 当 id="flip" 的元素被单击后执行
   $("#panel").slideToggle("slow");// 查找 id="flip" 的元素执行切换滑动
  });
});
</script>
<style>
#panel,#flip{
    padding:5px;
    text-align:center;
    background-color:#aaffee;
    border:solid 1px #c3c3c3;
}
#panel{
    padding:20px;
    display:none;
}
</style>
</head>
<body>
<div id="flip"> 教育教学 </div>
<div id="panel"><a href="bkindex.html"> 本科生教育 </a><br>
    <br><a href="yjsindex.html"> 研究生教育 </a><br>
    <br> 留学生教育 <br>
    <br> 继续教育
</div>
```

典型案例 4-18

视 频 讲 解

```
</body>
</html>
```

分析：如图 4-16 所示，本例使用 slideToggle 方法，运行时单击一级菜单"教育教学"项，则滑出二级菜单，如图 4-17 所示。再次单击一级菜单"教育教学"项，则滑出的二级菜单缩回。单击二级菜单项"本科生教育"或"研究生教育"，将打开被链接的网页显示。

图 4-16　滑动效果运行结果

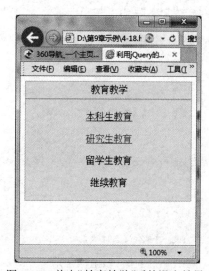

图 4-17　单击"教育教学"后的滑出效果

▶ 任务 4.2.3　jQuery 插件的应用

一、认识 jQuery 插件

jQuery 插件丰富了 jQuery 库中的功能。插件是以 jQuery 的核心代码为基础而编写的、符合一定规范的应用程序。使用某个插件时，只需要在网页头部包含打包后的插件 js 文件即可。可从 jQuery 官网（http://plugins.jquery.com）下载插件。

二、jQuery 插件应用实例

jquery.tabs.js 是选项卡插件，jquery.lazyload.js 是图像延迟显示插件。下面利用以上插件制作一个在页面上显示选项卡的实例。

本实例将这两个插件文件（jquery.tabs.js 和 jquery.lazyload.js）与 jQuery 框架文件一起存放在 js 文件夹中，js 文件夹与本例存放在同一个文件夹中。

典型案例 4-19：利用 jQuery 插件制作一个带有选项卡的网页

```
<!doctype html>
<html>
<head>
<meta charset="gb2312">
<title> 利用 jQuery 插件制作选项卡实例 </title>
<style="text/css">
*{                     /* 号表示定义所有标签都遵循的样式 */
    margin:0;
    padding:0;
    list-style-type:none;         /* 定义不显示列表项的项目符号 */
}
a,img{border:0;}      /* 定义 <a>、<img> 标记内容的边框线为 0px*/
h3{                         /* 定义 <h3> 的样式 */
    color:#333;
    font-size:14px;
    text-align:center;
    margin:20px 0;}
.box{                          /* 定义选项卡的外边框 */
    width:400px;              /* 宽为 400px*/
    margin:10px auto 0;   /* 上下外边距为 10px,auto 0：左右居中显示 */

    background:#fff;
    border:1px solid #d3d3d3;   /*1px 粗细灰色细实线 */
}
.tab_menu{overflow:hidden;}     /* 定义选项卡标题，溢出的部分隐藏 */
.tab_menu li{                  /* 定义选项卡每项标题显示样式 */
    width:100px;              /* 宽度为 100px*/
    float:left;    /* 靠左对齐，本设置将使纵向排列的列表项变为横向排列 */
    height:30px;
    line-height:30px;
```

```
        color:#fff;
        background:#093;
        text-align:center;
        cursor:pointer;                      /* 设置光标的样式为手状 */
    }
    .tab_menu li.current{              /* 设置当前列表项的颜色和背景色 */
        color:#333;
        background:#fff;
    }
    .tab_menu li a{
        color:#fff;
        text-decoration:none;        /* 设置带超链接的列表项不显示下划线 */
    }
    .tab_menu li.current a{color:#333;} /* 定义当前被选中的选项卡的样式 */
    .tab_box{padding:20px;}                 /* 定义内边距为 20px*/
    .tab_box li{
        height:24px;
        line-height:24px;
        overflow:hidden;
    }
    .tab_box li span{
        margin:0 5px 0 0;
        font-family:" 宋体 ";
        font-size:12px;
        font-weight:400;
        color:#ddd;
    }
    .tab_box .hide{display:none;}                 /* 定义该类不显示 */
</style>
</head>
<body>
<h3> 西藏风光 </h3>
```

```
<div class="box">     <!-- 最外层 div, 将放置选项卡标题和内容 -->
<ul class="tab_menu">          <!-- 创建无序列表，用于制作选项卡标题 -->
  <li class="current"> 青藏高原 </li>    <!-- 定义为当前列表项 -->
  <li> 尼洋河畔 </li>
  <li> 南迦巴瓦峰 </li>
  <li> 蓝天白云 </li>
</ul>
<div class="tab_box">      <!-- 嵌入一个 div, 将放置各选项卡的内容 -->
  <div><img src="1.jpg" width="360" height="260"></div>
  <div class="hide"><img src="2.jpg" width="360" height="260">
  </div>          <!-- 设置本 div 内容初始不显示，下同 -->
  <div class="hide"><img src="3.jpg" width="360" height="260">
  </div>
  <div class="hide"><img src="4.jpg" width="360" height="260">
  </div>
</div>
</div>
<script type="text/JavaScript" src="js/jquery-3.5.1.min.js">
</script>                          <!-- 调用 jQuery 框架 -->
<script src="js/jquery.tabs.js"></script>   <!-- 调用选项卡插件 -->
<script src="js/jquery.lazyload.js"></script> <!-- 调用图像延迟插
件 -->
<script>
  $(function(){               <!-- 定义页面文档加载完毕后激活的函数 -->
      $('.box').Tabs(); <!-- 对页面文档中 class="box" 的元素使用 Tabs
插件 -->
  });
</script>
</body>
</html>
```

分析： 如图 4-18 所示，在文件头部代码中放置了包含 jQuery 插件的 js 文件。利用

CSS 样式，将标题列表横向显示。运行时先显示"青藏高原"选项卡对应的图片，其他图片隐藏。当将鼠标指向其他任意选项卡时，与之对应的图片即显示，其他图片则隐藏。

图 4-18　利用插件实现选项卡运行结果

综合应用

请利用本章所学知识，为实践案例"动物天地"网站首页增添适当的功能。

1. 在首页导航栏为某项一级菜单添加二级菜单滑出 / 滑入效果。要求单击一级菜单则向下滑出二级菜单，再次单击一级菜单则二级菜单向上滑回。同时，为每个二级菜单项添加超链接。

2. 在首页的适当位置增添选项卡功能，要求至少一个选项卡的内容是图片，至少一个选项卡的内容是列表。列表至少有四个列表项，至少为其中一个列表项添加超链接。

3. 为网页上的某个图片添加淡出功能。

学习任务小结

本学习任务主要学习了 jQuery 的基础知识和相关概念，着重学习了 jQuery 的安装、引用、基本语法以及利用 jQuery 实现网页特效的程序设计方法，最后介绍了 jQuery 插件的使用。围绕各知识点相关应用案例的学习能起到开拓思路、举一反三的作用。

▌技能与训练 ◤

1. 选择题

（1）以下（　　）是制作淡出效果的。

A. fadeOut　　　　　　B. slideDown　　　　　C. show()　　　　　　D. fadeToggle

（2）引用 jQuery 文件，应将引用 jQuery 文件的语句放在 HTML 文档的（　　）。

A. <script > 区

B. <head > 区

C. <body> 区

D. <head > 区、<body> 区都可以

（3）能够选取所有带有 href 属性元素的选择器的正确写法是（　　）

A. $("href")　　　　B. $("#href")　　　　C. $("[href]")　　　　D. $(href)

（4）选取第一个 <p> 元素的选择器的正确写法是（　　）。

A. $("p.first")　　　B. $("p:first")　　　C. $("p first")　　　D. $("p#first")

2. 简答题

（1）简述 jQuery 的下载、安装、引用操作过程。

（2）jQuery 选择器可以"查找"（或选择）哪些 HTML 元素？

3. 程序设计题

（1）编程实现：在页面上显示一段文字，为其设置一个显示 / 隐藏切换按钮，使得当文字显示时，单击按钮时文字消失，再次单击按钮时文字出现。

（2）编程实现：制作一个选项卡，至少有两个标题，一个为列表，一个为图片，分别为其制作超链接。

📦 学习任务 3　了解 HTML5 高级应用

HTML5 的高级应用主要涉及需要借助 JavaScript 脚本才能实现的功能，如 Canvas 画布、拖放操作和地理定位等。利用 Canvas 画布可以在网页中绘制各种图形、图像、文本、填充效果和动画等，Canvas 画布还提供了路径旋转、移动、缩放等变形功能；HTML5 提供的拖放功能可以对 HTML 文档中的页面元素进行拖放操作；HTML5 还提供了确定用户位置的功能，借助此功能可以开发基于位置信息的应用。本学习任务中，我们将学习 HTML5 的 Canvas 画布、拖放操作及地理定位的相关知识和操作，学习任务完成后，可利用这些功能进一步提升 Web 页面的用户体验，完善界面的交互设计。

▌学习目标▌

知识目标

1. 能够解释 Canvas 画布、路径、拖放等相关概念。

2. 能够知晓 Canvas 画布、拖放操作、地理定位的基本语法。

3. 能够描述绘制图形图像、拖放页面元素、设置地理定位的步骤及要点。

4. 能够使用 Canvas 画布绘制各种图形、图像、文字及填充效果等。

技能目标

1. 能够使用 HTML5 的高级功能解决简单的实际应用问题。

2. 能够进一步提升 Web 页面的用户体验，完善界面的交互设计。

素质目标

能够遵守网络信息发布与传播的基本规范和相关法律法规（如网络信息内容治理规定等）。

▌学习任务结构图▌

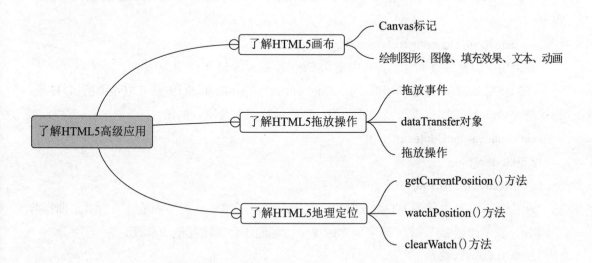

▶ 任务 4.3.1　了解 HTML5 画布

HTML5 新增了很多功能，其中就有用于绘画的 Canvas 元素。在 HTML5 中借助 Canvas 标记，开发人员可以使用 JavaScript 以编程的方式绘制各种图形、图像、文本及动画等。因此，本任务中，我们将学习使用 Canvas 画布在网页中绘制各种图形、图像、填充效果、文本及动画的方法。

一、Canvas 标记

Canvas 标记用于在网页中创建一个矩形区域，该矩形区域被称为画布。Canvas 标记是双标记，需要设置 width、height 和 id 等属性，语法结构为

```
<canvas id=" 元素名称 "  width=" 宽度 "  height=" 高度 "> </canvas>
```

Canvas 画布分为 X 轴和 Y 轴，X 轴的方向是从左到右，Y 轴的方向是从上到下，Canvas 画布的左上角坐标为（0,0）。Canvas 标记是个容器元素，默认宽度为 300px、高度为 150px、无边框及内容，需要通过 CSS 定义样式。Canvas 元素本身不具有绘图功能，所有的绘图工作需要在 JavaScript 内部完成，借助于 JavaScript 创建图形、图像及动画等。

1. 绘制图形的过程

Canvas 标记拥有多种绘制路径、矩形、圆形、字符及添加图像的方法。使用 Canvas 标记绘制图形的操作过程如下：

（1）创建 Canvas 元素，并设置 id、宽度和高度属性。例如：

```
<canvas id="mycanvas" width="450" height="450"></canvas>
```

（2）在 JavaScript 中，使用 getElementById() 方法通过 id 寻找 Canvas 元素，语句内容为

var canvas=document.getElementById("mycanvas")

此语句中的参数值就是上一步中定义 Canvas 元素的 id 属性值。

（3）使用 JavaScript 绘制图形。通过 Canvas 元素的 getContext() 方法获取绘图的 2D 环境，也就是为 Canvas 绘图提供一些必要条件，然后进行图形绘制。例如：

var c=canvas.getContext("2d");

c.fillStyle="blue";

c.fillRect(250,250,150,150);

getContext() 是内建的 HTML5 对象，接受一个用于描述其类型的值作为参数，即括号中的 2d，表示绘制 2d 图案。随着版本的更新，可能还会新增其他的参数。

2. 绘制 Canvas 路径

Canvas 路径可以理解为通过画笔绘制的任意线条，这些线条可以相连，也可以不相连。在没有填充（Fill）和笔触（Stroke）之前，路径在 Canvas 画布上是看不到的。Canvas 画布提供了一系列的方法来绘制路径，常用的方法及其作用，见表 4-20。

表 4-20 Canvas 画布常用的方法及其作用

方　法	作　用
beginPath()	创建一个新路径或重置当前路径
lineTo()	创建一个新点，在画布中创建从该点到最后指定点的线条
moveTo()	设置将一个新路径的起始点移动到指定点，不创建线条
closePath()	创建从当前点回到起始点的路径
rect()	创建一个矩形路径
fill()	填充当前路径的内部
fillRect()	绘制和填充矩形
fillText()	绘制实心文本
stroke()	绘制已定义的路径（边框）
strokeRect()	绘制矩形的路径（边框）
strokeText()	绘制空心文本
clearRect()	清除画布中给定矩形内的指定像素
save()	保存 getContext("2d") 对象的属性、剪切区域和变化矩阵
restore()	为画布重置最近保存的图像状态

绘制 Canvas 路径的过程包括：使用 beginPath() 方法开始一条新路径；使用 moveTo() 方法定义一条子路径；绘制路径，如使用 rect() 方法定义矩形路径、使用 arc() 方法定义圆弧路径等；再使用 closePath() 方法关闭路径，使该路径闭合。

说明： 每调用一次 beginPath() 方法，会新定义一条路径，该方法会把当前路径中的所有子路径全部清除；每调用一次 moveTo() 方法，会新定义一条子路径；Canvas 中有几个特殊的方法，如 rect()、fill() 等方法，被称作路径方法，它们会自动调用 moveTo() 和 closePath() 方法。

二、绘制图形

使用 HTML5 的 Canvas 元素可以绘制各种图形。绘制图形的两种基本操作是填充和笔触。填充就是用指定的颜色、渐变色、图像填充图形；笔触是在图形的边缘画线（边框）。Canvas 元素的 strokeStyle 属性用于设置笔触的颜色、渐变或模式；fillStyle 属性用于设置填充绘画的颜色、渐变或模式。

典型案例 4-20：绘制图形

使用 Canvas 元素创建一个 450×250 的画布，通过 JavaScript 绘制 2 个正方形。

```
<!doctype html>
<html>
<head>
<meta charset="utf-8">
```

```
<title>Canvas 画布 </title>
<style>
canvas{background-color:#CCC;}
</style>
</head>
<body>
<div>
<canvas id="mycanvas" width="450" height="250"></canvas>
<script>
    var canvas=document.getElementById("mycanvas");    // 获取 Canvas
画布对象
        var c=canvas.getContext("2d");          // 获取绘图环境
        c.lineWidth=5;                          // 定义笔触宽度
        // 绘制有笔触无填充的矩形
        c.beginPath();                          // 定义一条新路径
        c.strokeStyle="#f00";                   // 定义笔触颜色
        c.strokeRect(50,50,150,150);            // 绘制矩形的路径
        // 绘制无笔触有填充的矩形
        c.beginPath();                          // 定义一条新路径
        c.fillStyle="blue";                     // 定义填充颜色
        c.fillRect(250,50,150,150);             // 定义填充矩形
</script>
</div>
</body>
</html>
```

分析： 本例中使用 Canvas 标记创建名为 mycanvas、宽高为 450px×250px 的 Canvas 画布，然后使用 JavaScript 代码进行图形的绘制。其中，使用 id 属性获取操作的 Canvas 元素，使用 canvas.getContext("2d") 方法获取绘图环境。通过 strokeStyle 属性、strokeRect(50,50,150,150) 方法绘制带有笔触无填充的矩形，strokeRect() 方法中的前 2 个参数（50,50）用于设定矩形左上角的坐标，后 2 个参数（150,150）用于设置矩形的宽度和高度，如图 4-19 的左图所示。通过 fillStyle 属性和 fillRect (250,50,150,150) 方法在画布（250,50）点处，开始绘制宽为 150px、高为 150px、无笔触有填充的蓝色矩形，效果如图 4-19 的右图所示。

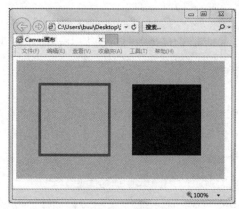

图 4-19　绘制图形

三、绘制图像

绘制图像就是在 Canvas 画布上放置一副图像，可以使用 Canvas 元素的 drawImage() 方法将图像绘制于画布中。Canvas 画布中可以绘制 jpg、gif、png 等图像，还可以进行尺寸修改、图像截取等操作。

Canvas 画布绘制图像时，需要创建 Image 对象并在 src 属性中指定图像文件的路径（url）。通过触发 onload 事件，使用 drawImage() 方法将指定的 Image 对象绘制在 Canvas 画布上，实际上是将 Image 对象中的图像数据输出到 Canvas 画布中。

drawImage() 方法用于在画布上绘制图像、视频等，使用 drawImage() 绘制图像的方法主要有以下几种形式。

1. 在画布上定位图像

drawImage() 方法最简单的应用是只需在 Canvas 画布中指定图像及图像的位置即可，语句结构为

```
context.drawImage(img,x,y)
```

其中，参数 img 用于设置所要使用的图像；参数 x 和 y 用于设置在画布上放置图像的 x 坐标和 y 坐标。

典型案例 4-21：绘制图像

```
<!doctype html>
<html>
<head>
<meta charset="utf-8">
<title>canvas 元素绘制图像 </title>
</head>
```

```
<body>
<canvas id="mycanvas" width="640" height="480"
style="border:1px solid #999;"></canvas>
<script>
    window.onload = function(){
        var mycanvas = document.
getElementById("mycanvas")
        var ctx = mycanvas.getContext("2d")
        var img = new Image();          // 创建 Image 对象
        img.src ="images/116.jpg";      // 定义 Image 对象的 src 属性
        img.onload = function(){
            ctx.drawImage(img,0,0);          // 在画布上定位图像
        }
    }
</script>
</body>
</html>
```

典型案例4-21

视 频 讲 解

分析： 本例中使用 Canvas 画布的 drawImage() 方法，将 images 文件夹中的 116.jpg 图像放置在画布左上角（0,0）点处，图像的尺寸大小尚未设置，图像可以简单地以其原始尺寸绘制到画布上，如图 4-20 所示。

图 4-20 定位图像

2. 在画布上定位图像，并设置图像的宽度和高度

使用 drawImage() 方法可以在绘制图像时指定图像的尺寸。语法结构为

```
context.drawImage(img,x,y,width,height)
```

其中，width 和 height 参数用于设置绘制图像的宽度和高度。

将典型案例 4-21 中的绘制图像语句"ctx.drawImage(img,0,0);"替换为以下语句：

ctx.drawImage(img,100,100,320,240);

此语句的作用是在画布上定位图像并设置图像的宽度和高度，在画布的（100,100）点处开始绘制图像，图像宽为 320px、高为 240px，预览效果如图 4-21 所示。

图 4-21　定位图像并设置宽度和高度

3. 剪切图像，并在画布上定位被剪切部分的图像

使用 drawImage() 方法可以剪切图像，并在画布上定位被剪切的部分图像。语法结构为

context.drawImage(img,sx,sy,swidth,sheight,x,y,width,height)

drawImage() 方法剪切图像参数的描述，见表 4-21。

表 4-21　drawImage() 方法剪切图像参数的描述

参　　数	描　　述
img	定义所要使用的图像、画布或视频
sx	可选参数，定义开始剪切图像的 x 坐标位置
sy	可选参数，定义开始剪切图像的 y 坐标位置
swidth	可选参数，定义被剪切图像的宽度
sheight	可选参数，定义被剪切图像的高度
x	定义在画布上放置图像的 x 坐标位置
y	定义在画布上放置图像的 y 坐标位置
width	可选参数，定义所要使用图像的宽度
height	可选参数，定义所要使用图像的高度

将典型案例 4-21 中的绘制图像语句"ctx.drawImage(img,0,0);"替换为以下语句：

ctx.drawImage(img,100,120,400,300,100,100,300,200);

此语句的作用是在画布上剪切图像并定位被剪切部分的图像，从图像的（100,120）点处开始截图，截取图像的宽为 400px、高为 300px，然后将截取的图像定位，从画布中的（100,100）点处开始绘制图像，图像宽为 300px、高为 200px，预览效果如图 4-22 所示。

图 4-22　剪切图像并定位被剪切部分的图像

四、绘制填充效果

HTML5 的 Canvas 画布属性还支持渐变、图案、透明度和阴影等颜色和样式。

1. 渐变填充

可以在图形中填充渐变色，Canvas 画布提供了创建渐变填充的方法 createLinearGradient() 和 createRadialGradient()，分别用于创建线性渐变填充和放射状渐变填充。

（1）线性渐变。使用 createLinearGradient() 方法可以创建一个线性渐变的 canvasGradient 对象，需要设置渐变起始点和结束点的坐标；再通过该对象的 addColorStop() 方法添加颜色。语法结构为

ctx.createLinearGradient(x0,y0,x1,y1);

grd.addColorStop(offset,color);

其中，参数 x0 和 y0 分别表示线性渐变起始点的 x 坐标和 y 坐标；参数 x1 和 y1 分别表示线性渐变结束点的 x 坐标和 y 坐标；参数 offset 表示设置的颜色离渐变结束点的偏移量（0 ~ 1）；参数 color 表示所要渐变的颜色。

典型案例 4-22：绘制线性渐变填充

```
<!doctype html>
<html>
<head>
<meta charset="utf-8">
<title>Canvas- 线性渐变 </title>
```

典型案例 4-22

视 频 讲 解

```
<style>
canvas {background-color:#CCC;}
</style>
</head>
<body>
<canvas id="mycanvas" width="450"
height="200"></canvas>
<script>
    var canvas=document.getElementById("mycanvas");
    var ctx=canvas.getContext("2d");
    var grd=ctx.createLinearGradient(0,0,450,200);  // 创建线性渐
变对象
    grd.addColorStop(0,"red");              // 定义线性渐变起始点颜色
    grd.addColorStop(0.5,"yellow");         // 定义线性渐变中间点颜色
    grd.addColorStop(1,"green");            // 定义线性渐变结束点颜色
    ctx.fillStyle=grd;                      // 定义填充样式为线性渐变
    ctx.fillRect(20,20,400,150);            // 定义填充矩形
</script>
</body>
</html>
```

分析: 本例中使用 Canvas 画布的 createLinearGradient() 方法和 addColorStop() 方法绘制线性渐变填充矩形,线性渐变的起始点是(0,0),结束点是(450,200);线性渐变颜色的起始点为红色、中间点为黄色、结束点为绿色,从画布(20,20)点开始绘制宽为 400px、高为 150px 的渐变填充矩形,预览效果如图 4-23 所示。

图 4-23　绘制渐变填充图形

（2）放射状渐变。使用 createRadialGradient() 方法可以创建一个放射状渐变的 canvasGradient 对象，需要指定起始圆和结束圆的圆心及半径；再通过该对象的 addColorStop() 方法添加颜色，语法结构为

```
ctx.createRadialGradient(x0,y0,r0,x1,y1,r1) ;
grd.addColorStop(offset,color);
```

拓展案例 4-10

绘制放射状渐变填充

案 例 分 析

其中，参数 x0、y0 和 r0 分别表示放射状渐变开始圆的圆心 x 坐标、y 坐标和半径。参数 x1、y1 和 r1 分别表示放射状渐变结束圆的圆心 x 坐标、y 坐标和半径。

2. 图案填充

使用 createPattern() 可以创建图案效果，在设置的方向上重复图案元素，图案元素可以是图像、视频或其他 Canvas 元素。语法结构为

```
ctx.createPattern(image,"repeat|repeat-
x|repeat-y|no-repeat");
```

拓展案例 4-11

绘制图案填充

案 例 分 析

其中，参数 image 表示所要使用的图像、视频或其他 Canvas 元素；第二个参数设置图案重复的模式，可以是 repeat（默认方式，在水平和垂直方向上重复）、repeat-x（只在水平方向上重复）、repeat-y（只在垂直方向上重复）、no-repeat（不重复，只出现一次）。

五、绘制文本

利用 Canvas 元素还可以绘制文本，并且能够设置所绘制文本的字体、字号、对齐方式、填充效果等。

1. fillText() 和 strokeText() 方法

绘制文本需要使用 Canvas 对象的 fillText() 和 strokeText() 方法。语法结构为

fillText(text, x, y, [maxWidth])

strokeText(text, x, y, [maxWidth])

其中，参数 text 用于设置所要绘制的文本内容；参数 x 和 y 主要用于设置在画布上绘制文本的 x 坐标和 y 坐标；maxWidth 为可选参数，用于设置文本的最大宽度，单位为 px。

如果设置了 maxWidth 参数值，当文本内容宽度超过该参数值时，会自动按比例缩小字体使文本的内容全部可见；未超过该参数值时，则以实际宽度显示。如果未设置该参数值，当文本内容宽度超过画布宽度时，超出的内容将不会显示。

2. 设置文本样式属性

为保证文本在不同浏览器下的显示效果一致，需要在绘制文本前先对有关的样式属性

进行设置，文本样式属性主要有以下几种。

（1）font。用于设置文本字体样式，与 CSS 中的 font 属性相同。

（2）textAlign。用于设置文本的水平对齐方式，取值可以是 start（文本在指定的位置开始）、end（文本在指定的位置结束）、left（文本左对齐）、right（文本右对齐）、center（文本居中对齐），默认值为 start。

（3）textBaseline。用于设置文本的垂直对齐方式，取值可以是 top（文本顶端对齐）、middle（文本中心对齐）、alphabetic（普通的字母基线）、ideographic（表意基线）、bottom（文本底端对齐）、hanging（悬挂基线），默认值为 alphabetic。

拓展案例 4-12

绘制文本

案 例 分 析

六、绘制动画

1.绘制动画的步骤

使用 Canvas 元素还可以绘制动画。在绘制图形或动画时，通常需要更改绘图环境的状态，由于绘图的属性设置比较烦琐，每次更改时都需要重来一次，因此，可以利用堆栈保存绘图的属性并在需要时随时恢复，使用 save() 方法保存当前状态；之后再使用 restore() 方法恢复原来保存的状态。绘制动画的基本步骤如下：

（1）清空 Canvas 画布。除背景图像外，需要清空之前绘制的所有图形。可以使用 clearRect() 方法清空画布，语法结构为

```
var mycanvas=document.getElementById("canvas");
var ctx=mycanvas.getContext("2d");
ctx.clearRect(0,0,mycanvas.width,mycanvas.height);
```

在 clearRect(x,y,width,height) 方法中，参数 x 和 y 主要用于设置需要清除的矩形左上角的 x 坐标和 y 坐标；参数 width 和 height 用于设置需要清除的矩形的宽度和高度，单位为 px。

（2）保存 Canvas 画布状态。Canvas 画布的状态保存后可以调用 Canvas 的 translate 平移、scale 缩放、rotate 旋转等操作。使用 save() 方法保存 Canvas 画布的状态，语法结构为

```
ctx.save();
```

（3）绘制动画的图形元素。可以进行平移、缩放、旋转等操作。

1）translate 平移操作。语法结构为

```
ctx.translate(dx,dy);
```

其中，参数 dx 和 dy 分别为坐标原点沿 X 轴和 Y 轴两个方向的偏移量，单位通常是 px。

2）rotate 旋转操作。语法结构为

```
ctx.rotate(angle);
```

其中，参数 angle 为旋转角度，单位是弧度。旋转角度取值为正，表示以画布原点为中心顺时针方向旋转指定角度；旋转角度取值为负，表示以画布原点为中心逆时针方向旋转指定角度。

3）scale 缩放操作。语法结构为

```
ctx.scale(x,y);
```

其中，参数 x 和 y 分别为在 X 轴方向的缩放和在 Y 轴方向的缩放，参数值大于 1 为放大、小于 1 为缩小。

（4）恢复保存的 Canvas 画布状态。使用 restore () 方法恢复 Canvas 之前保存的状态，语句形式如下：

```
ctx.restore();
```

2. 控制 Canvas 动画

通过在指定的时间内执行绘制图形的函数来控制动画，主要方法有以下几种：

（1）setInterval()。在每延迟毫秒的时间内反复执行 function 指定的函数。

（2）setTimeout()。在延迟毫秒内执行 function 指定的函数。

（3）requestAnimationFrame()。告知浏览器需要执行一个动画，并请求浏览器调用指定的函数在下次重绘前更新动画。

典型案例 4-23：绘制动画

```
<!doctype html>
<html>
<head>
<meta charset="utf-8">
<title>canvas 元素绘制动画 </title>
<style>
canvas{border:2px dashed #666;}
</style>
</head>
<body>
<canvas id="canvas" width="300" height="200"></canvas>
```

典型案例4-23

视 频 讲 解

```
</body>
<script>
    window.onload=function(){
        var flag=0;
        var scale=0;
        var flagscale=0;
        var mycanvas=document.getElementById("canvas");
        if (mycanvas.getContext){
            var ctx=mycanvas.getContext("2d");
            setInterval(function () {
                flag++
                ctx.clearRect(0,0,mycanvas.width,mycanvas.height);
// 清空画布

                ctx.save()                          // 保存画布状态
                ctx.translate(150,100);             // 定义画布平移
                ctx.rotate(flag*Math.PI/180);       // 定义旋转画布
                if (scale==100){
                    flagscale=-1
                }else if (scale==0){
                    flagscale=1
                }
                scale+=flagscale;
                ctx.scale(scale/50,scale/50);       // 定义画布缩放
                ctx.beginPath();
                ctx.fillStyle="#f00";
                ctx.fillRect(-50,-50,100,100);
                ctx.restore();                      // 恢复保存的画布状态
            },1)
        }
    }
</script>
</html>
```

分析：本例中使用 Canvas 元素制作矩形旋转的动画效果，使用 setInterval() 方法定义每延迟毫秒的时间内反复执行 function 指定的函数。语句 ctx.clearRect(0,0,my canvas.width,my canvas.height) 的作用是清空 Canvas 画布；语句 ctx.translate(150,100) 的作用是重新映射画布的（0,0）位置到（150,100），其中 150 和 100 分别为坐标原点沿 X 轴和 Y 轴方向的偏移量；语句 ctx.rotate(flag*Math.PI/180) 的作用是以画布原点为中心旋转画布一定的角度，此时的画布原点为（150,100）；语句 ctx.scale(scale/50,scale/50) 的作用是逐渐放大矩形。矩形旋转的动画效果如图 4-24 所示。

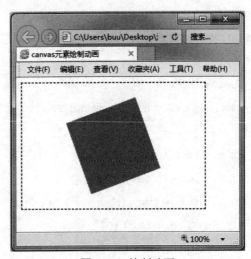

图 4-24　绘制动画

▶ 任务 4.3.2　了解 HTML5 拖放操作

HTML5 中提供了直接拖放页面元素的功能，能够方便地实现各种拖放操作。在本任务中，我们将学习设置页面元素拖放的方法，包括拖放事件、dataTransfer 对象、实现拖放操作等。

一、拖放事件

在 HTML5 中，拖放事件是由不同的元素产生的，一个元素被拖放时可能会经过多个元素才能到达想要放置的元素内。通常把被拖放的元素称为源对象，被经过的元素称为过程对象，到达的元素称为目标对象。

HTML5 中设置的拖放事件根据主体对象的不同，可分为源对象触发的事件和过程对象及目标对象触发的事件。HTML5 中规定的拖放事件及其说明，见表 4-22。

表 4-22　HTML5 中规定的拖放事件及其说明

事　件		事件属性	说　明
源对象触发的事件	dragstart	ondragstart	源对象开始拖放时触发
	drag	ondrag	源对象拖放过程中触发
	dragend	ondragend	源对象拖放结束时触发
过程对象及目标对象触发的事件	dragenter	ondragenter	源对象开始进入过程对象范围内时触发
	dragover	ondragover	源对象在过程对象范围内移动时触发
	dragleave	ondragleave	源对象离开过程对象的范围时触发
	drop	ondrop	源对象被拖放到目标对象内时触发

二、dataTransfer 对象

所有拖放事件中都提供了数据传递对象 dataTransfer，用于在源对象和目标对象之间传递数据。dataTransfer 包含了对所传递数据进行操作的方法及属性。

1. 常用方法

（1）setData(format,data)。用于设置拖放事件中的传递数据，其中参数 format 为数据类型，如 text、url、text\html 等；参数 data 是要存入的数据。该方法是向 dataTransfer 对象中存入数据。

（2）getData(format)。用于从 dataTransfer 对象中读取数据，参数为在 setData() 中指定的数据类型。

（3）clearData(format)。用于清除 dataTransfer 对象中存放的数据，是可选参数。若指定 format 参数，则只清除该类型的数据；若参数为空，则清空所有类型的数据。

（4）setDragImage(imgElement,x,y)。用于设置拖动过程中显示的图像。imgElement 参数是图像元素，而不是指向图像的路径；参数 x 和 y 表示图像相对于鼠标的位置。

2. 常用属性

（1）dropEffect 属性。用于设置拖放操作的类型，通常决定浏览器如何显示鼠标形状并控制拖放操作，属性的主要取值及其描述，见表 4-23。

表 4-23　dropEffect 属性的主要取值及其描述

属 性 值	描　述
none	表示不能放置源对象，是除文本框之外所有元素的默认值
move	表示把源对象移动到目标对象
copy	表示把源对象复制到目标对象
link	表示放置目标会打开源对象，要求源对象必须是个链接，并设置 url

（2）effectAllowed 属性。用于设置所允许的操作，属性的主要取值及其描述，见表 4-24。

表 4-24　effectAllowed 属性的主要取值及其描述

属 性 值	描　　　述
uninitialized	默认值，表示为初始化，效果与 all 相同
none	表示对源对象不能进行任何操作
copy	表示对源对象可以进行复制操作
link	表示对源对象可以进行链接操作
move	表示对源对象可以进行移动操作
copyLink	表示对源对象可以进行复制或者链接操作
copyMove	表示对源对象可以进行复制或者移动操作
linkMove	表示对源对象可以进行链接或者移动操作
all	表示对源对象可以进行任何拖放操作

（3）files 属性。用于返回从操作系统向浏览器拖放的文件列表，主要用于处理从操作系统向浏览器拖放的文件。

（4）types 属性。用于保存 dataTransfer 对象中设置的所有数据类型。

三、拖放操作

拖放的操作过程大致可以分为 2 步：设置可拖放的源对象和设置目标对象。

1. 设置可拖放的源对象

设置某元素的 draggable 属性为 true，使源对象具有拖放的功能。同时为该元素的 dragstart 事件设置一个事件监听器存储拖放数据。ondragstart 属性绑定 drag(event) 函数，用于定义被拖动元素的数据，通过 dataTransfer.setData() 方法设置被拖动元素的数据类型和值。代码结构为

```
<img src="images/qie-new.jpg" draggable="true" ondragstart="drag(event)" id="drag1" >
    function drag(ev){ev.dataTransfer.setData("text",ev.target.id);}
```

其中，数据类型是 text，值是可拖动元素的 id 即 drag1。

2. 设置目标对象

确定目标对象以便允许源对象释放，最后在有对象释放时再执行代码完成释放操作。目标对象通常需要监听 2 个事件。

（1）dragover 事件。该事件对应的事件属性是 ondragover 属性，用于定义在何处放置被拖动元素的数据。默认情况下，无法将元素放置在其他元素中。如果要设置"允许放置"，需要先阻止元素的默认处理方式，通过 ondragover 属性绑定 allowdrop(event) 函数，在函数中使用 preventDefault() 方法进行默认值的处理。代码结构为

```
<div id="div1" ondrop="drop(event)" ondragover="allowdrop
(event)"></div>
function allowdrop(ev){ev.preventDefault();}
```

（2）drop 事件。该事件对应的事件属性是 ondrop 属性，允许执行放置操作。ondrop 属性绑定 drop(event) 函数完成放置功能，当放置被拖放元素时会触发 drop 事件，调用 preventDefault() 方法避免浏览器对元素进行默认处理。drop 事件的默认处理行为是以链接形式打开，通过 dataTransfer.getData() 方法获取被拖动元素的数据，将被拖动元素添加到目标对象中。代码结构为

```
<div id="div1" ondrop="drop(event)" ondragover="allowdrop
(event)"></div>
function drop(ev){
    ev.preventDefault();
    var data=ev.dataTransfer.getData("Text");
    ev.target.appendChild(document.getElementById(data));
}
```

典型案例 4-24：HTML5 拖放操作，图像移动到矩形框中

```
<!DOCTYPE HTML>
<html>
<head>
<meta charset="utf-8">
<title>HTML5 拖放操作 </title>
<style>
#div1{
    width:200px;
    height:150px;
    padding:10px;
    border:1px solid #ccc;
    float:left;
    margin-right:10px;
}
img{
    width:200px;
```

```
    height:150px;
    display:block;
    float:left;
}
</style>
<script>
function allowdrop(ev){
    ev.preventDefault();
}
function drag(ev){
    ev.dataTransfer.setData("Text",ev.target.id);
}
function drop(ev){
    ev.preventDefault();
    var data=ev.dataTransfer.getData("Text");
    ev.target.appendChild(document.getElementById(data));
}
</script>
</head>
<body>
<p> 拖动图片到矩形框中 </p>
<div id="div1" ondrop="drop(event)" ondragover="allowdrop
(event)"></div>
<br>
<img id="drag1" src="images/qie-new.jpg" draggable="true"
ondragstart="drag(event)">
</body>
</html>
```

分析：本例中设置图像 img 元素的 draggable 属性为 true，使图像元素作为源对象可以被拖动。拖放图像时产生的第一个事件是 dragstart，通过 ondragstart 属性绑定 drag(event) 函数，设置被拖动元素的数据类型和值。设置 div 元素作为拖放的目标对象时产生第二个事件 dragover，通过 ondragover 属性绑定 allowdrop(event) 函数，设置在何处放置被拖动的数据。在目标对象位置处放置被拖放元素时会触发 drop 事件，通过 ondrop 属性绑定

drop(event) 函数完成放置功能。图像移动到矩形框的效果如图 4-25 所示，左图和右图分别为拖放操作前后的效果。

图 4-25　拖放操作

▶ 任务 4.3.3　了解 HTML5 地理定位

地理位置 geolocation 是 HTML5 的重要特性之一，提供确定用户位置的功能，借助此特性能够开发基于位置信息的应用。地理定位主要使用 navigator 中的 geolocation 地理定位功能。在本任务中，我们将学习 geolocation 地理定位功能的相关内容，主要包括 geolocation 对象的 getCurrentPosition() 方法、watchPosition() 方法及 clearWatch() 方法的设置和应用。

一、getCurrentPosition() 方法

getCurrentPosition() 方法用于获取当前定位信息。该方法是 navigator.geolocation 对象的方法，封装在 navigator.geolocation 属性中。语法结构为

getCurrentPosition(successCallback,errorCallback,positionOptions)

其中，各参数的意义如下：

1. 调用 getCurrentPosition() 成功后返回的函数

successCallback 表示调用 getCurrentPosition() 方法成功后返回的函数，该函数带有一个参数，表示获取到的用户位置数据。该对象包含 coords 和 timestamp 两个属性，属性的主要取值及其描述，见表 4-25。

表 4-25　coords 和 timestamp 属性的主要取值及其描述

属　性　值	描　　述
coords.latitude	表示纬度
coords.longitude	表示经度
coords.accuracy	表示位置精度
coords.altitude	表示海拔，海平面以上以米计
coords.altitudeAccuracy	表示位置的海拔精度
coords.heading	表示方向，从正北开始以度计
coords.speed	表示速度，以 m/s 计
timestamp	表示响应的日期 / 时间

2. 调用 getCurrentPosition() 错误后返回的函数

errorCallback 函数表示调用 getCurrentPosition() 返回的错误代码，包含错误信息 message 和错误代码 code 两个属性，其中错误代码包括以下 4 个值：

（1）UNKNOW_ERROR。表示不包括在其他错误代码中的错误，可在 message 中查找错误信息。

（2）PERMISSION_DENIED。表示用户拒绝浏览器获取位置信息的请求。

（3）POSITION_UNAVALIABLE。表示网络不可用或者连接不到卫星。

（4）TIMEOUT。表示获取超时，必须在 options 中指定 timeout 值时才有可能发生这种错误。

3. positionOptions 参数

positionOptions 参数有以下 3 个可选的属性：

（1）enableHighAcuracy。布尔值，表示是否启用高精确度模式，如果启用这种模式，浏览器获取位置信息可能需要耗费更多的时间。

（2）timeout。整数，表示浏览需要在指定的时间内获取位置信息，否则触发 errorCallback。

（3）maximumAge。整数或常量，表示浏览器重新获取位置信息的时间间隔。

典型案例 4-25：使用 getCurrentPosition () 方法获取当前位置信息

```
<!doctype html>
<html>
<head>
<meta charset="utf-8">
<title> 获取地理信息 </title>
<style>
div{
```

```
        width:200px;
        height:50px;
        border:#666 1px solid;
        padding:10px 5px;
        line-height:24px;
        margin-bottom:10px;
    }
    </style>
    </head>
    <body>
    <div id="demo"></div>
    <button onclick="getLocation()"> 获取地理信息 </button>
    <script>
        var x=document.getElementById("demo");
        function getLocation() {
            if(navigator.geolocation){navigator.geolocation.getCur
rentPosition(showPosition,showError,options);
            }else{
                x.innerHTML = " 您的浏览器不支持地理定位！ ";
            }
        }
        function showPosition(position){
            console.log(111);
            x.innerHTML=" 纬度 :" +position.coords.latitude+ "<br> 经
度 : " + position.coords.longitude;
        }
        function showError(error){
            console.log(error);
            switch (error.code){
                case error.PERMISSION_DENIED:
                    x.innerHTML=" 用户拒绝定位请求！ "   // 用户拒绝
                    break;
                case error.POSITION_UNAVAILABLE:
                    x.innerHTML=" 定位信息不可用！ "       // 无法获取
```

```
                break;
            case error.TIMEOUT:
                x.innerHTML=" 地理定位请求超时！ "    // 请求超时
                break;
            }
        }
        var options = {
            enableHighAccuracy:true,           // 是否获取更精确的位置
            timeout:6000,                      // 请求超时时间，单位 ms;
        }
    </script>
</body>
```

分析： 本例中使用 getCurrentPosition() 方法获取当前用户的地理位置信息，并进行错误处理。单击"获取地理信息"按钮，如果允许地理定位功能，使用 showPosition(position) 函数获得用户当前所在的地理位置并显示经度和纬度，如图 4-26a）所示。showError(error) 函数是获取用户位置失败时运行的函数，用于处理错误，如图 4-26b）～ d）所示。只有成功地获取地理位置时，才会触发成功的 showPosition(position) 函数；失败的 showError(error) 函数有 3 种情况：用户拒绝、浏览器不让获取（隐私）、网络请求超时；对象 options 中设置了精准定位及请求时间。

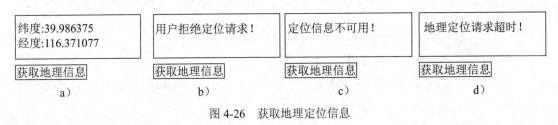

图 4-26　获取地理定位信息

二、watchPosition () 方法

watchPosition() 方法用于监视定位信息的改变，该方法返回用户的当前位置，并继续返回用户移动时的更新位置。watchPosition() 方法不停地获取和更新用户的地理位置信息，当设备地理位置发生改变时自动调用。

典型案例 4-26：使用 watchPosition () 方法获取当前位置信息

```html
<!doctype html>
<html>
<head>
<meta charset="utf-8">
<title>HTML5 地理定位</title>
</head>
<body>
<p id="demo">点击按钮可以获得您的坐标：</p>
<button onclick="getLocation()">获取地理信息</button>
<script>
var x=document.getElementById("demo");
function getLocation(){
    if (navigator.geolocation){
        navigator.geolocation.watchPosition(showPosition);
    }else{
        x.innerHTML=" 您的浏览器不支持地理定位 ";
            }
}
function showPosition(position){
    x.innerHTML=" 经 度 :"+position.coords.longitude+"<br> 纬 度 :
"+position.coords.latitude;
    }
</script>
</body>
</html>
```

分析： 本例中使用 watchPosition () 方法获取当前用户的地理位置信息，主要获取经度和纬度信息。如图 4-27 所示，单击"获取地理信息"按钮即可显示当前浏览器所在地的经度、纬度信息。其中，getLocation 函数用于检测是否支持地理定位。语句 if (navigator. geolocation) 表示如果支持地理定位，则运行 watchPosition() 方法获取用户当前所在的地理位置；如果不支持则向用户显示信息"您的浏览器不支持地理定位"；如果 watchPosition() 方法运行成功，则会返回经度和纬度属性。showPosition(position) 函数用于获得并显示经度和纬度。

图 4-27　获取地理定位信息

getCurrentPosition() 方法用于获取用户当前位置的地理信息，watchPosition() 方法可以监听和跟踪用户的地理位置信息，可以在地图上持续标记用户的活动路径、计算移动距离等。

三、clearWatch() 方法

clearWatch() 方法用于清除监视，该方法可以清除某个 watchPosition()。

典型案例 4-27：使用 clearWatch() 方法清除当前位置信息

```
<!doctype html>
<html>
<head>
<meta charset="utf-8">
<title> 地理定位-clearWatch</title>
<style>
div{
    width:200px;
    height:50px;
    border:#666 1px solid;
    padding:10px 5px;
    line-height:24px;
    margin-bottom:10px;
}
}
</style>
</head>
<body>
```

```
<div id="demo"></div>
<script>
    var x=document.getElementById("demo");
    function getLocation(){
        if (navigator.geolocation){
            navigator.geolocation.watchPosition(showPosition);
        }else{x.innerHTML="您的浏览器不支持地理定位";}
    }
    function showPosition(position){
        x.innerHTML=" 经度 :"+position.coords.longitude + "<br> 纬
度 : "+position.coords.latitude;
    }
    var watch1=window.navigator.geolocation.watchPosition
(getLocation);
    window.navigator.geolocation.clearWatch(watch1);
</script>
</body>
</html>
```

分析： 本例中使用 watchPosition() 方法获取当前用户的地理位置信息，如经度、纬度信息；使用 clearWatch() 方法清除当前用户的地理位置信息。如图 4-28 所示，a）图为显示的用户地理信息，语句 window.navigator.geolocation.clearWatch(watch1) 的作用是清除当前的位置信息，效果如 b）图所示。

图 4-28　清除地理定位信息

▌学习任务小结 ◣

本任务主要学习了 HTML5 高级应用的相关知识，着重学习了利用 Canvas 画布绘制图形、图像、填充效果、文本、动画的方法，拖放事件，dataTransfer 对象及拖放操作，geolocation 对象的 getCurrentPosition() 方法、watchPosition() 方法及 clearWatch() 方法的设置和应用。运用 HTML5 的高级应用可以进一步完善网页的交互设计，提升用户体验。

▌技能与训练 ◣

1. 选择题

（1）在 JavaScript 脚本中，查找文档中特定的 Canvas 元素，最有效的方法是（　　）。

A. getElementById()　　　　　　　　B. getElementsByName()

C. getElementsByTagName()　　　　　D. querySelector()

（2）在 Canvas 画布中，可以自动调用 moveTo() 和 closePath() 的路径方法是（　　）。

A. fillRect()　　　　　　　　　　　B. strokeRect()

C. rect()　　　　　　　　　　　　　D. clearRect()

（3）在 Canvas 画布中，能够剪切图像并在画布上定位被剪切部分图像的方法是（　　）。

A. drawImage(img,x,y)

B. drawImage(img,sx,sy,swidth,sheight,x,y,width,height)

C. drawImage(img,x,y,width,height)

D. createPattern(image,type)

（4）在 HTML5 的拖放操作中，当被拖放对象离开目标对象时触发的事件是（　　）。

A. dragstart　　　　　　　　　　　B. dragend

C. dragleave　　　　　　　　　　　D. Drag

（5）在 HTML5 的拖放操作中，用于从 dataTransfer 对象中删除数据格式的方法是（　　）。

A. delete　　　　　　　　　　　　　B. remove

C. setData()　　　　　　　　　　　D. clearData()

2. 简答题

（1）简述 Canvas 画布绘制图形的主要步骤。

（2）Canvas 画布提供哪些创建渐变填充的方法？各有什么特点？

（3）简述 Canvas 画布制作动画的步骤。

（4）控制 Canvas 动画的方法有哪些？

（5）HTML5 中的拖放元素可分为哪几类？各有哪些拖放事件？

（6）HTML5 中如何进行拖放操作的设置？

（7）HTML5 中 geolocation 地理定位的主要方法有哪些？各有什么作用？

3. 操作题

进一步完善自建网站，具体要求如下：

（1）进一步完善网页的交互设计，提升用户体验。

（2）在网站中至少使用HTML5提供的Canvas画布、拖放、地理信息等中的一种新功能。

参考文献

[1] 夏魁良，王丽红 . HTML+CSS+JavaScript 网页设计 [M]. 北京：清华大学出版社，2019.

[2] 储久良 .Web 前端开发技术——HTML5、CSS3、JavaScript[M]. 第 3 版 . 北京：清华大学出版社，2018.

[3] 胡晓霞 .HTML + CSS + JavaScript 网页设计从入门到精通 [M]. 北京：清华大学出版社，2017.

[4] 王晓红 . 网络信息编辑实务 [M]. 第 3 版 . 北京：高等教育出版社，2017.

[5] 彭进香，张茂红，王玉娟等 . HTML5+CSS+JavaScript 网页设计与制作 [M]. 北京：清华大学出版社，2019.

[6] 王留洋，王媛媛 . WEB 开发技术 [M]. 南京：南京大学出版社，2014.

[7] 张星云 .HTML、CSS 和 JavaScript 实训教程 [M]. 武汉：武汉大学出版社，2016.

[8] 石磊，向守超 . JavaScript 特效实战 [M]. 重庆：重庆大学出版社，2014.

[9] 樊月华 .WEB 技术应用基础 [M]. 第 2 版 . 北京：清华大学出版社，2009.